海洋信息技术丛书
Marine Information Technology

国家出版基金项目
NATIONAL PUBLICATION FOUNDATION

海洋通信网络
协议、算法和架构

Communication Networks in Oceans
Protocols, Algorithms and Architectures

姜胜明 林彬 徐艳丽 杨华 徐浼砯 编著

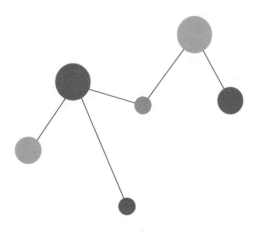

人民邮电出版社
北 京

图书在版编目（ＣＩＰ）数据

海洋通信网络协议、算法和架构 / 姜胜明等编著
. -- 北京：人民邮电出版社，2023.6
（海洋信息技术丛书）
ISBN 978-7-115-60597-9

Ⅰ. ①海… Ⅱ. ①姜… Ⅲ. ①海洋工程－通信网－研
究 Ⅳ. ①P75

中国版本图书馆CIP数据核字(2022)第239203号

内 容 提 要

随着人类海洋活动的不断增加，如何提供高性能、高性价比、可靠安全的海洋通信网络服务已成为一个亟待解决的问题。海洋是一个巨大的咸水体，其空间由岸基、水面、天空和水下组成，网络部署环境、气候条件和用户分布等与陆地空间存在较大差异，这导致陆基通信网络技术无法直接应用到海洋环境中。卫星通信是目前唯一能提供海洋几乎全覆盖的通信网络技术，但是由于其制造和维护成本高、部署风险大，卫星服务的性价比阻碍其被广泛应用，这也推动了近年来对海洋空间新型通信网络技术的研究和探讨。本书分析海洋通信网络所面临的环境特点和技术发展所面临的挑战，介绍现有主要海洋通信网络技术，研究和讨论一些新型海洋通信网络的协议、算法和体系架构及发展趋势。

本书可为从事相关领域研究和开发的人员提供有价值的借鉴，为高校师生了解海洋通信网络现状和发展方向提供指导，为政府部门和企事业单位的科研规划人员提供参考。

◆ 编　　著　姜胜明　林　彬　徐艳丽　杨　华　徐浣砱
　　责任编辑　李彩珊
　　责任印制　马振武

◆ 人民邮电出版社出版发行　　北京市丰台区成寿寺路 11 号
　　邮编　100164　　电子邮件　315@ptpress.com.cn
　　网址　https://www.ptpress.com.cn
　　涿州市京南印刷厂印刷

◆ 开本：720×960　1/16
　　印张：19.75　　　　　　　　2023 年 6 月第 1 版
　　字数：344 千字　　　　　　 2023 年 6 月河北第 1 次印刷

定价：179.80 元

读者服务热线：**(010)81055493**　印装质量热线：**(010)81055316**
反盗版热线：**(010)81055315**
广告经营许可证：京东市监广登字 20170147 号

海洋信息技术丛书

编 辑 委 员 会

序

　　海洋是拓展人类活动的一个重要空间，由于海洋特殊的地理、水文和气象环境，海洋通信网络技术长期落后于陆地通信网络技术，是当前亟待解决的关键问题，尤其是提供性价比更高的海洋通信网络服务的技术面临许多挑战，是目前国内外热门研究领域之一。

　　"海洋信息技术丛书"由人民邮电出版社策划出版，并获得 2022 年度国家出版基金的资助。《海洋通信网络协议、算法和架构》一书是该丛书首批出版的专著之一，由一批从事海洋通信网络方面研究的一线专家学者共同撰写完成，呈现了他们在相关领域的最新研究成果。他们的研究也得到了科技部国家重点研发计划项目、国家自然科学基金项目、国家自然科学基金与广东省联合基金重大项目以及上海市教委科研创新计划自然科学重大项目等支持。

　　本书涵盖海洋空间的主要通信网络，包括岸基网络、水面网络、空间网络以及水下网络等，涉及协议、算法和系统架构等方面，是目前为数不多的系统性介绍海洋空间通信网络技术的图书。书中介绍了当前主要海洋通信网络技术的现状，重点阐述了基于非卫星技术以提供性价比更高的海洋通信网络服务方面的研究成果，弥补了现有图书及资料在这方面的不足，对从事相关领域科学研究、技术开发和教学人员具有一定的参考价值和借鉴作用，有助于促进海洋通信网络等信息技术领域的创新和发展。

滑铁卢大学杰出教授、中国工程院外籍院士

2022 年 9 月 14 日

前　言

当今数字海洋通信网络服务主要依靠卫星系统，但由于其自身的特点，其服务的性价比和能力仍然无法与陆地环境中的通信网络相媲美。随着人类海洋活动的日益增加，海洋通信网络的主要用户已从传统的军事和工商业用户扩展到普通用户，而后者更加渴望能获得陆地网络般廉价、方便和可靠的通信网络服务。与此同时，随着新应用的出现，传统用户对海上数据传输也提出了更高要求，例如，目前海上航运业正朝着以无人驾驶船舶为核心的绿色航运方向发展，这使得船岸通信的需求会远远超过现有海洋通信网络的承载能力。另外，水下通信是海洋通信系统不可缺少的重要组成部分，但是，由于无线电波在海水中会快速衰减，目前，水下通信主要依靠传播速度慢、传输速率低的水声通信，无法独自实现大范围水下高速组网。这些问题驱动了近年来对新型高效海洋通信网络技术的研发，以满足对海洋通信网络服务所提出的新需求，从而进一步提升我国海上通信系统和相关产业的能力，为海洋强国的建设提供高效可靠的通信网络平台。

为了便于学者、研究和工程技术人员了解本领域发展现状，促进相关理论与技术研究的发展，我们邀请了国内相关高校从事本领域研究的一线专家共同编写这本书，涉及以下几个部分。第一部分由第 1 章构成，主要概括海洋通信网络现状；第二部分由第 2 章至第 5 章组成，主要介绍海洋通信信道的特点，分析现有重要数字海洋通信系统，包括 AIS、VDES 和蜂窝网。剩余章节（第 6 章至第 17 章）构成第三部分，着重介绍海洋通信网络技术的研究和发展现状，分成以下几个方面：（1）海洋水面网络（第 6 章至第 8 章），包括无线自组网和传感器网络；（2）海洋空间网络（第 9 章和第 10 章），包括卫星网络和无人机网络；（3）水下通信网络（第 11 章），由于"海洋信息技术丛书"包含一部水下通信网络方面的专著，所以本章仅简要概述该领域的现状；（4）海洋通信网络研究新方向（第 12 章至 14 章），包括高速海洋通信链路、智能海洋通信及边缘计算在海洋中的应用等；（5）海洋互联网技术（第 15 章至 17 章），涉及海洋中不同网络互联的概念和方法、网络安全及海洋通信网络的体系架构。

目前，与海洋通信网络相关的图书资料主要涉及卫星通信和水声通信等方面，前者针对高空和深空，后者针对水下环境；而海洋空间涉及岸基（岛屿）、水面、空中（可进一步分为低空、高空和深空）和水下四大部分。本书系统性介绍覆盖上述海洋空间的通信网络技术，尤其是针对基于非卫星技术的海洋通信网络方面的研究，弥补了现有图书、资料的不足。

本领域系统性研究尚处在初始阶段，未来会不断涌现出更多研发成果，这是本书目前无法涵盖和预测的，为此，我们建立了一个"海洋通信网络论坛"微信群以方便大家及时交流合作。由于该群人数已经超过 200 名，需邀请入群，读者可联系徐艳丽、杨华和徐浣砆老师。

本书的完成离不开所有作者的辛勤付出（各章作者见附录），离不开出版社编辑的大力支持，在此，我们衷心地向他们表示感谢！

最后，由于时间仓促和作者水平有限，文中遗漏和不妥之处在所难免，还望读者谅解和批评指正！

姜胜明、林彬、徐艳丽、杨华、徐浣砆

2022 年 7 月于上海、大连

目　　录

第1章

海洋通信网络概述

海洋是一个巨大的咸水体，它的网络部署环境、气候条件和用户分布等方面与陆地环境有很大的差异，这导致在海洋中无法直接应用陆基通信网络技术；同时，由于卫星的制造、发射和维护成本高，部署风险大，卫星服务的性价比仍然是一个需要解决的问题。这些因素刺激了近年来对海洋空间通信网络技术的广泛研究。本章将对相关问题进行简要回顾和分析。

1.1 引言

海洋平均深度为 3682m，覆盖了约 71% 的地球表面积；它不仅是渔业、海运和海洋工业等人类活动的重要场所，将来也可能成为人类栖息地的一部分[1]。随着人类海洋活动的不断增加，在海洋中提供高性能和高性价比的可靠通信服务变得更加紧迫。陆地上广泛存在的互联网应用和服务强烈刺激了海洋中类似的需求。但是，由于海洋在网络部署环境、气候条件和用户分布等方面与陆地环境存在很大的差异，陆地互联网很难无缝地扩展到海洋中。目前卫星已被用来提供海洋通信服务，但由于其制造、发射和维护成本高，部署风险大，其性价比仍然比陆地网络的性价比低[2]。

在陆地环境中，地下通信的应用比例较低；而在海洋中，水下通信在国防、海洋气象、环境监测、自然灾害（如海啸、飓风、气旋和风暴潮）预报、海洋科学勘探和水下资源开采等方面发挥着重要作用。所以，大量的水下传感器和其他设备已经被部署在海洋中，但是目前普遍使用的水下通信介质声波传输速率低、传播时延大[3]，因此实现高效水下通信网络面临许多挑战[4]。另外，海洋中的一个重要应用是海运，它在全球贸易中发挥着巨大作用[5]，但它是耗能大户、污染之源和高风险行业。所以发展国际海事组织确定的高效、绿色和安全的新型海运 e-Navigation[6]是必然趋势，而无人驾驶船舶是关键。根据罗尔斯·罗伊斯公司的研究，由于无人驾驶船舶不需要设施来支持船员生活，一艘船的质量可以减少 5%，少用 12%～15%的燃料[7]。但是，目前的海洋通信能力无法满足无人驾驶船舶对通信的需求。所以，需要研究和部署新型海洋通信网络来遥控无人驾驶船舶。

上述对海洋通信网络服务的需求和面临的挑战推动了对岸基（岛屿）、水面、空中和水下所组成的海洋空间的通信网络技术的研究，本章将对相关问题进行简要回顾和分析，详细讨论见后续相关章节。

1.2　海洋通信网络环境

海洋通信网络环境由以下四部分组成：岸基（岛屿）、水面、空中和水下，如图 1-1 所示，统称为海洋空间。

1.2.1　海岸

全球海岸线约 356000km，是能用来密集部署通信基础设施，如基站（BS）和接入点（AP），为海洋提供通信网络服务的主要场地。这些设施可以通过光纤连接起来，从而构建连接陆地互联网的强大的岸基网络（CLN），为近海水域的人类活动提供服务；它们也可以部署在海岸线附近的岛屿上，并通过无线电或海底电缆等与陆基互联网相连。当终端足够接近这些设施，或者承载工具上安装了 BS/AP 时，用户可方便地连接到岸基网络。

海岸和邻近岛屿是部署基础设施的稳定场所，在这里，通过电网、发电机或大型风能和太阳能发电站，可确保电力供应，并以此建立可靠、高速的通信连接。此外，新开发的陆基网络技术可用来不断提高岸基网络的能力[8]。但是相对于海洋，它们的通信距离还是太短，其覆盖范围也会受到地球表面曲度、高波浪引起的波阻塞以及海水对射频信号的吸收[9]等方面的影响。

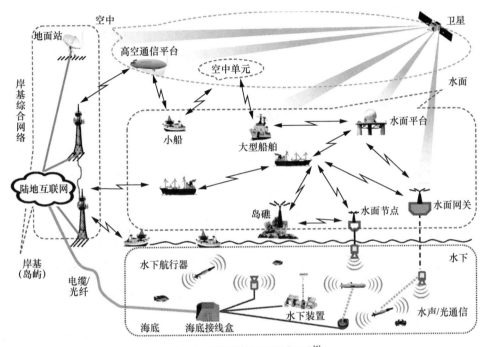

图 1-1　海洋通信网络环境组成[1]

1.2.2　水面

整个海洋表面积约为 $3.62\times10^8\text{km}^2$，约有 2000 个岛屿。在水面上部署类似于陆地的通信设施来建立海洋通信网络是非常困难和昂贵的。然而，水面上有许多物体具有通信功能，并有足够的支撑电源，例如，大小和功能不同的各类船舶、用于气象和生态系统的海洋观测站、军事和科学研究所用的特殊浮台，以及各种生产平台（如海上石油平台）、航标和承载传感器的浮标等。以船舶为例，海洋中每天有大量配备自动识别系统（Automatic Identification System，AIS）设备的船只在沿海、繁忙水道和港口等水域航行[10]。例如，在地中海，每年大约有 22 万艘船，每天大约有 2000 艘[11]；在伊斯坦布尔海峡，大约有 30.9 万艘移动船舶[12]；它们通常有较大的空间来装载通信设施和足够的通信能源。海洋中也有许多不需要安装 AIS 的小型船只，如渔船和游艇，它们的通信能力相对较弱，这主要是因为其承载能力较小、通信天线较短。

海洋工业，如能源工业（石油、天然气、风能等）和海洋牧场，对沿海国家的经济发展很重要。为此海上已经部署了许多大型漂浮平台，它们都配备了强大的通信设备和稳定的能源供应，甚至通过海底光纤和电缆与陆基系统相连。一些平台是针对海洋中特定的应用而设计的，如观察和监测平台，它们能够抵御风浪。这些平台装备了许多高速传感器（如摄像机），具有卫星通信功能和能源再生系统，如电子技术集团设计的锚定浮动平台[13]。但这些平台的建设和部署成本一般比较高。

海洋中还有许多航道浮标，其主要能源来自太阳能、潮汐能和风能。其较小的电源供应能力和较短的无线通信天线导致其只有短程通信能力。同样，许多水下浮标也被部署在海洋中，以装载用于海洋观测和科学研究的传感器，并具有一定的通信功能。典型的是 Argo 项目，它是一个由约 3800 个自由浮标组成的全球测量系统，用来测量海洋的温度和盐度。由于浮标的装载能力较小，其通信和能源供应方面不如船只和平台。

与海岸和岛屿相比，除了特设的大型平台，船只、浮动平台和浮标都是不太稳定的平台，但密集部署特设平台的成本非常高。另外，高咸度、湿度的海洋气候条件，各种形式的降水和频繁的极端气候可能影响这些基础设施的功能和高频通信的性能。

1.2.3 空中

海洋上空有许多具有通信功能的物体，最典型的是通信卫星。根据轨道高度，它可分为地球静止轨道（GEO）、中地球轨道（MEO）（简称中轨）和低地球轨道（LEO）（简称低轨）卫星。地球静止轨道卫星在 35786km 的轨道上运行，轨道周期为 24h，这使它看起来像是固定在天空中；MEO 的高度为 8000～12000km；LEO 的高度为 500～2000km[14]。

3 颗地球静止轨道卫星可以覆盖除极地以外的大部分地球表面，但地面站和卫星之间的往返传播时延约 250ms，这还不包括排队时延及通信和网络的处理时间，它会影响网络性能。使用 MEO 和 LEO 卫星可以显著减少这种时延，但要达到同样覆盖范围则需要更多卫星；同时，它们都需要绕地球快速飞行，这将影响船只间的通信质量。卫星通信频率范围为 L 波段到 Ka 波段（例如 1～29GHz），而高频信号的渗透能力差，通信质量容易受到水分和海洋中常见降水的影响[14]。另外，卫星系统的建设、部署和维护成本高，风险大，其性价比比陆地通信系统的性价比低。

在距地面 17～22km 的平流层可以部署一种专门为通信设计的准静止无人飞行器，称为高空平台（High-Altitude Platform，HAP）[15]。与卫星相比，其主要优势包括容易快速部署、低成本、更短的传播时延及更强的通信能力，其覆盖范围取决于部署的高度和角度，例如，在 28GHz 频率和 50MHz 带宽时，10km 高度的 HAP 可提供高达 320Mbit/s 的下行速率[16]。其主要难点是如何维持一个区域内的持续通信服务，因为平台需要推进力来抵御平流层中的温和风。这导致需要有大容量电池来存储白天收集的能量，以维持整个夜间的运行，而这会使 HAP 的负载增大，从而消耗更多的能源[16]。

在靠近水面的上方，有更灵活的有人驾驶或无人驾驶的飞行器。典型的载人飞行器，如直升机和民航机，直升机的飞行高度和速度分别为 6km 和 300km/s；民航机的飞行高度和速度分别为 10km 和 800～1000km/s。气球和无人机也可以在一定的高度飞行。这些空中飞行器可以提供机会性通信网络服务。

1.2.4 水下

海洋是一个含约 1.3×10^9 km³ 的巨大咸水体，最大深度为 11034m，平均深度为 3682m。目前主要适合于水下通信的无线介质是声波，只有它可以以 kbit/s 级别的速率长距离传输，但其传播速度只有 1.5km/s[17]。而水面上使用的无线电波在水中很快就衰减，因此为无线电网络开发的通信和网络技术无法适用于水下环境[18]。虽然蓝/绿色激光可以提供高速水下链路，但传输距离一般限制在百米以下，而且只有在清澈的水体环境才能传播。

目前已经有许多系统被部署在水下，如潜标、自治式潜水器（Automatic Underwater Vehicle，AUV）和水声无线传感器网络[19]等。它们一般使用电池，有一定的水声通信能力，往往会随海浪和水流漂移。一些节点也可能配备无线电通信设备，与水面或水上甚至岸基节点通信。在海底，电缆线和通信光纤被铺设用于建设稳定的网络，如有缆水下观测系统。它们具有很强大的通信和供电能力，能为其他水下节点充电和中继数据。然而，它们构成复杂、安装困难，因此大规模部署成本很高[18]。

1.2.5　海洋通信网络用户

与陆地通信网络相比，海洋通信网络用户在类型、数量、密度和分布方面具有不同的特征。目前在海洋中，大多数用户来自工业（如海运和海上生产）、海洋生态监测、海洋研究和国防等方面；同时，也有各种普通用户，如海员、渔民、游客和岛屿居民。他们大多数在移动船舶上，导致用户分布动态变化和密度不均匀。例如，一艘游轮平均可搭载 3000 名乘客[20]，导致大量用户出现在狭小的空间，并从一个水域移动到另一个水域。另外，海洋中大多数地区为无人区，用户数量比陆地少得多，但海洋面积约却是陆地的 2.5 倍，这导致海洋通信网络用户的密度相对较低。

1.3　现行海洋通信网络

目前在海洋中，已经有一些通信网络在运行，以支持海运、渔业和国防。本节主要关注民用领域的通信网络，它们主要包括海事无线电、AIS、陆基无线接入系统、卫星系统、水下无线系统和海底观测系统。

1.3.1　海事无线电

如文献[21]所述，海事无线电的频段包括高频（HF）、中高频（MF）、甚高频（VHF）和超高频（UHF）。HF 通常用于低速率数据（如 50～100bit/s）传输和远程语音通信。VHF（156～162.025MHz，信道间距分别为 25kHz 和 50kHz）可提供超过 100km 的语音通信。增强的甚高频可以支持数字应用，例如，基于 HF/MF 的 Navtex 在 370km 范围内发送速率为 300bit/s[22]。基于 VHF 的数字选择性呼叫（DSC）允许按一个按钮以 1.2kbit/s 的速率发送遇险信号。VHF 数据链路（VDL）支持 9.6kbit/s 的 AIS。

目前 VDL 的通信容量已不能满足对 AIS 数据通信日益增长的需求，因此增强 VHF 数据交换系统（VDES）已被研发出来[23]。VDES 采用 6 个甚高频信道，并联合使用正交频分复用（OFDM）和分布式天线技术[24]，提供高达 302.2kbit/s[25]的数据速率。类似地，在 450~470MHz 的 6 个超高频信道，采用较窄的信道间隔，用于支持船舶上的通信[26]。

由于分配给海事无线电的带宽有限（约 6.025MHz），VDES 不能满足许多新的海上通信应用的需求，进一步提高容量也非常困难。国际海事组织确立的电子导航需要在船舶和海岸之间进行更多的实时数据交换，主要包括天气、冰图、导航辅助设备的状态、水位和港口状态、航行信息、乘客清单和到达前报告等[25]。此外，无人船舶需要海岸中心远程控制，需要大量的数据通信，其速率估计为 4Mbit/s[6]。同样，许多日常互联网应用的数据速率已超过了 VDES 的能力，例如，视频源速率为 250~4000kbit/s，而 IP 头[27]还将产生原始音频 12.5%~55.5%的额外开销。

1.3.2 船舶自动识别系统（AIS）

作为全球海上遇险和安全系统（GMDSS）的一部分，AIS 用于自动识别和定位船舶、导航和避免船舶碰撞。岸基 AIS 站收集装备了 AIS 的船的信息，如位置和速度，并将其发送到 AIS 操作中心；该中心连接到全球船舶位置数据库[28]。船舶通过海事无线电或卫星与海岸电台交换 AIS 报告；相邻的船舶可以直接交换 AIS 报告，定期传输船位置信息，以确保其邻居实时知道其位置。运行中的船舶可以被实时追踪，避免碰撞[29]；多个船舶也可形成船舶自组网（SANET）。北斗导航卫星系统也为渔业管理提供了类似的功能，除了定位，它还提供短信通信功能，将渔船的位置、速度、航向等信息发送到管理中心。

AIS 使用两个指定的 VHF 信道和一个基于时分多址（TDMA）的介质访问控制（MAC）协议进行数据传输。所有使用 AIS 的船只都通过 GPS 进行同步。MAC 帧分成多个时隙，每个时隙可以用于传输报告，其中包含身份、位置、速度和航向等信息。根据国际海事组织的规定，所有在国际水域超过 300t 和非国际水域超过 500t 的船舶，以及所有客船都必须安装 AIS[30]。由于 AIS 应用的普及、岸与船和船与船间数据交换需求的不断增加，VDL 的通信容量已显得不足。

1.3.3 陆基无线接入系统

该系统是端到端网络连接的最后一段，通过它，用户才能够接入网络。它们主要包括移动通信系统[31]和局域、广域无线网络。它们能提供比海事无线电更高的传输速率，可达数百 Mbit/s，覆盖半径高达 100km[17]。然而，它们需要固定的基础设施，如基站，这很难被部署在海洋中。目前，它们主要被部署在沿海地区，为港口和繁忙水道及周边的居民和船只提供上网服务，覆盖范围有限[17]。2008 年，新加坡政府启动了一项为期 3 年的项目，为港口提供移动宽带接入服务。它使用至少 6 个 WiMAX 基站，每个通信距离可达 15km[32]。2015 年，山东长岛部署了一个基于 4G 的远程移动通信系统[17]。

1.3.4 卫星系统

卫星技术是目前唯一能提供全球互联网服务的技术，长期以来也一直用于海上通信[33]。但与陆基日常移动电话服务（约 0.15 元/分钟）相比，卫星系统提供的通信服务的性价比仍然太低[1]。这是因为卫星的制造、发射、系统运行和维护的成本都很高[14]，而且所有卫星需要成功发射和运行才能使系统按照设计工作[34]。除了 O3B，很多卫星系统不能满足前面提到的 4Mbit/s 的无人船舶通信要求；O3B 可以提供高达 800Mbit/s 的数据传输速率[6]。

1.3.5 水下无线系统

许多无线网络已经被部署在水下，大多数是水声网络。例如，Seaweb 被设计用来使海底传感器网络能长期用于气象观测和海底通信及导航[35]。它的覆盖范围为 100～10000km²，但其电缆/浮动传感器阵列可能受拖网、盗窃和船舶交通的影响。2001 年 6 月建设的 Seaweb 是一个 14 节点的海底网格，2003 年 2 月在墨西哥湾东部部署的 Seaweb 由 3 个 AUV、6 个中继节点和 2 个网关浮标组成[36]。

1998 年，Seaweb 采用基于频分多址（FDMA）的 MAC，使用 3 个交错的 FDMA 集，每组都有 40 个多级频移键控（MFSK）音调和 2 个码字[35]。50%的带宽用作保护频带，因此带宽利用率很低。例如，使用 300bit/s 调制的现场测试产生的净速率仅为 50bit/s。因此，FDMA 在随后的 Seaweb 实践中被抛弃[37]。文献[38]通过联合使用基于请求发送（RTS）和允许发送（CTS）帧的握手 MAC 协议以及停止等待自动重传请求（ARQ）方案，实现可靠的数据传输。

1.3.6　海底观测系统

一个完善的水下网络是有缆水下观测系统，它配备了传感器来监测海洋环境，如温度、pH 值、盐度、水循环和海底运动等[10]。它们通常采用海底电缆和光纤，为与地圈层、生物圈和水层相互作用[39]相关的过程监测系统提供可靠的数据通信和电力供应。所收集到的数据被工业和海洋多学科研究机构使用。典型的系统有美国的蒙特雷加速研究系统（MARS）、加拿大海洋观测网络（ONC）、日本地震和海啸海底观测密集网络（DONET）系统、欧洲多学科海底及水体观测系统（EMSO）和中国南海海底观测网络（SCSSON）[10]。

在 MARS 中，一个位于蒙特雷湾表面以下 891m 处的科学节点，通过 52km 长的海底电缆和光纤与海岸相连，并连接其他节点，更多的仪器设备可以按照菊花链形式连接[40]。ONC 有两个水下观察台，即 NEPTUNE[41]和 VENUS[42]。ONC 通过互联网向外界提供安装在不列颠哥伦比亚省沿海地区的关键地点仪器所采集的实时数据流。DONET 由 20 套海底电缆测量仪器组成，相距 15～20km，用于实时监测地震和海啸[43]。EMSO 是一个由欧洲多学科海底观测系统组成的网络，通过从东北到大西洋、地中海到黑海区域部署的设施，不断测量与自然灾害、气候变化和海洋生态系统相关的生物、地球化学和物理参数[39]。SCSSON 于 2009 年在小衢山岛附近展开，它位于上海洋山国际深水港东南约 20km 处，用于地震、海啸、水文和气象学的综合观测，并与 MARS 合作进行了一系列实验[44]。

1.4　岸基网络

目前，这方面的研究主要利用陆基无线接入网络、蒸发波导通信和自由空间光系统为沿海水域提供密集和远程高速网络覆盖。

1.4.1　陆基无线接入网络

无线接入网络被用来为挪威专属经济区的高北部地区和北极水域提供海上无线电通信服务，因为那里无法收到 GEO 卫星信号[45]。该沿海区域无线网通过无缝切换和漫游支持，将陆地无线系统的覆盖扩展到海洋。它联合使用了 WiMAX、长期演进（LTE）和数字 VHF 来提供宽带海上无线通信服务[21]。文献[10]讨论了基于蜂窝网络的船舶跟踪和遇险信标系统，这可以弥补基于甚高频通信安全系统的不足，提升离海岸 30～50km 内的渔业和休闲船只的海上搜索和救援行动效率，其中采用的蜂窝网络包括 GSM 和 GPRS。实验测量证明甚高频和 GSM/GPRS 波段有共存的可行性，同时基于该实验结果，建立了相应的 GSM/GPRS 传播模型。文献[46]研究了如何使用远距离 Wi-Fi（LR-Wi-Fi）作为回程连接，在海上提供点对多点连接，使岸上基站连接海上移动船只。文献[47]采用了基于 802.11n 的 LR-Wi-Fi，利用基于 TDMA 的 MAC 协议来克服原来的 CSMA/CA 和 MAC 确认所造成的低效率；实验表明，当信号强度为−91dBm、噪声为−93dBm 时，该系统能在 17.7km 距离上实现 1.7Mbit/s 的传输速率和 1.625Mbit/s 的接收速率。

葡萄牙的 BLUECOM+的项目研究了如何通过联合使用 GPRS、UMTS、LTE 和 Wi-Fi 在偏远水域实现高性价比的互联网接入；通过联合使用空白电视频段的远程无线电通信和绳系气球来提升通信节点高度和多跳中继能力，以扩展无线电覆盖[48]。仿真研究表明，陆海两跳通信链接可在 100km 的范围提供超过 3Mbit/s 的传输速率。文献[49]对 LR-Wi-Fi 进行了野外试验，把船上的标准 Wi-Fi 网络连接到频率分别为 2.4GHz 和 5.8GHz 的地面基站，45.6km 以上物理层速率可达 3Mbit/s。

为了克服海事无线电的带宽瓶颈，文献[50]建议将分配给移动蜂窝系统的丰富带宽用于海洋通信。因为这些带宽目前主要用于陆上系统。例如，大约 50MHz 带宽分别分配给 1G 和 2G 系统，145MHz 和 100MHz 分别分配给 3G 和 4G 系统。2007 年，最初分配给电视的频谱（即 450～470MHz 和 698～862MHz 频带）也被重新分配给国际移动电信（IMT）。它们的总和约为 570MHz。

文献[51]研究了基于蜂窝网络和分布式天线的沿海通信网络结构以及一种天线

选择方案，可以保证目标用户的服务质量（QoS），并对其性能进行了数学评价和仿真验证。文献[52]提出了一种多天线方案来克服海平面中深衰落对链路的限制。信道模型表明，衰落的可预测特性取决于天线的高度以及发射机和接收机之间的距离，多个天线可以提高无线链路的同步性能。

1.4.2　蒸发波导通信（EDC）

蒸发波导通信研究如何利用海平面的一种自然现象来克服海面曲度对无线电波视距（LOS）传播的阻碍，以向深海提供高速远程通信。微波频率的电波在近海表面传播可以被困在波导层和海面之间，使信号超越水平距离传播[53]。波导层由海面上方湿度迅速下降的区域构成，这导致折射率随高度而下降。这种现象在海洋和沿海地区几乎是长期存在的，它对微波信号传播的影响取决于大气条件、偏振、天线位置和波频率。

如前所述，海洋中的用户分布稀少，而许多用户可能会聚集在游轮等小场所。在这种情况下，岸上 BS 和船载 BS 之间的点对点通信比广播通信更有效。因此，应用 EDC 来提供高速远程点对点海上通信是一个值得探索的方向。文献[54]提出超过海平面 7m 的天线、频率为 10.6GHz 的实验链路，可在 80% 的时间内为 78km 的传输距离提供 10Mbit/s 的数据速率；文献[55]提出马来西亚水域类似的远程数据链路，可以实现高速率、可靠的海上无线回程传输。

1.4.3　自由空间光系统（FSO）

在该系统中，光的传播发生在自由空间的无引导传播介质中，如室外，通过可见光、红外线和紫外线波段传播。这些波段的通信带宽比射频链路更高，使距离几千米的两个固定点之间能够实现高速率通信。它们可以支持许多地面上的应用，比如 5G 的回程传输[56]。FSO 链接具有高度方向性，这导致它们难以被检测，而它的可靠性受大气湍流引起的光强信号衰落的影响，对天气条件很敏感，特别是在长距离通信情况下。在海洋环境中，激光束可能经历明显的随机强度波动[56]。

文献[57]通过确定气溶胶散射、雾霾、雨雪和光湍流引起的衰减，对船舶通信的 FSO 信号衰减进行了分析。文献[58]提出了使用 1550nm 激光束的模拟调制 FSO 链路，成功实现了美国切萨皮克湾 32km 往返模拟视频传输，并估计了射频传播的增益、噪声因子和线性射频参数的概率密度函数。研究人员在大西洋海岸的两次野外实验和美国海军学院的 5 场野外实验中，试图修改激光束的传输特性，以尽量减少强度波动、衰减时间和深度。文献[59]通过计算机仿真，研究了使用卷积编码器和软决策维特比解码器的 FSO 链路的误码率，实验约束长度为 3 的软决策维特比解码器可以提高误码率性能。

1.4.4　应用

容迟网络（DTN）适合于支持容忍中断和延迟的应用[60]，针对这种网络，人们研究了一种用于船舶上传监控视频的岸基网络，提出了一种分组存储转发路由方案，以解决海洋环境间歇性网络连接问题。具体而言，根据间歇性网络连接、视频包的发布和截止时间制定一个资源分配方案[61]，从而最大限度地提高上传视频包的权重。文献[62]报道了在 2018 年风帆冲浪世界杯中进行的海上 5G 实验，其中 5G 用在距比赛场地 300～1000m 的陆上，向公众观看区域进行 4K 视频传输；在 28GHz 波段，使用大规模 MIMO 进行下行和上行海上传输。

1.5　水面网络

与岸基网络不同，水面上没有稳定的地方来部署网络基础设施。在这种情况下，如何在海洋中应用不依赖预先建好基础设施的无线自组网（WANET）[63]被广泛研究。WANET 的自组织和自愈能力，以及简单和快捷部署的特点，使其更适合动态的海洋通信网络环境。尤其是机会网络，在这种网络中，连接中断和连接机会经常是节点移动造成的。这节主要回顾一下传感器自组网（SenANET）、航海自组网（NANET）和网状网络，以及利用类蜂窝网络结构来构建水面网络等方面的研究。

1.5.1 传感器自组网（SenANET）

由于传感器随海浪移动，文献[64]提出了一种针对这种随机移动的路由方案，其基本思想是根据电源供应和可靠性来量化每个节点的状态，再建立一个路由选择度量，取代传统的最短路径度量。文献[65]研究了另一种路由方案和基于 CSMA 的 MAC 协议，以应对海面上射频信道条件的持续变化对网络性能的影响。该 MAC 有 3 种模式：不可靠、延迟敏感可靠和带宽敏感可靠。第一个最简单，该路由协议基于多路径路由的转换，来适应上行节点的变化。研究模拟了 800m×800m 区域中 500 个节点的网络，每个节点通信范围为 50m。

基于链路信号强度、稳定性和带宽，文献[66]提出了一种评估 DTN 中无人机之间的链路质量的机制，并把它融入高效数据传输的路由中。其下一跳选择按照以下策略进行：首先邻近接触、最佳质量接触、同网关的最佳质量接触。研究使用真实水上运动场景进行评估，结果表明第三种策略的传输率最高。

文献[67]通过数据采集和制图系统仿真，研究了几种移动自组网（MANET）路由协议在 SenANET 中的性能，这些协议包括 AODV、AOMDV[68]、DSDV[69] 和 DSR[70]。该网络配备了 VHF 和 5G 通信系统。岸上 5G 基站具有移动边缘计算功能，可与 SenANET 通信，并连接到中央处理云。结果表明，AOMDV 在包传递率和路由负载方面表现更好，这与下面讨论的 NANET 研究[71]所观察到的现象类似。

1.5.2 航海自组网（NANET）

文献[72]研究了使用船舶作为中继节点扩展岸基网覆盖范围的可行性，该研究使用了新加坡东海岸实际船舶移动的轨迹，表明在 90%的时间里，船舶通过多跳船舶自组网（SANET），约 90%的节点可以连接到岸基基站，具体参数为：平均路径长度约为 1.8 跳，船舶间传输距离至少为 8km。

基于 SANET 和水面其他具有无线通信功能的节点（如浮标和平台）可以构建 NANET[73]。在近海水域，由于船舶密度较高，这种网络是可以实现的，它可以提供船对船、船对岸通信。与陆基 MANET 相比，NANET 的一些有利特性可用来进一步提高网络的性能，如 AIS 可提供船舶的位置和速度信息。这种网络也被称为 MaritimeManet[74]，它进一步使用多个定向传输取代传统 MANET 全向传输。文献[28]研究了一种基于 AIS 的路由协议，让节点利用船舶 AIS 的位置信息来确定邻居，并做出路由决策。类似地，文献[75]研究了 GAODV 协议，使用位置信息选择性地广播路由请求。类似于文献[67]，文献[71]研究了海上交通模式（由节点密度和移动性确定）对 AODV、AOMDV 和 DSDV 路由协议性能的影响，得出了类似的结论。

当 NANET 中的节点分布太稀疏而不能保证节点之间持续的连通性时，网络就变为 DTN。在这种情况下，间歇性连接会显著降低 TCP 的性能，这是因为中断会影响 TCP 的拥塞控制窗口的设置。因此，文献[76]提出了一个 RAR（Replication Adaptive Routing）协议，以使 TCP 更具有适应性。网络状态的实时检测用于确定网络是无线网状网络（WMN）还是 DTN。如果是 WMN，则数据通过单个路径传输，不进行复制；否则，复制的数据将通过多个路径传输。该方案在一个由 20 多个节点组成的测试实验中得到了验证。

1.5.3 基于 WiMAX 的网状网络

当船舶自组网（SANET）被船载用户用来访问其他网络时，它就是一种无线网状网络（WMN），类似于无线骨干网。许多 SANET 是基于 WiMAX 的，例如，文献[11]为地中海不使用卫星的船只提供船载互联网宽带接入；文献[77]采用了智能中间件技术，允许节点在邻近船只稀疏或远离基站时切换到卫星链路，以实现船对船、船对岸的高速通信。为了提供可靠的海上网络连接，文献[78]讨论了另一个智能中间件以充当本地船载应用的接入路由器：船充当中继节点，将数据转发给岸基基站，卫星作为备案。文献[79]回顾了几种基于 WiMAX 的 SANET，用于实现可靠和具有再生能力的海上通信网络技术。

文献[80]仿真研究了船间通信 MAC 协议的网络吞吐量、数据投递率和平均时延等方面的性能。在某些海洋条件下，例如，当海浪方向垂直于节点连接方向时，协议对于恒定流量在 1 跳和 2 跳（跳距超过 10km）连接的情况下均可取得良好的性能。然而，该协议对 AODV 的路由请求广播的支持效率低，这是因为每个路由请求的传输都需要一个三方握手来获取数据发送的机会。因而，文献[81]提出了一种在 MAC 消息中捎带路由消息的方案。

类似地，文献[82]仿真研究了 OLSR[83]、AODV 和 AOMDV 的性能。结果表明，OLSR 的效率较低，AOMDV 受海况的影响较小，而 AODV 在平均包延迟和投递率方面较好。文献[84]把该研究扩展到 DTN 中，用新加坡海峡实际测量的海陆模型进行仿真，并与 Epidemic[85]和 Spray and Wait 等路由协议进行比较，结果表明，DTN 路由协议的端到端数据包投递率比 AODV 和 OLSR 的更高。

1.5.4　类蜂窝网络

除 WiMAX 之外，还有一些使用 LTE 构建 NANET 的研究，它比 WiMAX 更快，覆盖范围更广。文献[86]简要介绍了一个基于 LTE 的桥接项目 MariComm，它试图在海上提供约 1Mbit/s 的互联网服务，允许使用中继站构建海上异构中继网络；在韩国南部海域对由 4 艘船组成的系统进行性能测试，单跳距离为 4～20.3km，速率为 2～6Mbit/s。文献[87]讨论了另一个韩国 LTE 海事项目，它试图开发一种海上通信设施，支持在 100km 覆盖范围内、1Mbit/s 的数据通信；配备了 LTE 海上路由器的船只、岸基基站和操作中心所组成的测试实验实现了上述目标，覆盖范围为 100km 左右。

文献[88]讨论了一种基于 Wi-Fi 的上行链路海上无线电通信模型，即船上用户设备到岸上基于分布式天线的蜂窝基站；提出了一种天线选择算法，以最小服务云来满足船舶用户设备的质量要求。性能指标包括平均数据速率和链路中断概率，数值计算证明了该算法的有效性。

1.6　空中通信网络

这部分介绍了两种空中网络技术，高空通信平台（HAP）和航空自组网（AANET），以及一些基于 MEO/LEO 卫星的全球互联网部署计划。

1.6.1　高空通信平台（HAP）

谷歌的 Loon 项目采用气球，试图为世界上每个人提供免费的全球互联网接入。它在 2013 年进行了初步测试[89]，2021 年 1 月该项目被关闭，同年 9 月被软银收购[90]。同样，尽最大努力连接任何具有通信能力节点的海洋互联网也采用 HAP 扩大岸基网络的覆盖范围[4]，其策略如下：（1）当用户数量超出预期时，HAP 作为对现有通信设施的临时补充；（2）HAP 作为在没有其他通信设施情况下的短期解决方案；（3）HAP 作为通信网络的一种基础设施。类似地，在 BLUECOM+项目中，氦气气球被用来增加天线高度，以克服地球曲度对远程通信的影响。海上试验结果显示可实现超过 50km 的现场视频会议，实时数据上传速率超过 1Mbit/s。

1.6.2　航空自组网（AANET）

空中单元，如气球、无人机、直升机和飞机，往往配备通信设备，在同一空域中的这些单元可以形成 AANET，用于实现相互通信和与其他网络连接[91]。它们能满足日益增长的飞机客舱用户对互联网接入的需求。目前这些服务通常由卫星和空对地网络提供，前者服务费用昂贵，端到端时延较长；后者覆盖范围和容量有限。AANET 可以整合卫星和地面网络，提供更高速度、低时延和低成本的空中互联网接入。

文献[92]讨论了 AANET 体系结构以及相关场景、需求和挑战。该网络的一个重要组成部分是地面站，它以比卫星更高的数据速率和更低的成本来中继陆基互联网和 AANET 之间的通信。但是这些地面站不可能在任何地方都存在，特别是在无人区，如海洋。当这些地方有许多飞行器时，AANET 可以用于解决这个问题[93]。在低空，无人机和直升机也可以形成 AANET，充当水面船舶与岸基基站之间的中继点，以提高海洋互联网的连接性[94]。

1.6.3　卫星网络和计划

文献[33]提出了一种海洋移动卫星网络，可以提供可靠、安全和性价比高的服务。该网络旨在支持需要相互通信的船舶、船舶交通服务系统（VTS）、港口和海岸控制中心的自主操作和远程控制，以确保船舶通信的连续性。

小型卫星制造技术和可重复使用火箭技术（特别是一箭多星技术）的进步使得卫星的发射成本降低。因此，人们研究在基于 GEO 的物联网中，如何利用 LEO 收集数据[95]，以及在数据存储中心把数据与陆基互联网完全隔离[96]。此外，一些基于大规模 MEO/LEO 卫星部署的计划正在启动或正在进行中，旨在为世界各地提供互联网服务[1]。

1.7 水下通信网络

如前所述，无线电波在水下传播性能不好，只有水声信号可长距离传播，所以目前大多数水下无线网络都是基于声波；蓝绿激光在一定条件下，可以在水下提供较高速率的数据传输，但传播距离只有几百米。

1.7.1 水声网络（UWAN）

通过部署基础设施来构建水下网络是昂贵的，所以 WANET 经常被用来构建水下网络，典型的例子是 UWAN[97]，它常用于构建水下物联网[98]。UWAN 具有一些大多数陆基无线网络不具备的特征，如网络时延长、网络容量低、可靠性弱和动态性高等。文献[99]指出，这些特征主要是由水声通信引起的，受以下几个因素的影响：水声波的物理特性、传播环境、传播介质海水的特性。影响声波在海水中传播的主要因素包括温度梯度和盐度，其变化导致了介质密度分层，后者进一步导致传播速度的变化和声波折射。水下声波的主要物理特性包括低传播速度和信号的频率选择性热转换，这些导致只有低频声信号才能进行长距离传播。因此，水声通道不可靠、容量小、时延长。

上述特点以及当前水声通信技术和运作方面的限制，如单工通信、通信能耗大和水下通信设备昂贵等，阻碍了成熟的陆基无线网络协议直接用于 UWAN，并对其网络协议设计提出了许多新挑战。文献报道了许多关于 UWAN 协议的研究工作，包括水下组网[6,18]、MAC 协议[100]、路由协议[101-102]、端到端可靠传输协议[103]和网络安全[104]，以及 UWAN 的拓扑控制[19]等。

1.7.2 水下光网络

水下无线光通信（UOWC）可以提供比水声通信更高的数据速率，但距离更短。正如文献[105]总结的那样，UOWC 功耗小，计算复杂度低，可应用于从深海到近岸水域的通信。水环境的基本特性（如视距传播的缺失和水的透明度）可能对光信号传播产生吸收和散射。文献[105]介绍了一种混合方法来设计 UOWC 系统，采用了新近发展的不同于陆地 FSO 通信的设计方法；同时也对 UOWC 信道特性、调制方法、编码技术和各种 UOWC 特有的噪声来源等方面的现状进行了全面调研。

有关水下光网络（UWON），文献[106]研究了一种基于水下光通信的 CDMA 蜂窝网络。它由一组位于六角形单元中心的光基收发站（OBTS）组成。一个 OBTS 配备一对全向光发射机和接收机，并通过光纤连接到中心节点，后者连接全球网络。用户收发机有一对单向光发射机和接收机。研究结果表明，在纯海水传输条件下，蜂窝覆盖半径可超过 70m；对于沿岸水域，蜂窝半径降至 35m 以维护通信的可靠性。文献[107]讨论了一种水下稀疏蜂窝网络及其协议架构，它试图将水声、光（蓝/绿激光器）和光纤集成起来，以实现高性能水下网络，支持高速率、长距离和低时延的全双工通信。

1.8 海洋网络互联方法

本节简要讨论如何将岸基网络、水面网络、天空网络和水下网络互联起来，以及移动性和网络管理等相关问题。

1.8.1 网络互联

使用卫星连接海洋中不同网络是很直接的方法，因为卫星可以覆盖地球表面。

然而，由于成本很高，卫星常被作为备份方案。也有一些研究寻找更经济有效的海洋网络互联方法。如前所述，可以利用 SANET 扩展岸基网络的覆盖范围[48,72]，文献[108]进一步采用陆基蜂窝网络和卫星网络构建集成无线网络系统，即将 SANET 用于远海水域船舶间的通信，而不涉及卫星。若船舶足够靠近海岸，可以用岸基蜂窝网进行通信；否则，使用卫星网络。文献[109]提出了类似的海上通信结构，以支持电子导航。它根据船舶可用的通信机会，将网络覆盖分为 3 个区域：A 区，可以与陆地网络直接连接；B 区，在 A 区之外，但有足够的船只形成 SANET；C 区，在 A 区和 B 区之外，只有 DTN 可以工作。上述思想在海洋互联网中得到了进一步扩展，它试图将海洋中的任何通信节点互联，形成一个自适应的大规模异构 WANET，也可覆盖水下[4]。

1.8.2　移动性支持

由于不同类别的无线接入系统都可用于海上通信网络连接的最后一千米，如基于 IEEE 802.11 的 Wi-Fi、基于 IEEE 802.16 的 WiMAX 和 3GPP 的蜂窝网络，移动用户可以在不同系统之间甚至在同一系统的不同覆盖域之间漫游。文献[110]讨论了一种移动性管理协议，支持垂直和水平切换，可提高船岸通信性能和维持始终最佳连接过程及保障海上网络安全。水平切换试图在一个系统中保持通信的连续性，垂直切换允许用户在异构无线系统之间移动，以利用每个系统的资源。文献[110]进一步提出了一种集成了主机身份协议（HIP）[111]和始终最佳连接过程的体系结构，以尽可能符合海上环境规范。为此，船上节点中需安装一个由链路监视、分析、应用程序和决策等模块组成的智能系统。同时，节点配备了与不同接入系统对应的接口，最好的接口通常用于船岸通信。HIP 可以通过基于非对称密钥的身份验证和加密机制来识别主机，以支持通信的保密性、完整性和可靠性。

1.8.3　网络管理

海上通信网络由不同类型的节点和战略/战术通信链路组成。数据传输的主要通信链路包括卫星、高频/甚高频/超高频海事无线电。典型的节点包括用于卫星通信的陆基中继、移动节点（如船舶）、连接它们的载体以及可能的商业卫星地面站[112]。船舶可以通过海事无线电直接通信，并可以通过卫星与战略网络进行通信。影响海上通信网络运行和管理的主要因素包括连接网络节点的通信承载者、节点的移动性和数据流量。这里，电力限制和移动性问题不像 MANET 那么严重，但船上一般没有熟练的网络管理员。为此，该文献提出了一种使用面向服务和基于策略的管理架构的自动化方案来快速提供各种管理服务，包括用于支持数据流量工程的资源优化，包含以下几个方面：流量监控、流量优先级、自适应路由和资源预留。

1.9 小结

本章结合海洋通信网络现状，对海洋通信网络所面临的主要问题进行了简要总结和分析。该调研显示在海洋中构建通信网络比陆地上更加困难和复杂，这是因为海洋的网络环境太复杂，单靠现有的网络技术无法为所有应用提供有效的解决方案。虽然有多个基于大规模 MEO 和 LEO 卫星的全球互联网项目已经启动或正在部署中，但它们的成功仍然需要时间来验证。另一种可能的解决方案是综合利用海岸、水面、天空和水下的各种网络，尽最大努力进行组网，海洋互联网朝这个方向迈出了第一步，但仍然需要更多的研究。

参考文献

[1] JIANG S M. Networking in oceans: a survey[J]. ACM Computing Surveys, 2021, 54(1): 1-13, 33.

[2] JIANG S M. Marine Internet for internetworking in oceans: a tutorial[J]. Future Internet, 2019, 11(7): 146.

[3] CHITRE M, SHAHABUDEEN S, STOJANOVIC M. Underwater acoustic communications and networking: recent advances and future challenges[J]. Marine Technology Society Journal, 2008, 42(1): 103-116.

[4] POMPILI D, AKYILDIZ I F. Overview of networking protocols for underwater wireless communications[J]. IEEE Communications Magazine, 2009, 47(1): 97-102.

[5] RODRIGUE J P, COMTOIS C, SLACK B. The geography of transport systems[M]. New

York: Routledge, Taylor & Francis Group, 2017.

[6] RODSETH O, BURMEISTER H C. D4.3: evaluation of ship to shore communication links[R]. 2012.

[7] ANDREWS C. Robot ships[J]. Engineering & Technology, 2016, 11(9): 62-65.

[8] JIANG S M, CHEN H H. A possible development of marine Internet: a large scale heterogeneous wireless network[C]//Proceedings of the 2015 International Conference on Next Generation Wired/Wireless Networking (NEW2AN). [S.l.:s.n.], 2015.

[9] BELLEC M, JEZEQUEL P Y. Measurements process of vertically polarized electromagnetic surface-waves over a calm sea in the HF band over a spherical earth[C]//Proceedings of the European Conference on Antennas & Propagation (EuCAP). [S.l.:s.n.], 2015: 1-5.

[10] YAU K L A, SYED A R, HASHIM W, et al. Maritime networking: bringing Internet to the sea[J]. IEEE Access, 7: 48236-48255.

[11] VAZQUEZ ALEJOS A, GARCIA SANCHEZ M, CUIÑAS I, et al. Viability of a coastal tracking and distress beacon system based on cellular phone networks[J]. IET Microwaves, Antennas & Propagation, 2011, 5(11): 1265.

[12] PAPADAKI K, FRIDERIKOS V, AGVHAMI H, et al. Linked water[J]. Communications Engineer, 2005, 3(2): 23–27.

[13] ALTAN Y C, OTAY E. Maritime traffic analysis of the strait of Istanbul based on AIS data[J]. Journal of Navigation, 2017, 70: 1367-1382.

[14] 中电科"蓝海信息网络"九大"海洋神器"[EB]. 2017.

[15] CHINI P, GIAMBENE G, KOTA S. A survey on mobile satellite systems[J]. International Journal of Satellite Communications and Networking, 2010, 28(1): 29-57.

[16] MOHAMMED A, MEHMOOD A, PAVLIDOU F N, et al. The role of high-altitude platforms (HAPs) in the global wireless connectivity[J]. Proceedings of the IEEE, 2011, 99(11): 1939-1953.

[17] TOZER T C, GRACE D. High-altitude platforms for wireless communications[J]. Electronics & Communication Engineering Journal, 2001, 13(3): 127-137.

[18] BABIN S M, YOUNG G S, CARTON J A. A new model of the oceanic evaporation duct[J]. Journal of Applied Meteorology, 1997, 36(3): 193-204.

[19] PARTAN J, KUROSE J, LEVINE B N. A survey of practical issues in underwater networks[C]//Proceedings of the 1st ACM International Workshop on Underwater Networks. New York: ACM Press, 2006.

[20] COUTINHO R W, BOUKERCHE A, VIEIRA L F M, et al. Underwater wireless sensor networks: a new challenge for topology control-based systems[J]. ACM Computing Surveys, 2018, 51(1): 19: 1.

[21] BEKKADAL F. Novel maritime communications technologies[M]//Marine navigation and

safety of sea transportation. Montrouge: CRC Press, 2009: 129-135.

[22] CHANEV C. Cruise ship passenger capacity[Z]. 2015.

[23] WEN W K, ZHU Y M, XING C W, et al. The state of the art and challenges of marine communications[J]. Scientia Sinica Informationis, 2017, 47(6): 677.

[24] ITU-R. Technical characteristics for a VHF data exchange system in the VHF maritime mobile band[R]. 2015.

[25] SAFAR J. VDES channel sounding campaign[R]. 2014.

[26] ITU-R. Aeronautical, maritime and radiolocation issues[R]. 2014.

[27] ITU-R. Technical characteristics of equipment used for on-board vessel communications in the bands between 450 and 470 MHz[R]. 2014.

[28] Microsoft. Network bandwidth requirements for media traffic[R]. 2013.

[29] MUN S M, SON J Y, JO W R, et al. An implementation of AIS-based Ad Hoc routing(AAR) protocol for maritime data communication networks[C]//Proceedings of 2012 8th International Conference on Natural Computation. Piscataway: IEEE Press, 2012: 1007-1010.

[30] ITU-R. Technical characteristics for an automatic identification system using time division multiple access in the VHF maritime mobile frequency band[R]. 2014.

[31] GOYAL M, LATHER Y. Advancement of communication technology from 1G to 5G[J]. International Journal of Scientific Research in Science, Engineering and Technology, 2015(4): 1-17.

[32] ANJUM Z. Singapore port now WiMAX ready[EB]. 2008.

[33] ALLAL A A, MANSOURI K, YOUSSFI M, et al. Reliable and cost-effective communication at high seas, for a safe operation of autonomous ship[C]//Proceedings of 2018 6th International Conference on Wireless Networks and Mobile Communications (WINCOM). Piscataway: IEEE Press, 2018: 1-8.

[34] KARAPANTAZIS S, PAVLIDOU F. Broadband communications via high-altitude platforms: a survey[J]. IEEE Communications Surveys & Tutorials, 2005, 7(1): 2-31.

[35] RICE J, CREBER B, FLETCHER C, et al. Evolution of Seaweb underwater acoustic networking[C]//Proceedings of OCEANS 2000 MTS/IEEE Conference and Exhibition. Conference Proceedings. Piscataway: IEEE Press, 2000: 2007-2017.

[36] RICE J, GREEN D. Underwater acoustic communications and networks for the US navy's seaweb program[C]//Proceedings of 2008 Second International Conference on Sensor Technologies and Applications. Piscataway: IEEE Press, 2008: 715-722.

[37] GIBSON J, LARRAZA A, RICE J, et al. On the impacts and benefits of implementing full-duplex communications links in an underwater acoustic network[EB]. 2002.

[38] CREBER R K, RICE J A, BAXLEY P A, et al. Performance of undersea acoustic networking using RTS/CTS handshaking and ARQ retransmission[C]//Proceedings of MTS/IEEE Oceans

2001. An Ocean Odyssey. Conference Proceedings. Piscataway: IEEE Press, 2001: 2083-2086.

[39] BEST M M R, FAVALI P, BERANZOLI L, et al. European multidisciplinary seafloor and water-column observatory (EMSO): power and Internet to European waters[C]//Proceedings of 2014 Oceans - St. John's. Piscataway: IEEE Press, 2014: 1-7.

[40] Monterey Bay Aquarium Research Institute (MBARI). Monterey accelerated research system (MARS) cabled observator[EB]. 2018.

[41] RODGERS D H, MAFFEI A, BEAUCHAMP P M, et al. NEPTUNE regional observatory system design[C]//Proceedings of MTS/IEEE Oceans 2001. Piscataway: IEEE Press, 2001: 1356-1365.

[42] CHEN Y J, WANG H L. Ordered CSMA: a collision-free MAC protocol for underwater acoustic networks[C]//Proceedings of OCEANS 2007. Piscataway: IEEE Press, 2007: 1-6.

[43] Dense Oceanfloor Network System for Earthquakes and Tsunamis (DONET). Japan agency for marine-earth science and technology (JAMSTEC)[EB]. 2012.

[44] LI X, FU B, HU S, et al. Chin's sea floor observatory network R&D: current status and prospects[C]//Proceedings of 2012 Oceans - Yeosu. Piscataway: IEEE Press, 2012: 1-6.

[45] BEKKADAL F. Emerging maritime communications technologies[C]//Proceedings of 2009 9th International Conference on Intelligent Transport Systems Telecommunications (ITST). Piscataway: IEEE Press, 2009: 358-363.

[46] UNNI S, RAJ D, SASIDHAR K, et al. Performance measurement and analysis of long range Wi-Fi network for over-the-sea communication[C]//Proceedings of 2015 13th International Symposium on Modeling and Optimization in Mobile, Ad Hoc, and Wireless Networks (WiOpt). Piscataway: IEEE Press, 2015: 36-41.

[47] FITZPATRICK J. Voice call capacity analysis of long range WiFi as a femto backhaul solution[J]. Computer Networks, 2012, 56(5): 1538-1553.

[48] CAMPOS R, OLIVEIRA T, CRUZ N, et al. BLUECOM+: cost-effective broadband communications at remote ocean areas[C]//Proceedings of OCEANS 2016 - Shanghai. Piscataway: IEEE Press, 2016: 1-6.

[49] KARTHIK A, KOSHY D G, RAJAGOPAL L, et al. Study and analysis of OceanNet—Marine Internet service for fishermen[C]//Proceedings of 2017 IEEE Global Humanitarian Technology Conference. Piscataway: IEEE Press, 2017: 1-8.

[50] JIANG S C, LIU F, JIANG S M. Distance-alignment based adaptive MAC protocol for underwater acoustic networks[C]//Proceedings of 2016 IEEE Wireless Communications and Networking Conference. Piscataway: IEEE Press, 2016: 1-6.

[51] XU Y L. Quality of service provisions for maritime communications based on cellular networks[J]. IEEE Access, 2017(5): 23881-23890.

[52] RAULEFS R, WIRSING M, WANG W. Increasing long range coverage by multiple antennas for maritime broadband communications[C]//Proceedings of OCEANS 2018 MTS/IEEE Charleston. Piscataway: IEEE Press, 2018: 1-6.

[53] DINC E, AKAN O B. Beyond-line-of-sight communications with ducting layer[J]. IEEE Communications Magazine, 2014, 52(10): 37-43.

[54] WOODS G S, RUXTON A, HUDDLESTONE-HOLMES C, et al. High-capacity, long-range, over ocean microwave link using the evaporation duct[J]. IEEE Journal of Oceanic Engineering, 2009, 34(3): 323-330.

[55] ZAIDI K S, JEOTI V, AWANG A, et al. High reliability using virtual MIMO based mesh network for maritime wireless communication[C]//Proceedings of 2016 6th International Conference on Intelligent and Advanced Systems (ICIAS). Piscataway: IEEE Press, 2016: 1-5.

[56] KHALIGHI M A, UYSAL M. Survey on free space optical communication: a communication theory perspective[J]. IEEE Communications Surveys & Tutorials, 2014, 16(4): 2231-2258.

[57] GADWAL V, HAMMEL S. Free-space optical communication links in a marine environment[C]//SPIE Optics + Photonics. Proc SPIE 6304, Free-Space Laser Communications VI. [S.l.:s.n.], 2006, 6304: 161-171.

[58] BURRIS H R J, BUCHOLTZ F, MOORE C I, et al. Long range analog RF free space optical communication link in a maritime environment[C]//SPIE Defense, Security, and Sensing. Proc SPIE 7324, Atmospheric Propagation VI. [S.l.:s.n.], 2009, 7324: 128-139.

[59] DJAMALUDDIN D, DARAWIJAYA W, BAHARUDDIN M. Soft decision viterbi decoder for free space optical through maritime atmosphere channel[C]//Proceedings of 2018 International Conference on Applied Science and Technology (iCAST). Piscataway: IEEE Press, 2018: 178-181.

[60] CERF V, BURLEIGH S, HOOKE A, et al. Delay-tolerant networking architecture[R]. RFC Editor, 2007.

[61] YANG T T, LIANG H, CHENG N, et al. Efficient scheduling for video transmissions in maritime wireless communication networks[J]. IEEE Transactions on Vehicular Technology, 2015, 64(9): 4215-4229.

[62] MASHINO J, TATEISHI K, MURAOKA K, et al. Maritime 5G experiment in windsurfing world cup by using 28 GHz band massive MIMO[C]//Proceedings of 2018 IEEE 29th Annual International Symposium on Personal, Indoor and Mobile Radio Communications. Piscataway: IEEE Press, 2018: 1134-1135.

[63] SENGUL C, VIANA A C, ZIVIANI A. A survey of adaptive services to cope with dynamics in wireless self-organizing networks[J]. ACM Computing Surveys, 2012, 44(4): 1-35.

[64] TSAI C S, WANG H P. Study of routing protocols for ocean surface communication net-

works[C]//Proceedings of 2006 IEEE International Conference on Systems, Man and Cybernetics. Piscataway: IEEE Press, 2006: 495-500.

[65] CAYIRCI E. MAC and routing protocols for ad hoc sea surface sensor networks[C]// Proceedings of International Conference on Communications and Electronics 2010. Piscataway: IEEE Press, 2010: 6-11.

[66] MOURA D, GUARDALBEN L, LUIS M, et al. A drone-quality delay tolerant routing approach for aquatic drones scenarios[C]//Proceedings of 2017 IEEE Globecom Workshops. Piscataway: IEEE Press, 2017: 1-7.

[67] AL-ZAIDI R, WOODS J C, AL-KHALIDI M, et al. Building novel VHF-based wireless sensor networks for the Internet of marine things[J]. IEEE Sensors Journal, 2018, 18(5): 2131-2144.

[68] MARINA M K, DAS S R. On-demand multipath distance vector routing in ad hoc networks[C]//Proceedings of Proceedings 9th International Conference on Network Protocols. ICNP 2001. Piscataway: IEEE Press, 2001: 14-23.

[69] PERKINS C E, BHAGWAT P. Highly dynamic destination-sequenced distance-vector routing (DSDV) for mobile computers[C]//Proceedings of the Conference on Communications Architectures, Protocols and Applications - SIGCOMM'94. New York: ACM Press, 1994: 234-244.

[70] JOHNSON D, HU Y, MALTZ D. The dynamic source routing protocol (DSR) for mobile ad hoc networks for IPv4[R]. RFC Editor, 2007.

[71] MOHSIN R J, WOODS J, SHAWKAT M Q. Density and mobility impact on MANET routing protocols in a maritime environment[C]//Proceedings of 2015 Science and Information Conference (SAI). Piscataway: IEEE Press, 2015: 1046-1051.

[72] GE Y, KONG P Y, THAM C K, et al. Connectivity and route analysis for a maritime communication network[C]//Proceedings of 2007 6th International Conference on Information, Communications & Signal Processing. Piscataway: IEEE Press, 2007: 1-5.

[73] KIM Y, KIM J, WANG Y P, et al. Application scenarios of nautical ad-hoc network for maritime communications[C]//Proceedings of OCEANS 2009. Piscataway: IEEE Press, 2009: 1-4.

[74] LAARHUIS J H. MaritimeManet: mobile ad-hoc networking at sea[C]//Proceedings of 2010 International Water Side Security Conference. Piscataway: IEEE Press, 2010: 1-6.

[75] CHOI Y, LIM Y K. Geographical AODV protocol for multi-hop maritime communications[C]//Proceedings of 2013 MTS/IEEE OCEANS - Bergen. Piscataway: IEEE Press, 2013: 1-3.

[76] ZHANG J, DENG G H. RAR: Replication adaptive routing in oceanic wireless networks[C]//Proceedings of 2016 IEEE International Conference of Online Analysis and Computing Science. Piscataway: IEEE Press, 2016: 244-249.

[77] ZHOU M T, HOANG V D, HARADA H, et al. TRITON: high-speed maritime wireless mesh network[J]. IEEE Wireless Communications, 2013, 20(5): 134-142.

[78] BORELI R, GE Y, IYER T, et al. Intelligent middleware for high speed maritime mesh networks with satellite communications[C]//Proceedings of 2009 9th International Conference on Intelligent Transport Systems Telecommunications, (ITST). Piscataway: IEEE Press, 2009: 370-375.

[79] MANOUFALI M, ALSHAER H, KONG P Y, et al. Technologies and networks supporting maritime wireless mesh communications[C]//Proceedings of 6th Joint IFIP Wireless and Mobile Networking Conference (WMNC). Piscataway: IEEE Press, 2013: 1-8.

[80] ZHOU M T, ANG C W, KONG P Y, et al. Evaluation of the IEEE 802.16 mesh MAC for multihop inter-ship communications[C]//Proceedings of 2007 7th International Conference on ITS Telecommunications. Piscataway: IEEE Press, 2007: 1-5.

[81] KONG P Y, PATHMASUNTHARAM J S, WANG H G, et al. A routing protocol for WiMAX based maritime wireless mesh networks[C]//Proceedings of VTC Spring 2009 - IEEE 69th Vehicular Technology Conference. Piscataway: IEEE Press, 2009: 1-5.

[82] KONG P Y, WANG H G, GE Y, et al. A performance comparison of routing protocols for maritime wireless mesh networks[C]//Proceedings of 2008 IEEE Wireless Communications and Networking Conference. Piscataway: IEEE Press, 2008: 2170-2175.

[83] CLAUSEN T, JACQUET P. Optimized link state routing protocol (OLSR)[R]. RFC Editor, 2003.

[84] LIN H M, GE Y, PANG A C, et al. Performance study on delay tolerant networks in maritime communication environments[C]//Proceedings of OCEANS'10 IEEE SYDNEY. Piscataway: IEEE Press, 2010: 1-6.

[85] VAHDAT A, BECKER D. Epidemic routing for partially-connected ad hoc networks[R]. 2000.

[86] KIM H J, CHOI J K, YOO D S, et al. Implementation of MariComm bridge for LTE-WLAN maritime heterogeneous relay network[C]//Proceedings of 2015 17th International Conference on Advanced Communication Technology (ICACT). Piscataway: IEEE Press, 2015: 230-234.

[87] JO S W, SHIM W S. LTE-maritime: high-speed maritime wireless communication based on LTE technology[J]. IEEE Access, 2019(7): 53172-53181.

[88] KIM Y, SONG Y, LIM S H. Hierarchical maritime radio networks for Internet of maritime things[J]. IEEE Access, 2019(7): 54218-54227.

[89] Google. Balloon powered internet for everyone[EB]. 2013.

[90] 软银看上了谷歌这一失败项目，买了两百个专利继续开发[EB]. 2021.

[91] KARRAS K, KYRITSIS T, AMIRFEIZ M, et al. Aeronautical mobile ad hoc networks[C]//Proceedings of 2008 14th European Wireless Conference. Piscataway: IEEE Press,

2008: 1-6.

[92] ZHANG J K, CHEN T H, ZHONG S D, et al. Aeronautical ad hoc networking for the Internet-above-the-clouds[J]. Proceedings of the IEEE, 2019, 107(5): 868-911.

[93] TU H D, SHIMAMOTO S. A proposal of relaying data in aeronautical communication for oceanic flight routes employing mobile ad-hoc network[C]//Proceedings of 2009 1st Asian Conference on Intelligent Information and Database Systems. Piscataway: IEEE Press, 2009: 436-441.

[94] JIANG S M. On marine internet and its potential applications for underwater inter-networking[C]//Proceedings of the 8th ACM International Conference on Underwater Networks and Systems. New York: ACM Press, 2013: 57-58.

[95] HUANG H W, GUO S, LIANG W F, et al. Green data-collection from geo-distributed IoT networks through low-earth-orbit satellites[J]. IEEE Transactions on Green Communications and Networking, 2019, 3(3): 806-816.

[96] HUANG H W, GUO S, LIANG W F, et al. Coflow-like online data acquisition from low-earth-orbit datacenters[J]. IEEE Transactions on Mobile Computing, 2020, 19(12): 2743-2760.

[97] KONG J J, CUI J H, WU D P, et al. Building underwater ad-hoc networks and sensor networks for large scale real-time aquatic applications[C]//Proceedings of MILCOM 2005 - 2005 IEEE Military Communications Conference. Piscataway: IEEE Press, 2005: 1535-1541.

[98] DOMINGO M C. An overview of the Internet of underwater things[J]. Journal of Network and Computer Applications, 2012, 35(6): 1879-1890.

[99] JIANG S M. Wireless networking principles: from terrestrial to underwater acoustic[M]. Singapore: Springer Singapore, 2018.

[100] JIANG S M. State-of-the-art medium access control (MAC) protocols for underwater acoustic networks: a survey based on a MAC reference model[J]. IEEE Communications Surveys & Tutorials, 2018, 20(1): 96-131.

[101] GHOREYSHI S M, SHAHRABI A, BOUTALEB T. Void-handling techniques for routing protocols in underwater sensor networks: survey and challenges[J]. IEEE Communications Surveys & Tutorials, 2017, 19(2): 800-827.

[102] LU Q, LIU F, ZHANG Y, et al. Routing protocols for underwater acoustic sensor networks: a survey from an application perspective[M]//Advances in underwater acoustics. [S.l.:s.n.], 2017.

[103] JIANG S M. On reliable data transfer in underwater acoustic networks: a survey from networking perspective[J]. IEEE Communications Surveys & Tutorials, 2018, 20(2): 1036-1055.

[104] JIANG S M. On securing underwater acoustic networks: a survey[J]. IEEE Communications Surveys & Tutorials, 2019, 21(1): 729-752.

[105]ZENG Z Q, FU S, ZHANG H H, et al. A survey of underwater optical wireless communications[J]. IEEE Communications Surveys & Tutorials, 2017, 19(1): 204-238.

[106]AKHOUNDI F, SALEHI J A, TASHAKORI A. Cellular underwater wireless optical CDMA network: performance analysis and implementation concepts[J]. IEEE Transactions on Communications, 2015, 63(3): 882-891.

[107]YIN H X, LI Y F, XING F Y, et al. Hybrid acoustic, wireless optical and fiber-optic underwater cellular mobile communication networks[C]//Proceedings of 2018 IEEE 18th International Conference on Communication Technology. Piscataway: IEEE Press, 2018: 721-726.

[108]BAI Y, DU W C, SHEN C. Over-the-sea radio propagation and integrated wireless networking for ocean fishery vessels[C]//Proceedings of 2012 International Conference on Wireless Communications and Applications. Heidelberg: Springer, 2012: 180-190.

[109]WOZNIAK J, GIERLOWSKI K, HOEFT M. Broadband communication solutions for maritime ITSs: wider and faster deployment of new e-navigation services[C]//Proceedings of 2017 15th International Conference on ITS Telecommunications (ITST). Piscataway: IEEE Press, 2017: 1-11.

[110]TOLEDO N, HIGUERO M, JACOB E, et al. A novel architecture for secure, always-best connected ship-shore communications[C]//Proceedings of 2009 9th International Conference on Intelligent Transport Systems Telecommunications (ITST). Piscataway: IEEE Press, 2009: 192-197.

[111]MOSKOWITZ R, NIKANDER P, HENDERSON T. Host identity protocol[R]. RFC Editor, 2008.

[112]KIDSTON D, KUNZ T. Challenges and opportunities in managing maritime networks[J]. IEEE Communications Magazine, 2008, 46(10): 162-168.

第2章

海洋通信信道

了解海洋环境特性、对海洋信道准确建模是建设海洋无线网络的基础。相比陆地上的无线信道，影响海洋信道的因素种类多、变化快，人们无法将以往的经验和模型直接应用在海洋中。目前，海洋通信信道建模大多是在陆地经验模型基础上，通过海上实测数据修改参数或调整模型而建立的。

2.1 信道概述

了解无线信道特性、对无线信道进行建模是建设海洋无线网络的必备理论和技术基础。在信道建模领域已经有大量针对陆地无线网络的成果，但在海洋网络领域，无线环境差异较大，直接应用这些模型无法获得高性能的网络成果。

2.1.1 信道定义

信道的概念最初来自有线通信，是指信号传输的物理通路。虽然电磁波的传输不需要介质，介质及其性质却决定了电磁波在传输过程中经历的各种变化，从而使接收信号产生各种损耗与失真。无线信号从发送到接收仿佛经过了一条物理线路，这就是无线信道。为了精确地表示经过传输的接收信号，需要对传输过程进行数学建模。

电磁波在传输过程中，发送功率会发生辐射扩散从而衰减，功率随电磁波传输距离的增加而衰减，这个因素被定义为路径损耗。电磁波可能遇到规模、厚度、材质、运动状态各异的障碍物，发生反射、绕射、散射、吸收等并造成功率衰减。这种信道对信号的影响就是阴影效应。无线信道是天然的广播信道，发射出的电磁波经过多条路径到达接收端，多径相互叠加产生了多径效应。随着无线技术的发展和无线网络的普及，海面上船舶、浮标、平台等漂浮物都装配了无线模块。海洋信道指的是海上收发机之间，以及海上收发机与岸边基站之间的无线信道。

2.1.2　信道分类

从不同角度出发，无线信道有不同的分类方法。根据信道参数的时变特性，分为恒参信道和随参信道。如果信道参数不随时间变化，或变化极慢，则认为此信道是恒参信道。一般的有线信道是恒参信道。在无线通信领域，无线电视距中继信道和卫星中继信道可近似看作恒参信道。大多数无线信道是随参信道，即信道参数随时间随机变化。根据参数的变化规律以及依赖因素，可以将无线信道进一步分类。

无线信道按照接收功率变化的距离尺度，分为大尺度衰落信道和小尺度衰落信道[1]。路径损耗和阴影效应只能造成长距离和障碍物尺度上的信号功率变化，属于大尺度衰落；多径效应会引起接收功率在波长数量级距离上的变化，即小尺度衰落。无线衰落信道按照衰落随时间变化特性，分为快衰落信道和慢衰落信道；按照衰落随频谱变化特性，分为频率选择性衰落信道和非频率选择性衰落（平坦衰落）信道。

2.1.3　海洋信道特性

海洋信道特性首先由海面环境决定，海洋广阔空旷，几乎没有障碍物。由于海水的蒸发，海面湿度远高于陆地表面的湿度，温度、大气压、降水等因素影响着海面的湿度。根据电磁波的传输理论，介质的导电率越大，传输衰减就越大，而导电率与空气湿度成正比。因此，在湿度较高的海面，电磁波的传输衰减更大。另外，海水的蒸发在海面上方形成一片大气，产生蒸发波导。电磁波在蒸发波导中传输时发生超折射，在波导层中来回反射，从而消除了地球表面曲率的影响，增大了传播距离，降低了传输衰减。

在海面进行无线信号传输时，电磁波经过海面反射后到达接收机，这条反射路径是接收信号的重要分量。海面反射波受海浪高低起伏的影响，海浪高度、坡度的变化会导致反射面的改变，从而影响反射波。另外，海浪还会造成电磁波的散射。由于海浪活动规律极其复杂，难以用公式直接表达其特性[2]。采用在传统海面电磁波传播模型基础上结合人工智能方法，将有利于模拟海洋信道的特征。

由于海洋信道受温度、湿度、海浪等环境因素影响，不同海域在不同时段的信道特性可能有较大差异，无法找到适用于全海域、全时段的信道模型[3]。因此，海洋信道及参数的选取需从本地海域的环境特点出发，基于本海域的实测数据建立适合的模型。影响海洋信道的自然因素见表 2-1。

（1）海面广阔，障碍物少，海上信道接近于慢衰落。

（2）海洋信道受温度、湿度、风力等自然环境因素影响。然而，不同海域在不同时段的环境参数显著不同，信道特性差异较大。因此，无法找到适用于全海域、全时段的信道模型。

（3）海洋自然环境随日夜交替和季节的变化具有规律性，选择适当的信道模型，通过调整参数，可以适用于自然环境相似的海域。

表 2-1　影响海洋信道的自然因素

因素	影响
降雨	电磁波散射、吸收
云雾	信号衰减
温度	改变折射特性，逆温
湿度	改变折射特性
风速	产生运动和位移
气压	改变折射特性
海浪	产生运动，改变反射路径

2.2　信道建模

对无线信道进行建模，针对其环境特点选取适合的信道模型至关重要。在实际网络中，根据是否存在障碍物和反射面，判断是否具备多径的条件，从而将信道划分成快衰落或慢衰落。目前已经建立了多种快衰落和慢衰落模型，选取无线环境最接近的模型，并通过实测数据估计参数可得到良好效果。对于无法用现有模型刻画的慢衰落信道，可采用射线追踪方法计算信道模型[4]。相比陆地环境，海洋环境的特点使海洋信道建模面临多普勒频移大、随环境变化快等难题。

2.2.1　快衰落建模

快衰落是指接收信号功率在足够短的时间间隔内发生快速变化，通常由多径效应引起。电磁波经过直射、反射、折射、散射、绕射等多条路径传播，每条路径的时延各不相同，各个分量波在接收端叠加，从而形成接收信号的小尺度快衰落。快衰落的信道参数是随机的，其信道特性必须用统计方法来描述。时变信道冲激响应法是精确描述快衰落信道的常用方法。在实际的无线传播环境中，多径信道常见的快衰落信道模型有瑞利（Rayleigh）衰落、莱斯（Rice）衰落或纳卡迦米（Nakagami）衰落等。

产生瑞利分布的多径模型没有从发射机到接收机的直射链路，而是包含多条反射、绕射等路径，且每条路径的平均接收功率都相同。这样，接收信号的包络服从瑞利分布，这样的信道称为瑞利信道。当瑞利信道中存在固定的直射分量时，接收信号的包络便服从莱斯分布。瑞利分布和莱斯分布不能描述所有无线信道，因此人们提出了一种能与更多信道测量数据吻合的模型——Nakagami-m 分布。通过调整参数 m 的取值，Nakagami 分布可以转变成其他分布类型，可以描述多种无线信道。当 $m=1$ 时，Nakagami 分布退化成瑞利分布。

快衰落由多径效应产生，一般适用于环境复杂、障碍物密集的场景，如陆地移动通信网络中的城市、室内等环境。海洋环境则恰恰相反，海面广阔、空旷，船舶之间相距较远，不存在多径环境。因此，海面上无线环境一般不适合建模为快衰落信道。随着 5G 技术的发展，未来可在船舶内部实现高速无线网络，船内无线信道满足多径条件，可以使用现有快衰落模型建模。

2.2.2　慢衰落建模

慢衰落信道的变化相比快衰落而言要慢得多，主要原因是存在路径损耗和阴影效应。电磁波在空间传播时，发生扩散和吸收，接收信号功率会减弱，这种在传播路径上产生的损耗就是路径损耗[5]。如果发射机与接收机之间没有任何障碍，信号沿直射链路传输，便产生自由空间路径损耗。自由空间路径损耗的计算式如下。

$$L = \frac{P_r}{P_t} = \frac{G_t G_r \lambda^2}{(4\pi)^2 d^2} \tag{2-1}$$

其中，G_t 和 G_r 分别是发射天线和接收天线的增益，d 是收发天线间的距离，λ 是发射信号的波长。

如果发射机和接收机之间有障碍物遮挡信号，形成阴影区，造成接收信号的缓慢变化，这种现象称为阴影效应。建筑物或山丘等的阻挡可产生阴影效应。阴影衰落会造成接收功率的随机变化，因此需要建立模型来描述功率的随机衰减规律。最常用的模型是对数正态阴影模型，它可以精确建模室内外无线环境。在对数正态阴影模型中，发射功率与接收功率的比值建模为对数正态分布的随机变量，即发射功率与接收功率比值的分贝值服从正态分布。

在许多实际场景中，发射信号经过反射、散射和绕射等不同路径，接收信号的路径损耗比自由空间复杂得多。射线追踪是解决多径路径损耗的重要方法[6-7]。两径模型适用于只存在地面反射波和经自由空间传输的直射波两路分量的场景。十径模型（介电峡谷）适用于在管道状环境中传输的多径模型，用 10 条典型路径代表直射、反射和多次反射波。对难以用射线追踪法精确建模的复杂传播环境，人们提出了基于实测数据的经验模型，如奥村–哈塔模型（Okumura-Hata Model）、Longley-Rice 模型等。由于陆地上无线通信的发展远早于海上，这些模型都是基于陆地测量数据建立的，最初目的在于建模陆地上不同环境的无线信道。用这些模型对海上无线信道建模，通过实验数据拟合参数，可以较好地刻画大多数海上信道[8]。

Okumura-Hata 模型是最常用的慢衰落模型之一，最初是 Okumura 基于在日本测量得到的大量数据建立的统计图表。Hata 在 Okumura 模型基础上对其进行了改进，用公式替代了图表，便于研究和工程人员使用，且更适合计算机处理。Okumura 模型分别对城市、郊区、农村和开阔地带定义了相应公式。开阔地带模型可以扩展到海洋环境，受到风向、风力、温度等因素影响，海浪的运动不规则，标准 Hata

公式需要用修正因子进行校正。因此基于海洋实测数据，在仿真技术帮助下，建立修正后的 Okumura-Hata 公式可以较好地模拟相应海域的无线信道。

Longley-Rice 模型基于自由空间模型和反射波，能够反映地形起伏和不同地貌的变化，也被称为不规则地面模型，因此适合描述海浪起伏的海上环境。模型可以在不同视距范围段采用不同的公式。Egli 模型是在分析实测数据的基础上建立的经验模型，适用于地形不规则的区域，地形起伏和障碍物的高度不超过 15m，如果超过 15m 则需要用修正因子加以修正。Egli 模型适用于接近平面的区域，所以适用于海上环境的信道建模与预测。

由于面临未来海上应急通信、宽带通信的挑战，对信道建模准确度、动态性的要求将日益提高，传统基于实测数据的经验模型不能满足这些要求。因此，研究具备环境参数智能感知、模型智能选取、参数智能计算功能的海洋无线信道智能建模方法有着重要意义。

2.3 小结

海洋无线环境相比陆地而言复杂得多，需要考虑多种多样的环境因素。海洋无线信道建模大多依赖经验模型和实测数据，动态性不强，一般只适用于特定时段中的特定海域。研究基于人工智能的海上信道建模方法将有助于建设高速、智慧的海上无线网络。

参考文献

[1] GOLDSMITH A. Wireless communications[M]. Cambridge: Cambridge University Press, 2005.

[2] 张国龙, 郑琛瑶. 海面浮标通信电波传播损耗研究与仿真[J]. 舰船电子工程, 2015, 35(2): 77-79.

[3] BALKEES P A S, SASIDHAR K, RAO S. A survey based analysis of propagation models over the sea[C]//Proceedings of 2015 International Conference on Advances in Computing, Communications and Informatics (ICACCI). Piscataway: IEEE Press, 2015: 69-75.

[4] GAO Z B, LIU B, CHENG Z P, et al. Marine mobile wireless channel modeling based on

improved spatial partitioning ray tracing[J]. China Communications, 2020, 17(3): 1-11.

[5]　REYES-GUERRERO J C, BRUNO M, MARISCAL L A, et al. Buoy-to-ship experimental measurements over sea at 5.8 GHz near urban environments[C]//Proceedings of 2011 11th Mediterranean Microwave Symposium (MMS). Piscataway: IEEE Press, 2011: 320-324.

[6]　LI Q Q, LIU Z Y, GUO L X. A maritime multipath wireless channel model based on ray tracing algorithm[C]//Proceedings of 2020 9th Asia-Pacific Conference on Antennas and Propagation (APCAP). Piscataway: IEEE Press, 2020: 1-2.

[7]　赵华, 郭平文, 李传岗, 等. 基于 Ray Tracing 理论的海洋信道分析方法[J]. 舰船电子工程, 2009, 29(5): 127-129, 160.

[8]　裴月华, 苏为, 陶金成, 等. 一种时变海洋信道建模方法[J]. 系统仿真学报, 2021, 33(5): 1104-1112.

第3章

海事地面无线数字
通信技术综述

3.1　传统地面数字通信技术：AIS

AIS 是集现代通信、网络和信息科技于一体的多门类高科技新型助航设备和安全信息系统，是一种工作在 VHF 频段采用自组织时分多址（SOTDMA）现代通信技术的广播式自动报告系统。AIS 建立了船与船、船与岸之间的通信渠道，为真正实现海上交通安全的信息化管理提供了重要的通信技术手段，成为保障航行安全、提高航运效率的先进工具。

3.1.1　AIS 的产生

"9·11"事件后，美国向联合国递交了海上反恐的议案，联合国指示国际海事组织（IMO）尽快出台海上保安规则。2002 年 12 月在伦敦召开的"海上保安外交大会"通过了《1974 年海上人命安全公约》关于海上保安的修正案及国际船舶和港口设施保安规则，并于 2004 年 7 月 1 日起生效，其中公约修正案和规则的 A 部分为强制性要求。

AIS 是公约修正案和规则的 A 部分需强制执行的部分，根据公约第 V 章修正案的要求，航行于国际海域 300 总吨以上或 500 总吨以上的非国际航行船舶，在 2004 年 7 月 1 日以后的第一次设备安全检验，包括年度检验、定期检验或换证检验都必须配置安装 AIS，AIS 设备的安装最迟不得晚于 2004 年 12 月 31 日。

3.1.2　AIS 的功能

AIS 是一种船舶导航设备，能避免船舶间碰撞，能加强自动雷达标绘仪（ARPA）、船舶交通管理系统、船舶报告的功能，能在电子海图上显示所有船舶可视化的航向、航线、船名等信息，达到改进海事通信的目的和为船舶提供一种语音和文本通信的方法，增强了船舶的全局意识。

AIS 的功能包括以下几个方面。

（1）AIS 设备能在没有船员介入的情况下，自动且连续地向岸基台及其他船载台报告自己的导航数据和状态信息。同时，也能接收和处理由岸基台、其他船载台等传送来的指令和相关信息。

（2）AIS 设备在所有区域通常工作在自主和连续模式，在岸基台的控制下也可以在指定模式或询问模式之间相互转换。

（3）AIS 设备能以高优先级和最小的时延向岸基台和其他成员自动广播与安全有关的短信息，也能向指定的成员发送与安全有关的电文。

（4）AIS 设备能根据不同的用途，发射、接收及处理 ITU-R M.1371[1]附件 2 表 13 规定的 22 种类型报文。

（5）AIS 设备可以使用 SOTDMA、ITDMA 和 RATDMA 3 种时分多址访问协议。AIS 设备能使用与世界协调时间（UTC）同步，或者在不能直接得到 UTC 的情况下采用其他源同步的方法来保持 TDMA 工作的完整性。

（6）AIS 设备内部装有全球导航卫星系统（GNSS）接收机，由此获得精确的 UTC 定时源，并能接收由岸基台广播的差分全球导航卫星系统（DGNSS）修正数据，提供精确的船位精度。在失去外部提供船位信息源的情况下，内部 GNSS 接收机可被用作船位信息源。

（7）AIS 设备具有最小键盘和显示单元，能人工输入航次和与安全有关的信息，能进行 AIS 功能控制和数据选择等操作，能显示与船舶航行有关的导航信息，能提供有关的报警和状态信息指示。

（8）AIS 设备具有一个符合 IEC 61162 标准的双向接口，用于远程应用。同时还根据相应的国际海事接口标准要求配置了各种传感器、船载系统及其相关应用的标准接口。

（9）AIS 设备提供必要的安全机制，以发现 AIS 失效和防止未经许可的数据输入、发送或更改；能自动记录 AIS 设备停止运行的所有时间，用户不得修改记录，当需要时可以恢复记录数据。

3.1.3 AIS 的分类

经国际航标协会（IALA）技术澄清阐明的 ITU-RM.1371-1 建议案将所有的 AIS 状态划分为"移动"和"固定"台站。移动台站预期在 AIS 的移动用户中应用，比如船舶、SAR 飞机和漂流的助航设备。固定台站则应用在建立了 AIS 服务的岸基主管机构。移动 AIS 台站分为船载、机载和助航，固定 AIS 台站分为基站、单工转发器和双工转发器[2]。

1. 船载 AIS

船载 AIS 可分为 A 类和 B 类，A 类采用自组织时分多址（SOTDMA）技术，满足 IMO 关于船载 AIS 移动设备的所有相关要求；B 类设备采用 SOTDMA 和 CSTDMA 两种技术，是功能简化的 AIS 设备，可以不完全满足 IMO 关于船载 AIS 移动设备的装载要求，用于非海上人命安全公约要求的船舶，目的在于使其能够在 AIS 网络中实现船舶互见。A 类与 B 类 AIS 设备的主要区别见表 3-1。

表 3-1　A 类与 B 类 AIS 设备的主要区别

类型	A 类	B 类（SOTDMA）	B 类（CSTDMA）
协议	SOTDMA	SOTDMA	CSTDMA
位置报告	消息 1	消息 18	消息 18
静态报告	消息 5	消息 19	消息 24A、24B
响应时间	最高 2s	最高 5s	最高 30s
报文通信	寻址：最长 936bit 广播：最长 1008bit	寻址：最长 936bit 广播：最长 1008bit	寻址：最长 96bit 广播：最长 128bit
发射功率	最大 12.5W	2W	2W

2. SAR 机载 AIS 台站

搜寻和救助（SAR）机载 AIS 台站是一个经航空认证的 AIS，它安装于 SAR 飞机上，使涉及 SAR 操作的船舶和飞机以及现场的协调人员能够知道彼此的位置，并可使用文本或二进制消息进行相互通信。

3. 助航 AIS 台站

即在助航设备上应用 AIS，助航 AIS 可以应用在漂浮和固定的助航设备上，可使用多种 AIS 信息格式发射信息。

4. AIS 基站

AIS 基站是 AIS 服务的固定 AIS 台站层最基本的结构单元，可接收来自覆盖区域内所有 AIS（如 AIS 船载设备、其他 AIS 基站、AIS 助航设备等）的数据，并进行相关通信及辅助航行管理，它是 AIS 系统配套设备之一。

5. AIS 单双工转发器

AIS 单双工转发器台站要依据 ITU-RM.1371-1 建议案以及 IALA 的关于 ITU-RM.1371-1 建议案技术澄清的版本进行操作，目的是能够和 AIS 要求保持一致。

3.2　AIS 的通信架构

AIS 的通信架构主要由船台设备、岸台设备和航标站等部分组成，如图 3-1 所示。在岸台覆盖区域内，AIS 基站可以和配有 AIS 设备的船舶进行指定模式的通信。而配有 AIS 设备的船与船之间主要采用连续自主模式进行通信，自动识别对方船舶。

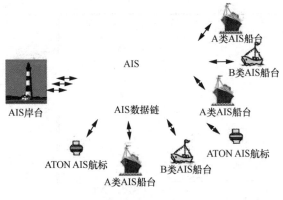

图 3-1　AIS 的通信架构

AIS 设备能够在两个 VHF 信道工作，即在 AIS1 和 AIS2 两个频道上使用两个 TDMA 接收机同时接收信息，或使用一个 TDMA 发射机在两个信道上交替发射。AIS 信道的主要技术指标遵循 ITU-RM.1371 和 IEC 61993-2（船台）两个国际标准。

3.3 AIS 的组网协议

3.3.1 AIS 层模块以及帧和时隙

1. AIS 层模块

根据国际电信联盟（ITU）发布的 ITU-RM.137-5 建议书，AIS 通信协议架构采用开放系统互联（Open Systems Interconnection，OSI）七层模型的第一层到第四层：物理层、数据链路层、网络层、传输层[3]，见表 3-2。

表 3-2　AIS 的 OSI 分层模型

应用层		
表示层		
会话层		
传输层		
网络层		
数据链路层		
信道 A	信道 B	
链路管理实体（LME）	LME	
数据链路服务（DLS）	DLS	
媒体接入控制（MAC）	MAC	
物理层		
RX（接收机）A	TX（发射机）A/B	RX（接收机）B

（1）物理层

AIS 中的物理层负责比特流与数据链路间的转换。它定义了 AIS 通信机的性能、调试方案、传输介质、数据编码、双信道运行和设备及链路的安全措施。

（2）数据链路层

AIS 数据链路层协议详细说明了系统进行时隙划分和同步的方式，定义了将数据分组以实现数据传输过程中的错误控制规则，是 AIS 网络协议中的重要部分。

（3）网络层

AIS 网络层完成的主要工作是建立并维护信道连接、信息优先权管理、传输分组的分配和数据链路阻塞问题的解决。

（4）传输层

AIS 传输层主要负责将数据转换成大小正确的传输分组，以及数据分组的排序和上层显示接口的协议。当传输层通过显示接口从上层得到数据后，将其转化为传输分组。

2. **帧和时隙**

AIS 中频道访问采用的 TDMA 通信系统，"帧" 和 "时隙" 是 TMDA 组网协议的基础。所谓 "帧" 是指一个循环发射周期的时间长度。将每一帧均分为若干个时间段，每一个时间段就称为 "时隙"。

在 AIS 中，1min 称为 1 帧，可以分为 2250 个时隙，每个时隙长为 26.67ms，对数据链路层的访问从时隙的开始进入，帧的开始和结束与 UTC 分重合。每一个时隙用 0~2249 的数字表示，所有的时隙都可以被工作在数据链路上的 AIS 设备使用，如图 3-2 所示。

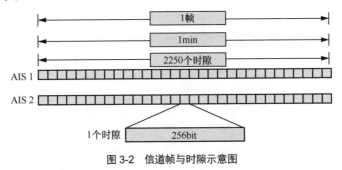

图 3-2　信道帧与时隙示意图

AIS 技术标准规定民用 AIS 信道的传输速率为 9600bit/s，因此在一个时隙内 AIS 信道最大信息传输量为 256bit，其时隙的数据结构见表 3-3，其时隙长度分配及定义见表 3-4。

表 3-3　时隙的数据结构

缓升	训练序列	开始标志	数据	CRC-16	结束标志	缓冲

表 3-4　时隙的长度分配及定义

名称	长度	说明
缓升	8bit	上升时所用
训练序列	24bit	同步时所用
起始标志	8bit	根据 HDLC
用户数据	168bit	由相对应的消息提供
CRC 校验数据	16bit	根据 HDLC
结束标志	8bit	根据 HDLC
缓冲	24bit	由位填充、距离时延、转发器时延和同步互动晃动组成
总计	256bit	

3.3.2　AIS 消息

AIS 消息是网络成员间进行信息交互的一种格式数据，使成员能进行信息的识别。AIS 信道发出的所有消息在 ITU-R M.1371 协议中有详细的定义和说明。不同类型的 AIS 设备需采用不同的消息，AIS 消息结构如图 3-3 所示。

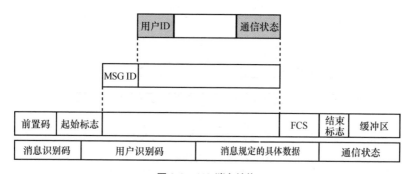

图 3-3　AIS 消息结构

3.3.3　AIS 时隙分配规则及协议

1. AIS 时隙分配的规则

时隙是 AIS 信道播发消息的单位，只能通过有序的手段获取时隙进行消息的播发，才能最大限度地降低时隙的冲突概率，相关标准对 AIS 信道如何进行时隙的选择和预约有明确的规定，这些规定的意义主要体现在以下几个方面。

（1）实现 AIS 信道自主组网能力是 AIS 时隙分配规则的最终目的。

（2）新成员的入网，不应该影响其他网络成员间的正常通信。

（3）对于周期性消息，通过"提前预约"的方式最大限度地降低时隙冲突概率。

（4）按随机获取发射时隙进行播发。

（5）在网络成员比较密集的情况下，允许一定条件下的时隙"复用"。

2. A 类 AIS 设备的 4 种协议

AIS 在运行过程中使用了 4 种传输协议，这 4 种传输协议以 SOTDMA 为核心，增量时分多址（ITDMA）、固定时分多址（FATDMA）和随机时分多址（RATDMA）相互配合，连续运行。

（1）ITDMA 协议

ITDMA 对多个等间距时隙进行预约或分配，用于支持用户在数据链的网络入口时、传送与安全有关的报文时和临时改变报告率时预定传输时隙，第一个 ITDMA 时隙必须由 SOTDMA 或 RATDMA 分配。

（2）RATDMA 协议

当一个台站需要分配一个像数据链路网络登录的第一个传输时隙那样的未预先声明的传输时隙时，需要使用 RATDMA 协议接入数据链路。

（3）FATDMA 协议

只有控制台或岸台才能使用 FATDMA 协议，用来传送重复性消息，FATDMA 协议可以避免某些情况下船台占用岸台预定的时隙。

（4）SOTDMA 协议

作为 AIS 的核心协议，SOTDMA 应该在站台的自主和连续模式运行的阶段使用。AIS 信道通过 RATDMA 和 ITDMA 完成入网后，进入自主连续工作模式。其发射时隙的选择、预约、释放采用 SOTDMA 协议。

3. B 类 AIS 设备的协议

AIS CLASS B 标准规定采用载波监听时分多址（CSTDMA）协议访问数据链
（简称为 CS-AIS），该协议能够对 AIS 数据链进行监听，并且只在空闲时隙发射数
据包，这样既满足了小型船舶的 AIS 入网需求，又不影响 A 类船舶的正常通信，其
原理如图 3-4 所示。

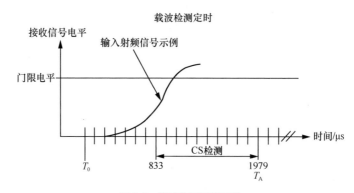

图 3-4　载波监听时隙原理

3.3.4　AIS 入网过程

AIS 设备以开机为起点，在经历了初始化阶段、网络登录阶段、第一帧阶段后
进入了连续运行阶段，其主要经历了以下流程，如图 3-5 所示。

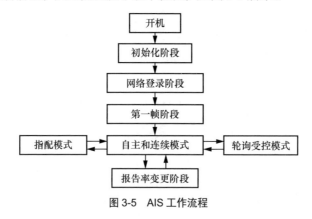

图 3-5　AIS 工作流程

1. 初始化阶段

设备刚开机时，应该首先监听 TDMA 信道 1min，以便获得频道的繁忙程度、其他船只的身份、信道的活动状态、当前的时隙分配、可能存在的基地台以及其他台站通过消息发送的位置等，建立本机时隙表。监听信道 1min 后，台站已经获得了信道的时隙分配状况，开始进入网络登录阶段。

2. 网络登录阶段

网络登录阶段是台站在数据链路上显示自己存在的开始阶段。此时，台站应该选择用来传输消息的第一个时隙，在 0～150 号时隙间，采用 RATDMA 协议计算第一个发射时隙，此时隙应该发射船位报告，以便其他台站能够发现自己。

3. 第一帧阶段

在第一帧阶段中，船台应该根据得到的航向和航速等信息确定消息报告率（R_r）后连续地分配其发射时隙，以第一个发射时隙为基准时隙，采用 ITDMA 协议进行后续时隙的计算和选择。

4. 连续运行阶段

正常状态下，台站应该一直保持在连续运行状态，此时 AIS 信道进入一种发射时隙的计算预约、释放和重新选择的循环工作状态，用于播发周期性消息。这种循环工作状态由 SOTDMA 协议控制，而且自主运行、不需要人为干预，一直到台站关闭，或者进入指配模式，或者航速和航向等因素的改变导致进入报告率变更阶段。

5. 报告率变更阶段

当航向或者航速改变的时候，台站应该进入报告率变更阶段，并将按照航速和航向的变化或者指定的报告速率重新安排传输周期。

6. 时隙复用规则

采用 RATDMA 和 SOTDMA 协议时，如果在规定的时隙范围内无法选出 4 个自由时隙（当入网船只数量较大时出现），就需要使用时隙复用机制。

（1）自由时隙。

（2）超过 3min 本机没有再接收到任何消息的其他 AIS 设备所使用的时隙。

（3）距本 AIS 平台相对距离最远的 AIS 设备所使用的时隙。

（4）岸站或主站使用的时隙不能被重用，除非距离在 120n mile（1n mile≈

1.852km）以外。

（5）其他公共实施所占用的时隙不能被重用。

7. AIS 信道播发规则

AIS 设备是一个双信道 TDMA 通信设备，一般情况下，这两个信道工作在缺省频点：AIS1 为 161.975MHz，AIS2 为 162.025MHz。AIS 信道的消息采用在这两个频点交叉播发的方式。即本次发射如果在 1 号信道，则下一次应在 2 号信道发射，按这样的规定循环进行。

3.4　AIS 的主要算法

从 AIS 的诞生到如今其技术日趋成熟，其间产生了许多优秀的算法，本节将目前 AIS 的主要算法分为 AIS 通信算法和 AIS 应用算法两类。

3.4.1　AIS 的通信算法

1. GMSK 信号调制与解调

高斯最小频移键控（Gaussian Minimum Frequency-Shift Keying，GMSK）调制应用于 AIS 中的调制过程，GMSK 信号是在最小相位频移键控（Minimum Frequency-Shift Keying，MSK）调制信号基础上发展起来的。调制原理为先将 NRZI 编码后的信号 $m(t)$ 通过具有预平滑作用的高斯低通滤波器，然后对产生的高斯脉冲信号 $x(t)$ 进行 MSK 调制，最后生成 GMSK 调制信号 $s(t)$ 并输出。GMSK 调制原理如图 3-6 所示。

图 3-6　GMSK 调制原理

GMSK 信号的解调通常有两类方法：相干解调与非相干解调。两者最主要的区别为接收端是否需要恢复载波相位。相干解调复杂的载波恢复电路使接收机复杂度增加、成本上升，另外受多径衰落等影响，载波提取不能有效完成，相干解调性能受很大影响。而非相干解调因接收机结构简单、不需要进行载波提取且解调过程与信号初始相位无关，所以目前被广泛应用。

2. 维特比译码算法

目前主流的 AIS 接收机采用维特比译码算法（Viterbi Algorithm，VA）。维特比译码是一种针对纠错编码的最大似然序列估计（MLSE）算法，通过计算接收序列和可能的译码序列之间的似然概率，输出似然概率最大的序列。

维特比译码的基本过程可以表示为"加-比-选"。在每一次计算的基本过程中，都需要用到两个信息表：状态信息表，记录着所有可能的状态信息；状态转移表，用来存储从前一时刻的状态进入当前时刻状态的转移关系。

维特比的分支路径网格示意图如图 3-7 所示，有 K 个状态，在时刻 n，查询状态转移表，每个状态有两条支路进入，同时也有两条支路出去，计算其路径度量；比较路径度量值，选择拥有较大路径度量值的路径，并保存路径信息。

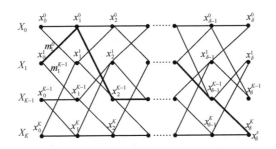

图 3-7　维特比的分支路径网格示意图

维特比解调算法会计算每种状态下不同转移路径的相似度，最终输出相似度最高的路径作为解调结果。

3. 联合 MLSE 解调算法

联合 MLSE（JMLSE）解调算法的基本思想是利用对信道冲激响应的估计和接收到的信号寻找最大似然的相位路径，通过检测所有可能的数据序列，根据欧氏距离最小准则选择与信号序列相似性最大的序列作为译码输出，是在加性白高斯噪声背景下的一种最佳接收检测准则。

JMLSE 解调算法的优点在于：利用 N 个同步检测的信道参数可同时解调出 N 路冲突信号。JMLSE 解调算法虽然能够同时对多路冲突信号进行解调，但对同步算法的估计精度要求很高，且在对 N 路冲突信号做联合检测时，若 GMSK 的关联长度为 L，则 JMLSE 检测器的状态数为 $2^{N(L-1)}$，即检测复杂度随着冲突数目呈指数增长。

4. 差分解调算法

差分解调算法是利用当前时刻信号以及其时延信号进行解调的算法，该算法利用调制信号的相位变化信息，判断出发送的码元序列。1bit 差分解调算法是解调算法中最常使用的方法，1bit 差分解调算法是指将接收到的 GMSK 调制信号的 I、Q 两路信号其中的一路延时 1bit 后，与另一路信号相乘，此时得到的结果通过低通滤波器后即可作为采样点样值，1bit 差分解调算法原理如图 3-8 所示。

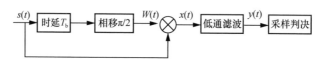

图 3-8　1bit 差分解调算法原理

综合考虑 2bit 差分解调的低成本、低复杂度以及对载波相位错误的不敏感性，2bit 差分解调的性能优于 1bit 差分解调的性能，与 Nbit 差分解调性能也相差无几，所以商用 AIS 接收机通常采用 2bit 差分解调，2bit 差分解调原理如图 3-9 所示。

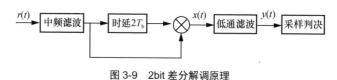

图 3-9　2bit 差分解调原理

3.4.2　AIS 的应用算法

数据挖掘（Data Mining，DM）这一概念可以简要概括为从大量数据中获取知识。数据库中的知识发现是一个从海量数据中挖掘出有潜在价值的、新颖未知的有效信息或规律的过程。数据库中的知识发现和数据挖掘已经成为当前的热门研究课题，在各个领域有着具体应用。

AIS 数据揭示了船舶行为和运动模式。虽然 AIS 在设计之初是用来保障海上交通安全，但大量的动态数据包含着丰富的海上交通特征，近年来吸引了国内外众多专家学者致力于 AIS 数据挖掘研究，开展海上交通特征分析，试图增强海上态势感知，并向海上主管部门提供海上交通监测服务。

AIS 数据挖掘可以分为基于点和基于轨迹两类。基于点的方法假定潜在的随机过程产生海上交通，并将 AIS 消息视为独立同分布样本，地理上不相交的网格单元被假定为彼此独立，给定单元的 AIS 消息的相关量（如点数量、船速等）在统计上独立于相邻单元中的量，支持机器学习算法的基本数据结构是地理网格，独立性假设构成了海上交通分析中密度估计和预测算法的核心，基于点的方法的缺点是放弃了可能的关联性。基于轨迹的方法弥补了这个缺点，它根据该船 AIS 数据流的时空分布估计每艘船的轨迹，这种方法在分析的第一阶段需要更复杂的操作，但这些早期操作产生的轨迹对象可以为下游分析提供更丰富的知识库，因此，在基于轨迹的方法中，支持机器学习算法的基本数据结构是船舶轨迹。

实际应用中，数据挖掘常采用以下流程：先建立相应的数据库进行数据的存储，再建立基础的数据选择规则，从数据库中抽取所需的数据进行预处理，保证后期数据挖掘的准确性。预处理之后，有的数据还需要进行一系列的格式和编码转换，以减小数据量，加快挖掘速度，接着就可以进行数据挖掘，将挖掘出的信息进行整合，得出相应的新知识，常用的算法为聚类算法。聚类是将数据对象集合按照相似度的高低分成多个类或簇，使得同簇内的数据对象的相似度尽可能高，不同簇中的数据对象的差异性也尽可能大，聚类通常只需要知道如何计算相似度，并不需要学习训练数据，常用的聚类算法有 DBSCAN 算法、K-means 聚类算法[4]。

1. DBSCAN 算法

DBSCAN 是一种无监督的基于密度的聚类算法。DBSCAN 算法的基本原理为：输入数据集，确定邻域半径和阈值，针对整个数据集，从数据集中任意选取一点 p，判断该点是否为核心点。若 p 是核心点，则查找所有从 p 点开始的密度可达的点，这些点生成一个簇，然后将簇中的点加入种子表中，寻找从种子表密度可达的点来扩展簇，直到没有点加入，则形成一个完整的簇；若 p 不是核心点，将 p 暂时标注为噪声点，对数据集中的下个未处理的点重复上述步骤，进行下一个簇的扩展。数据集中所有的点都被处理完毕，则聚类结束。

2. *K*–means 聚类算法

K-means 聚类算法是一种无监督的聚类算法，它的实现原理简单，易于理解，聚类效果良好，因此应用很广泛且受到众多学者的关注。*K*-means 聚类算法有大量的改进模型，包括改进初始类中心点选择方法的 *K*-means++ 和大数据情况下优化的分布式 Mini Batch *K*-means 聚类算法等。最基本的 *K*-means 聚类算法的思想很简单，对于给定的样本集，按照样本之间的距离，将样本集划分为 *K* 个簇，让簇内的点尽量紧密地分布在类中心点周围，而让各簇的类中心点的距离尽量大。

K-means 聚类算法的核心思想是：首先从数据集中随机抽取 *K* 个样本作为初始聚类时各簇的类中心点，计算其余样本点与各聚类中心的欧氏距离，将样本标记为相似性距离最近的样本中心点所属的类别，并将数据对象分配到聚类中心点所对应的簇中，然后计算每个簇中样本点的平均值作为新的聚类中心，进行下一次迭代，直到聚类中心不再变化或达到最大的迭代次数。

3.5　AIS 的发展方向

3.5.1　技术方面

由于海面上船舶通信需求日益增加，原本用来对船舶进行相互识别从而避免碰撞的 AIS，逐渐担负起船岸之间数据通信的任务，给 AIS 甚高频数据链路资源的使用和保护带来了风险，也对水上通信及船舶安全航行造成了潜在的不利影响。通过整合，以 AIS+ASM+VDE 为架构的甚高频数据交换系统（VDES）能够极大地缓解现阶段 AIS 数据通信的压力。

2015 年世界无线电通信大会（WRC-15）审议通过了一项有关提升船舶安全通信和数据传输能力的议题，这为将来可能部署的新的 AIS 技术应用确定了技术和信道分配方案，并修订了相关使用规则。此项议题的核心是为水上移动业务引入 VDES，此举将进一步推进船舶新一代 AIS 技术的应用，使船舶安全通信和数据传输能力得到全面提升。

特殊应用消息（ASM）是一种实时可靠的信息接收机制，用于提供非导航安全信息服务，如水文、气象、地区通知等，ASM 信号被分配了两条信道，分别位于 161.950MHz 和 162.000MHz 两个频点上，每条信道的中频带宽均为 16kHz。由于多普勒效应，接收信号中包含一定的频偏，在地面链路 ASM-TER 中，船舶的移动速度相对较低，多普勒频移不超过 60Hz，ASM 主要被用于在船与船、船与岸基站、船与卫星之间传递特定的应用消息。

ASM 频道是包含在 VDES 下的专用通道。为了保证特殊应用消息的可靠性和稳定性，根据约束，这些报文被迁移到新的通道，命名为 ASM 频道。广义上的 ASM 包含国际海事组织定义的 ASM 频道和区域性 ASM 频道。ITU-R M.2092-0 建议书草案的指标规定，ASM 的信道性能相较于传统 AIS 信道，将兼顾实际应用中所需的实时性和信息传输的可靠性，并有更强大的数据通信交换能力。

ASM 信道的设立与实现，代表着传统 AIS 到集成型 VDES 的转变，也同时标志着系统功能从单一的船舶识别，到大规模数据快速交互的全面性升级。在 VDES、GNSS 等相关配套系统全方位无隙配合下，船舶能够自主地及时更新自身航行数据、外部天气水文变化、港口和航道情况等重要航行信息，并与岸站建立可靠的交互联系，极大地提升了船舶航行安全性，并为系统航行管制与应急事件处理提供了稳定可靠的信息交互平台，保护了国家海洋权益。

3.5.2　应用方面

随着船舶 AIS 技术广泛应用，AIS 基站、AIS 航标、自动识别搜救发射器（AIS-SART）和 AIS 个人应急示位标（AIS-MOB）的数量不断增加。海上出现了大量使用 AIS 技术和 AIS 通信信道的新型设备，应用于标识渔网、海上自由漂浮物（如冰山）、海上拖带、水产养殖网、海洋观察数据传输、海上遗弃物等。这些设备缺乏技术标准，其大量使用对 AIS、海事监管和船舶安全航行造成了较大的影响。为此，国际电信联盟（ITU）提出了自主水上无线电设备（Autonomous Maritime Radio Device，AMRD）的概念[5]。

AMRD 是指工作在海上，独立于船站或岸站进行信号发射的移动站台。现有的 AMRD 主要包括渔网 AIS 示位标、落水人员定位追踪设备（MOB）、潜水定位追踪设备、海洋气象浮标和水文浮标等设备。

这些 AMRD 一般使用 AIS、数字选择性呼叫（DSC）、合成语音信息等技术，或者综合使用上述技术。使用此类设备的初衷是提升人员或生产安全，且由于应用场景的不断开发、生产成本低廉，近年来此类设备的使用数量呈现较快增长趋势。

目前，根据定义，AMRD 分为两类：增强航行安全的 AMRD（A 类 AMRD）和不增强航行安全的 AMRD（B 类 AMRD）。

增强航行安全的 AMRD 使用 AIS 和 DSC 技术，因此一般工作在 161.975MHz（AIS1 信道）、162.025MHz（AIS2 信道）和 156.525MHz（DSC）频率上，在使用中需符合 ITU-R M.1371 中关于 AIS 应用的建议书、ITU-R M.493 中关于 DSC 应用的建议书，以及 ITU-R M.585 中关于水上移动业务标识码的建议书的要求。

不增强航行安全的 AMRD 如果使用 AIS 技术，则工作在一个中心频率为 160.900MHz、带宽为 25kHz 的信道上。如果使用其他技术则可以选择在 161.525MHz、161.550MHz 和 161.575MHz 这几个频率上工作，信道带宽同样为 25kHz，占空比不超过 10%。

AMRD 可以被认为是 AIS 技术发展到一定程度的应用延伸，并经市场选择出现的产物。它在渔业生产、人员落水、水文监测、游艇追踪、潜水示位等海上活动中起到了一定的积极作用，如提供海上定位、避免碰撞、提高生产效率等。

参考文献

[1] International Maritime Organization. 在 VHF 水上移动频段内使用时分多址的自动识别系统的技术特性: R-REC-M.1371-5-201402[S]. 2014.

[2] 孙文力, 孙文强. 船载自动识别系统[M]. 大连: 大连海事大学出版社, 2004.

[3] 袁安存, 张淑芳. 通用船载自动识别系统国际标准汇编[M]. 大连: 大连海事大学出版社, 2005.

[4] 郑中义, 等. 海上交通与安全研究[M]. 大连: 大连海事大学出版社, 2019.

[5] 刘铁君, 郭小飞. 海上自主无线电设备(AMRD)技术标准研究[J]. 中国海事, 2020(5): 54-56.

第4章

VDES 关键技术研究

随着海上贸易的日益频繁，海上通信业务种类和船舶对数据交换的需求逐渐增加，而海洋频谱资源稀缺，船舶自动识别系统（Automatic Identification System，AIS）使用的两个甚高频（Very High Frequency，VHF）频段 25kHz 带宽的信道日益拥挤，由此引发诸多问题，例如信息阻塞、数据丢失等。

2013 年国际航标协会提出甚高频数据交换系统（Very High Frequency Data Exchange System，VDES）的概念，拟通过建立一个天地融合的系统升级替代 AIS。VDES 在 AIS 的基础上，划分特定消息的传输信道，并根据用户需求，提供更加灵活的服务，以提高信息传输的有效性和可靠性。这些优势使 VDES 成为争夺未来全球海上通信系统标准的关键点，积极建设 VDES 也是我国海上战略实施的重要支撑。

放眼全球，国际海事组织、国际电信联盟和国际航标协会（IALA）作为主力制定与修改完善 VDES 相关标准，以推动其发展。以欧美为代表的各国高度重视，紧跟发展动态，把握技术前沿，在星座系统、地面系统、终端系统等方向研发并试验。我国海事局和各个研究所努力跟进，加大科研力度，力争占据技术制高点。我国目前已制定两个目标：一是尽可能将我国的研究成果写入标准体系，在国际会议中获得话语权；二是跟随国际标准的脚步，快速形成具有国际化竞争能力的产品系统。

针对 VDES 的关键技术，国际电信联盟不仅对系统模型、频谱划分制定相关方案，在调制解调技术和时隙层级结构划分方式等技术上也提出新要求。此外，VDES 在数据链路层中的媒体访问控制（Media Access Control，MAC）层采用多种时分多址协议，将信道划分为不同长度的子帧和时隙。由于 AIS 信道的信息传输速率相对其他信道更低，且频带宽带范围更窄，船舶间在预约时隙的过程中会发生同时预约冲突。传统的 AIS 采用有自组织时分多址（Self-Organized Time Division Multiple Access，SOTDMA）协议。当船舶数量和数据量大幅增加时，网络性能明显下降，时隙预约冲突率上升。

针对 AIS 的上述问题，本章提出两种改进的时分多址协议，包括增强自组织时分多址（Improved-SOTDMA，ISOTDMA）协议、基于时隙冲突反馈的时分多址（Feedback Based TDMA，FBTDMA）协议等。大量仿真结果表明，与传统的 SOTDMA 协议相比，ISOTDMA 和 FBTDMA 协议可以有效降低网络时隙预约冲突率；两者相比，FBTDMA 能够进一步提高信道利用率和成功传输比特数。

综上所述，VDES 已被视作 AIS 的升级和增强版，在其基础上新增多种业务，本章对 VDES 的研究背景及意义、发展现状、系统架构与频谱划分方案、VDES 关键技术和数据链路层协议 5 个部分进行阐述，旨在为 VDES 在我国的发展提供理论依据和参考。

4.1 引言

近年来，随着"海洋强国"战略的逐步实施，航运业务逐渐成为世界贸易的重要组成部分。繁荣的航运业务在促进世界经济快速发展的基础上，进一步拉近了各国之间的联系。同时，党的十九大报告明确提出"坚持陆海统筹，加快建设海洋强国"。因此，我国迫切需要建立一个安全、高效、自主可控的海上信息服务保障体系。

目前，AIS 作为通用的船载识别系统，能在船舶与船舶、船舶与岸基站之间实现实时的航行通信，主动向指定船舶及岸台发射船舶航行的状态信息，提供安全航行的相关信息，而且能自动接收、处理其他船舶发来的航行实时信息或岸台中心站发出的助航信息[1]。此外，在获取信息的同时使得船舶受到距离、环境、速度等方面的影响相对较小，降低了船舶产生碰撞事故的可能性，确保了船舶航行的安全。

然而，随着海洋运输的日益频繁，AIS 中的链路系统也暴露了诸多问题。一是水上数据通信需求不断提高、船岸交互的数据业务增加、AIS 使用频率上升导致的信息阻塞、数据丢失的问题。国际航标协会指出当信道超过 50% 负载时，信息阻塞等问题会导致信号传输时延，大大增加碰撞预警漏报概率，并严重影响航行安全[2]。二是水上数据交换能力缺乏，尤其是中远海水域中通信设施和能力的缺失。为了避免海上事故的发生，满足全天时、全天候的甚高频数据通信、数据采集和海上物联等信息管控及服务的需求，IALA 提出了 VDES 的概念，拟通过建立一个天地海融合系统升级替代 AIS[3]。

VDES 作为 AIS 的升级和增强版，在 AIS 的基础上新增了多种业务，如卫星远距离 AIS、特殊应用消息（Application-Specific Message，ASM）业务、地面 VHF 频段数据交换和星地 VHF 频段数据交换业务。并且，在地基 VDES 的基础上，扩展由 VDES 卫星星座、VDES 岸基系统、VDES 终端和 VDES 大数据平台组成的通信网络，形成天地一体的新一代 VDES。VDES 是针对海事信息领域现有的信道拥堵、覆盖范围有限等问题进行明确升级的系统，具有全球性、行业性及建设明确性等优点，是面向全球海上遇险与安全系统（Global Maritime Distress and Safety System，GMDSS）以及 e-航海发展需求的。VDES 采用海上专用通信频段（VHF 频段）的信息通信系统，系统内任意两节点可直接连通，可全面提高海上船舶数据通信的有效性与可靠性，对我国建设海洋强国具有十分重要的意义[4]。

相比于 AIS，VDES 具有以下优势。

（1）VDES 中与船舶安全性相关的报文和实时船舶位置报文的消息优先级最高，这两类消息有专门划分的频段，从而为报文信息的发送和接收提供高质量的传输信道[1]。

（2）VDES 具有更强的灵活性，与 AIS 的被动接收报文不同，VDES 中船舶和海上用户可根据自身需求，向特定港口、船舶、海图信息中心等主动推送或者索取相关信息。

（3）VDES 在信道的划分与整合方面做了非常大的调整，对信息传输速率的提升提供了主导性的帮助[5]。

VDES 是争夺未来全球海上通信系统标准的制高点，是 GMDSS 的重要组成部分，是 e-航海发展的海上数字基础设施，是智慧海洋发展信息化的重要手段。因此，积极建设 VDES 是"交通强国"和"海洋强国"战略实施的重要支撑。

4.2 VDES 发展现状

VDES 自首次提出以来，便由国际海事组织（International Maritime Organization，IMO）、国际电信联盟（International Telecommunications Union，ITU）和 IALA 召开的每届国际会议作为主力推动其发展[6]。

2012 年年底，以日本为代表的亚洲国家和部分欧洲国家针对 AIS 链路负载问题，提出发展高速的、快速的数据交换技术方案和开启进行下一代 AIS 的计划[7]。2013 年，IALA 和 ITU 提出在原有 AIS 研究基础上，发展 VDES 技术通信和标准体系，并确定 VDES 为海上宽带通信系统[8]。

2015 年 4 月，IALA 联合日本及瑞典在 IMO 的海上安全委员会会议第 95 次会议中提出了题为 "Development of VHF Data Exchange System（VDES）" 的报告，报告中详细阐述了 VDES 信道划分情况及发展规划[9]。2015 年 11 月，世界无线电通信大会（World Radiocommunications Conference，WRC）决定对海上移动通信服务的 VHF 频带原有的信道进行重新分配，并且提供两个 25kHz 的信道专门用于特殊应用消息（ASM）的传输，其中水文测量数据、天气和其他与船舶导航数据无关的信息包含于 ASM 之中。迄今为止，VDES 已经分配了 10 个 VHF 频段的信道，其中包括 ASM 占用的两条带宽为 25kHz 的信道，高速数据传输信道占用的带宽总计为 100kHz 的 4 条信道，两条远距离 AIS 信道和两条现有的 AIS 安全信道。2019 年，ITU 经过 4 年的反复修订、论证和示范验证，完善了 VDES 的地面系统标准，地面 VDES 进入推广应用阶段[10]。同时，ITU 通过 VDES 的星载系统频谱划分，在 IALA 主导下初步制定了 VDES 的星载系统标准。目前，随着 VDES 技术标准的完善，VDES 国际程序推进工作进入 IMO 认可阶段，2020 年至 2022 年继续完善 VDES 技术标准。国际方面加快研究步伐，通过实验手段继续推广具有一定价值的应用。

由于 2013 年才提出较为完整的 VDES 概念，其系统架构、系统设计也刚刚起步，因此对于我国而言，挑战和机遇并存，为了应对世界海上技术的飞速发展，我国应适时采取相应的研究措施，组织相关力量进行科技攻关，从而逐渐减小我国与其他国家在该领域上的差距，跟上发达国家的研究步伐。目前中国针对 VDES 主要制订了两个目标：第一，在制定标准的过程中，尽可能将我国的研究成果写入标准体系，并在国际会议中掌握一定话语权；第二，在国际标准出版时，我们能快速形成具有国际化竞争能力的产品系统。图 4-1 为我国 VDES 的总体路线规划[3]。

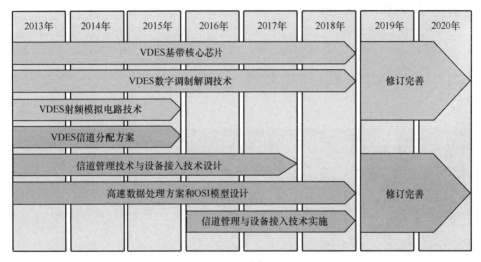

图 4-1　我国 VDES 的总体路线规划

4.3　VDES 的概述

4.3.1　VDES 的系统架构

VDES 是 IMO 主导的 e-航海战略核心通信方式之一，是未来海上数字通信手段的代表。VDES 提供了多种海事基站、船–船、岸–船、船–岸、卫星–船、船–卫星之间的数据交换方式。VDES 的系统模型按照通信实体可分为 5 个部分：船站设备、岸基设备、VDE 卫星地面段、VDE 卫星空间段和海上信息服务中心[11]。VDES 的总体模型如图 4-2 所示[3]。

（1）船站设备：是指强制安装在 Class A（A 类）与 Class B（B 类）船舶上的具有收发功能的 VDES 终端设备、近港海域的浮标、灯塔和搜救雷达应答器等。

（2）岸基设备：属于控制设备，是指布设在海岸的用于与船舶通信的信号发射塔、天线等，用作 VDES 网络中移动设备的无线访问接入点。

（3）VDE 卫星地面段：是指布设在陆地上的卫星信号收发器、卫星天线等，用作 VDES 网络的卫星设备的无线访问接入点。

（4）VDE 卫星空间段：是指不同种类的通信卫星和卫星空间站等，如低轨卫星、同步卫星等。

（5）海上信息服务中心：海事管理部门用于调度、控制辖域内航行船舶的信息中心。

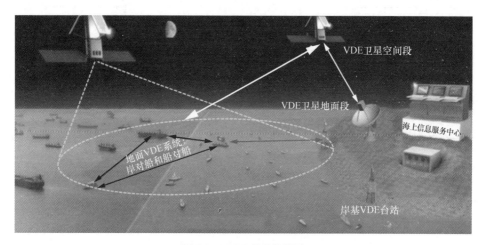

图 4-2　VDES 的总体模型

VDES 在功能上集成了 AIS、ASM、VDE 和卫星，在 VDES 中卫星起到了重要作用，它使陆地基站的服务范围大幅度扩大，使 AIS 不再局限于海岸覆盖，而是可以扩展到覆盖全球。在 VDES 的系统框架下，AIS、ASM、VDE 和卫星功能划分如下。

（1）AIS：基于行船的收发设备互换行船当前的地理位置、航行速度和航行方向，用于传输船舶身份、地理位置收发、航行状态和救援等信息。

（2）ASM：用于传输除船舶位置信息和航行状态信息外的其他非导航安全信息，如航标、水文数据、计量数据、运输信息等。

（3）VDE：是 VDES 的核心功能，分为路基 VDE 和星基 VDE 两部分，能够传输多种结构的信息，可用于传输任何数据。

（4）卫星：即天基 VDE，主要为陆基信号无法覆盖的区域提供甚高频数据交换的服务。卫星的上行链路和下行链路构成了 VDE 的双工通信，就技术特性而言，它支持与地面 VDE 共享频道，并配备了 VDE 发送器和接收器。

4.3.2　VDES 频谱划分方案

VDES 对频谱的要求和频率的使用从两个方面确定：一是基于 ITU-R M.2317-0 报告对 VDES 信道探测活动中记录的港口、水路和公海的海上电磁环境，以及船载电磁操作环境等因素的评估；二是基于该报告对信道数据要求的评估[12]。因此，VDES 共包含 18 个海上通信信道：2 个 AIS 信道、2 个 ASM 信道、12 个 VDE 信道和 2 个长距离 AIS 信道。VDES 信道分配如图 4-3 所示。

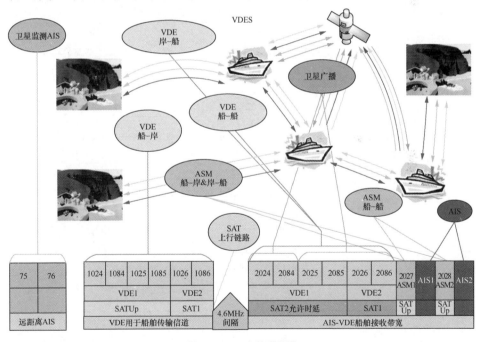

图 4-3　VDES 信道分配

从图 4-3 可以看出，原始的 AIS 信道（AIS1 和 AIS2）仍被保留，只负责交换与传输和船舶位置安全有关的信息。新增的由 2027 和 2028 组成的 ASM 信道（ASM1

和 ASM2）将被用于特殊消息的信息交换，从频谱角度来说，这种划分减少了 AIS 的负载，缓解了链路阻塞造成的传输时延问题。除此之外，上行 VDE1 信道由 4 个新增 VHF 信道 1024、1084、1025 和 1085 组成，下行 VDE1 信道由 4 个新增 VHF 信道 2024、2084、2025 和 2085 组成。其中，1024、1084、1025、1085 这 4 个信道为频率较低的信道，主要用于船-岸通信，而 2024、2084、2025、2085 这 4 个信道为频率较高的信道，主要用于岸-船和船-船通信。上行 VDE2 信道则由 2 个新增 VHF 信道 1026 和 1086 组成，下行 VDE2 信道由 2 个新增 VHF 信道 2026 和 2086 组成。新增的 75 与 76 信道会被用于传输远距离的 AIS 报文[12]。VDES 具体的信道频段分配见表 4-1[3]。

表 4-1　VDES 具体的信道频段分配

海上 VHF 信道号	船岸台站发射频率/MHz	
	船站 （船对岸、远距离 AIS） 船站（船对卫星）	岸站 船站（船对船） 卫星对船
AIS 1	161.975	161.975
AIS 2	162.025	162.025
75 （远距离 AIS）	156.775（船端仅发射）	N/A
76 （远距离 AIS）	156.825（船端仅发射）	N/A
2027 （ASM 1）	161.950（2027）	161.950（2027）
2028 （ASM 2）	162.000（2028）	162.000（2028）
24/84/25/85（VDE 1）	100kHz 信道 （24/84/25/85，上行、合并） 船对岸，船对卫星	100kHz 信道 （24/84/25/85，下行、合并） 船对船，岸对船，卫星对船
24	157.200　（1024）	161.800　（2024）
84	157.225　（1084）	161.825　（2084）
25	157.250　（1025）	161.850　（2025）
85	157.275　（1085）	161.875　（2085）
26/86（SAT 1）	50 kHz 信道 （26/86，上行、合并） 船对卫星	50 kHz 信道 （26/86，下行、合并） 卫星对船
26	157.300　（1026）	161.900　（2026）
86	157.325　（1086）	161.925　（2086）

4.4　VDES 关键技术

在 VDES 网络体系结构中，采用开放系统互联（OSI）的第一层至第四层，即物理层、数据链路层、网络层和传输层，VDES 网络模型与 OSI 模型对比如图 4-4 所示。

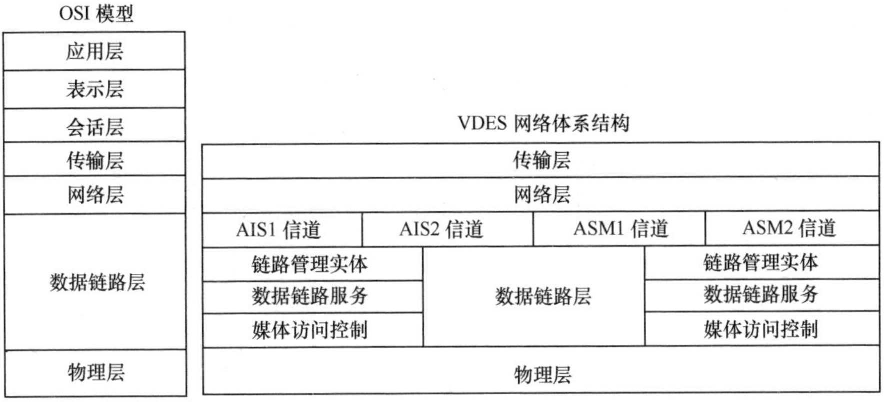

图 4-4　VDES 网络模型与 OSI 模型对比

VDES 四层网络体系结构各自功能如下[13]。

（1）物理层：主要负责对原始比特流进行发射和接收，将来自发送端的比特流传输到数据链路上，包括对信号的调制与解调、编码与解码、时间和频率同步、滤波和整形等。

（2）数据链路层：规定数据如何打包，对数据传输应用错误进行检测和修正，可以保证船与船之间、船与岸之间、船与卫星之间数据帧的可靠传输。

数据链路层又被分为 3 个子层[14]：链路管理实体（Link Management Entity，LME）、数据链路服务（Data Link Service，DLS）以及媒体访问控制（Media Access Control，MAC）。其中 LME 子层将唯一字、格式头、物理层帧头、导频音和 VDES 消息比特组合成包；DLS 子层负责计算和合计循环冗余校验（Cyclic Redundancy Check，CRC）；MAC 子层提供允许数据传输访问的方法。

（3）网络层：指定消息的优先级、分配信道间的传输包和解决数据链路拥塞问题。

（4）传输层：负责把数据划分成大小合适的数据包并将数据包排序，保证在船与船、船与岸以及船与卫星之间数据段的可靠传输，包括分段、确认和复用。

4.4.1 VDES 调制解调技术

VDES 的提出旨在提高单位载频的通信传输速率，并在物理层进行信号的调制与解调。由于 VDES 包含不同种类的信道，系统会根据不同的需求采用不同的调制解调技术，可以为各个信道找到最适合其功能和传输特性的调制解调方式，从而满足不同海上用户的需求，为信道提供不同的消息载量。

国际电信联盟在 ITU-R M.2092-0 建议书中介绍了 VDES 中使用的调制与解调方式。VDES 采用 GMSK、四相移相键控（Quaternary Phase-Shift Keying，QPSK）、π/8 QPSK 以及正交振幅调制（Quadrature Amplitude Modulation，QAM）（如 8×16-QAM）多重调制解调手段组合的方式，以提高单位载频的通信传输速率，VDES 信道技术相关参数见表 4-2[15]。在 AIS 中，数字调制解调采用 GMSK 模式；对于新增的 ASM 信道，最简易的调制方式为 π/4 QPSK，可以实现以更优化、更适用、性价比最高的方式提高传输速率[16]。

表 4-2 VDES 信道技术相关参数

性能参数	AIS 信道 25 kHz	ASM 信道 25 kHz			VDE 信道 25 kHz	VDE 信道 50 kHz	VDE 信道 100 kHz
数字调制方式	GMSK	π/4 DQPSK	π/8 D8PSK	8×16-QAM	π/4 DQPSK π/8 D8PSK 8×16-QAM	16×16-QAM	32×16-QAM
数据速率/(kbit·s⁻¹)	9.6（1X）	28.8（3X）	43.2（4X）	76.8（8X）	28.8（3X）43.2（4X）76.8（8X）	153.6（16X）	307.2（32X）
灵敏度/dBm	−107	−107	−107	−107	−107（船和岸）	−103（船站）	−98（船站）
同频抑制/dB	10	19	25	19	19 或 25	19	19
频间干扰	70dB	待定	待定	待定	AIS 6, 7, 8,12,13,14 和 ASM	VDE 电文（待定）	VDE 电文（待定）

需要注意的是，VDES 的 AIS 部分依然使用 GMSK 这种方式，在 25kHz 信道上提

供 9.6kbit/s 的数据传输速率[17]。虽然 GMSK 在 AIS 中具有较高的成熟度，但 VDES 的调制机制已截然不同，因此 GMSK 在 VDES 下的适用性仍需进一步讨论与测评。

4.4.2　VDES 时隙层级与结构

VDES 采用时分多址方式，将信道划分为不同长度的子帧和时隙，VDES 的时隙层级结构如图 4-5 所示[18]。VDES 中设置每一帧的持续时间为 60s，将 1 帧划分为 5 个子帧，每个子帧划分为 15 个超时隙（Uberslot，US），每一个超时隙划分为 5 个十六进制时隙（Hexslot，HS），每个十六进制时隙划分为 6 个时隙。因此，每个帧包括 2250 个时隙。此外，VDES 中各个信道的时隙划分是根据一个通用的帧结构进行定义，它在地球表面上时间与 UTC 同步。

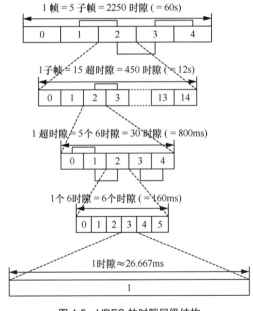

图 4-5　VDES 的时隙层级结构

帧的结构定义如下。

（1）时隙：每个时隙约 26.667ms（60000 / 2250≈26.667）。

（2）十六进制时隙：每 6 个时隙构成一个十六进制时隙。

（3）时隙编号（Timeslot Number，TN）：一个十六进制时隙内的时隙从 0 到 5 进行编号，且一个特定时隙会通过时隙号被引用。

（4）超时隙：5 个十六进制时隙构成一个超时隙。US 的持续时间为 800ms，US 采用从 0 到 14 循环编号，当十六进制时隙编号返回 0 时，US 编号增加。

（5）子帧：15 个 US 构成一个子帧，子帧的持续时间为 12s，采用 0 到 4 循环编码，当 US 编号返回 0 时，子帧编号增加。

4.5 VDES 数据链路层协议

VDES 数据链路层的主要功能是实现航行数据的透明传输，检测和纠正数据在传输过程中的错误，在数据链路层中包含 MAC、DLS、LME 3 个子层。其中，MAC 子层提供一种接入方法，让数据发送到 VHF 数据链路（VHF Data Link，VDL）上，采用的方法是时分多址（Time Division Multiple Access，TDMA）协议。

卫星链路的 TDMA 协议把卫星转发器的工作时间分成周期性的互不重叠的时隙（一个周期为一帧，每个时隙也称分帧）分配给各地球站使用[19]，工作原理如图 4-6 所示。在卫星链路的 TDMA 协议中，为防止各地球站发射的信号在卫星转发器中重叠，需建立精确的同步机制。这样就需要确定一个地球站为基准站。在国际移动卫星通信系统中，岸站通常被设置为基准站，各地球站从基准站的射频信号中提取出位同步以及帧同步的信号。

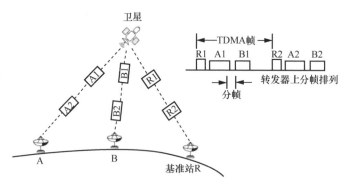

图 4-6 卫星链路 TDMA 协议的工作原理

传统的 TDMA 协议包括自组织时分多址（Self-Organized Time Division Multiple Access，SOTDMA）协议和载波侦听时分多址（Carrier Sense Time Division Multiple Access，CSTDMA）协议。在改进的 TDMA 协议中，包括增强自组织时分多址（ISOTDMA）协议和基于时隙冲突反馈的时分多址（FBTDMA）协议。

4.5.1　传统 TDMA 协议概述

传统 TDMA 协议中的 SOTDMA 和 CSTDMA 主要用于 AIS，国际海事组织将 AIS 设备分为 A 类和 B 类：A 类设备大多装载在大于 300t 的船舶上，采用 SOTDMA 系列协议接入；B 类设备装载在吨位较小的船舶上，又被分为 CSTDMA 类型和 SOTDMA 两种类型。

1. SOTDMA

SOTDMA 出现于 20 世纪 90 年代，是 AIS 的核心技术，具有连续性、自主性和周期性三大特点，能将船舶航速、航向以及与航行安全相关的信息进行周期性地广播发射，不受天气、海况的影响，便于船舶间通信、海上交通联络和指挥调度。

AIS 设备从开机到接入网络要依次经历网络初始化阶段、网络进入阶段、第一帧阶段、连续运行阶段和报告频次变更阶段，AIS 设备运行的不同阶段会有不同协议进行工作。在 SOTDMA 协议作用之前，会先利用随机时分多址（Random Access Time Division Multiple Access，RATDMA）协议与增量时分多址（Incremental Time Division Multiple Access，ITDMA）协议完成 AIS 信道的接入，进入连续的自主运作状态，系统接着使用 SOTDMA 协议完成后续的时隙预约过程，RATDMA 与 ITDMA 具体作用如下。

（1）RATDMA 协议适用于网络中没有标明时隙的分布情况，船舶预约第一个时隙。

（2）ITDMA 协议作用可以分为两种：第一是当船舶在第一个时隙预约完毕后，预约一帧内的其他时隙；第二是用于船舶因运动状态发生改变重新预约时隙，图 4-7 为时隙划分以及自组织原理。

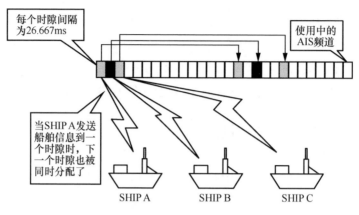

图 4-7   时隙划分及自组织原理

SOTDMA 协议运行于 RATDMA 协议和 ITDMA 协议之后,可以保障 AIS 设备的自主性、连续性和周期性。SOTDMA 协议在运行时,涉及一些重要的参数和变量,具体名称及对应符号见表 4-3[20]。其中,Rr 是指船舶根据自身航行需求周期性播报消息的频次,取值范围为 2~30。Rr 决定了 NI 的大小,即决定了船舶在每次发报时可选时隙间隔的大小。TMO 指预约时隙成功的船舶连续占用该时隙的帧数,是随机产生的 3~7 的自然数。TMO 随帧数增加依次递减 1,当 TMO 没有减少到 0 时,船舶保持占用该时隙;当 TMO 减少到 0 时,船舶释放该时隙并注明该时隙状态为空。

表 4-3   SOTDMA 协议主要参数

符号	名称	说明	最小取值	最大取值
NSS	标称起始时隙	用于船舶第一次接入 AIS 信道的初始时隙	0	2249
NS	标称时隙	所选时隙的中间时隙,且在第一次预约中,NSS 与 NS 相同	0	2249
NI	标称增量	相邻 NS 间的时隙数目	75	1225
Rr	报文报告率	报文每分钟需要发报的次数	2	30
SI	选择间隔	用于预约时隙的候选时隙集	0.2NI	0.2NI
NTS	标称发射时隙	当下选定的可用于发射的时隙	0	2249
TMO	时隙超时	某一时隙会被持续占用的帧数	3 帧	7 帧

在 AIS 中，预约时隙的使用情况是通过大量的通信状态参数体现出来的，即预约新的时隙时，系统都会将时间同步和 TMO 等与时隙预约相关的信息嵌入通信状态参数中，再进一步附加到各 AIS 报文中，以定期广播给网络中的用户。同时，接收端收到数据包后会解析报文和其中的状态参数，并更新到自己的时隙列表中。SOTDMA 协议通信状态参数说明见表 4-4，其子信息结构见表 4-5[21]。

表 4-4　SOTDMA 协议通信状态参数说明

参数	比特数	说明
同步状态	2	0：直接获取 UTC。 1：间接获取 UTC。 2：台站同步于基地台。 3：接收其他台站信号最多的台站是本区域的时间同步源
时隙超时	3	说明新时隙确定之前可占用的帧数。 0：最后一次可在本时隙传输信息。 1～7：本时隙可连续使用 1 至 7 帧。
子信息	14	由当前时隙的超时值决定

表 4-5　子信息结构

时隙超时值	子信息含义	说明
3、5、7	接收到的船台数量	本台当前接收到的其他船台数目
2、4、6	时隙号	用于该发射的时隙号（0～2249）
1	UTC 小时和分钟	如果台站能获得 UTC，该子信息将提供时间信息，小时（0～23）编码为子信息的 bit 13～bit 9，分钟（0～59）编码为 bit 8～bit 2，bit 1 和 bit 0 不使用
0	时隙偏置	时隙偏置表示在下一帧中发射时隙的偏移量，若时隙偏置为零，则在发射之后，将重新分配该时隙

通常，船舶应在链路的空闲时隙预约时隙，但随着链路负载和信道容量的增大，空闲时隙会越来越少。此时，AIS 会通过"主动时隙复用"[22]来解决容量过载而产生的系统崩溃问题。主动时隙复用规则为：当信道容量过载时，AIS 可以复用已被远端用户占用的时隙。主动时隙复用会导致 VHF 数据通信链路上的覆盖范围逐渐缩小。除此之外，当船舶在没有被 SOTDMA 系列协议完全组织起来时，会出现两艘或多艘船舶互相不了解对方时隙的占用状态，而导致两艘船舶同时认为某一时隙是"空闲"状态，无意中复用了同一个时隙的情况，该种情况称为"自动时隙复用"。

无论是主动时隙复用还是自动时隙复用，它们都会造成通信过程中的时隙冲突，产生丢包。

SOTDMA 协议的时隙预约流程如图 4-8 所示[3]，船舶在两条 AIS 信道（信道 A和信道 B）轮流交替预约时隙。AIS 在开始运行后首先进入时长为 1min 的网络初始化阶段。在该时长内，船舶侦听信道 A（AIS1：161.975MHz，87B 信道）和信道 B（AIS2：162.025MHz，88B 信道）可以获取两个信道的时隙占用列表，确定网络中其他 AIS 用户的身份、报告位置和时隙分配信息，建立信道链路上所有运行的 AIS用户的通信列表和时隙状态列表。

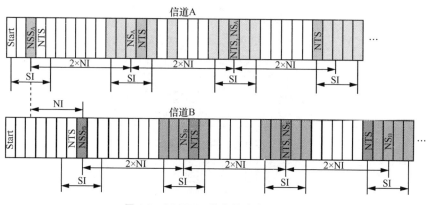

图 4-8 SOTDMA 协议的时隙预约流程

在此之后船舶进入网络接入阶段，船舶在开始进入网络时通过 RATDMA 协议分别为信道 A 和信道 B 确定标称起始时隙 NSS，并将该时隙赋给 NS 和第一个 NTS。随后，船舶依据第一个 NS 和 Rr 计算 NI，并确定下一个 NS。再将该NS 作为时隙选择范围的中心，SI 作为时隙选择范围，选出候选时隙集合。然后，船舶从候选时隙的集合中随机选择 NTS，并为其赋予 TMO 值。最后，船舶在该NTS 广播数据包和通信状态参数。经过首帧发射的时隙定位与选择，新入网的船舶实现了 SOTDMA 协议的接入，然后进入连续运行阶段进行自主运行。当信道占用率较低时，空闲的时隙很容易找到；当信道繁忙时，被占用的时隙太多，空闲时隙较难寻找，此时，船舶可以占用远端船站预约的时隙，完成时隙的自动选择。

2. CSTDMA

CSTDMA 在 B 类 AIS 中通过侦听现存的通信情况来决定信道的空闲时隙，如果侦听到某一时隙没有被使用，它就采用这个时隙，并在该时隙后退 2ms 发射，以侦听 A 类船舶的存在。

由于 CSTDMA 不预约时隙，且每次发射只占一个时隙，因此，理论上它们对 VHF 数据链负载的影响是非常小的。对于特殊的发射，B 类设备在 10s 周期内随机选择 10 个候选时隙来识别，它们集中在标称报告时间，然后依次测试每一时隙直到找到一个能发射的空闲时隙。如果 10 个时隙都被占用，则取消发射，等待下一个发射周期。这样可以减小与邻近 B 类船台重复发射冲突的可能性，并避免产生一连串的混淆报文。

B 类 AIS 做出发射决定的根据是在候选时隙内没有另一台 AIS 在发射，接收到的信号比在上一周期内接收到的最小信号强度大 10dB。这意味着 CSTDMA 协议可以在空闲时隙内工作，而且也能在部分或全部被占用的时隙内工作。如果在所占用的时隙内接收到的信号强度小于临界值 10dB，该时隙就可用于 CSTDMA 发射。这种情况相当于自动复用了被远端 AIS 用户占用的时隙。此外，随着通信量的增加，该临界值也会增加，使 AIS 有效通信区域变小。

4.5.2　改进的 TDMA 协议

改进的 TDMA 协议包括 ISOTDMA 协议和 FBTDMA 协议等。

1. ISOTDMA 协议

（1）ISOTDMA 协议的原理

ISOTDMA 协议的核心就是利用 VDES 中新分配的 ASM 信道，缓解信道负载从而降低时隙预约冲突率。ISOTDMA 协议根据消息类型和信道性能，使用二进制优先级机制，在 VDES 的网络进入阶段发挥作用。

VDES 将某些消息从 AIS 信道搬移到 ASM 信道上进行传输，并且会有新的动态消息或静态消息被规划在 ASM 信道上传输。ISOTDMA 协议可以根据消息类型将不同的消息分配到相应的信道上，并以适当的方式发送。

ISOTDMA 协议的工作原理为使用二进制数值 1 或 0 来确定优先级，1 被设置为所有消息类型中的最高优先级，即如果一个消息的优先级被设置为 1，则该消息将会使用 AIS 信道传输。同理优先级为 0 的消息将在 ASM 信道中传输。根据消息的优先级，不同类型的消息将选择相应的信道，然后系统会在信道中选择 NSS 并确定 NI。在 SI 内选取候选时隙的集合，再从这个候选时隙的集合里随机确定 NTS。然后此船舶应等待 NTS 到达，当 NTS 到达后，发送消息并运作到第一帧阶段，之后再继续运作连续运行阶段。

（2）ISOTDMA 协议与 SOTDMA 协议性能比较与仿真分析

在 VDES 中，海上通信系统接入协议的开发、性能的研究与仿真将会使用 OPNET 平台来搭建模型，下面为仿真过程[1,23-24]。

① AIS 信道仿真模型搭建，首先依据建议书 ITU-R M.1371-4 中对包格式的定义，在 OPNET 中设定相应的传输包格式；设置 VDES 在 OPNET 中的节点模型，模型如图 4-9 所示，其中包括 app_msg（应用层报文模块）、ch_proc（信道处理模块）、AIS_mac（AIS 信道所用的 SOTDMA 协议的核心模块）、ASM_mac（ASM 信道的 MAC 协议模块）、sink（包销毁模块、防止内存溢出）、rx_proc（接收机处理模块）、ship_rx（船舶的接收机模块）和 ship_tx（船舶的发射机模块）。

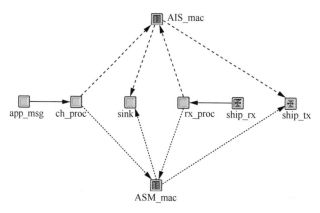

图 4-9　VDES 在 OPNET 中的节点模型

② OPNET 下 VDES 的 MAC 层建模。VDES 的 MAC 层模块主要分为两部分：AIS 信道的 MAC 模块和 ASM 信道的 MAC 模块。船舶首先进入初始化阶段，OPNET 的仿真核心准备开始标记每个模块的仿真中断，然后按照每个事件中断时间点的排

序情况依次进行各个模块的运行,监听网络 1min,获得网络实时的时隙列表的功能,同时还会获取接下来系统仿真所需的属性和参数等,最终实现系统时隙列表初始化。

在完成初始化之后,系统会自动进入网络,在这一阶段,船舶为了让网络内的其他参与者知道自己已经进入网络,会用 RATDMA 协议选出一个时隙作为首次访问网络的发射时隙。

在第一帧阶段选择了第一个发射时隙后,需要把接下来一帧中需要预约的时隙数目和时隙号,通过第一个发射时隙发送给网络中的其他参与者。第一帧所需的时隙数目主要由报文报告的间隔决定,这个报告间隔是 ITU 根据船舶实时运动状态规定的,ITDMA 协议是第一帧阶段所使用的时隙预约协议,通过该协议预约的时隙在下一帧中会被继续用于报文传输,同时在之后的连续运行阶段中,ITDMA 协议也会被使用。

船舶系统一旦进入连续运行阶段,则表示除非船舶的运动状态发生改变或者突然发生故障,否则船舶系统将会一直运行于这个阶段。在本阶段,系统采用 SOTDMA 协议,将上一阶段分配的时隙个数、时隙超时值和时隙间隔插入报文并发送出去,从而实现自主连续的运作模式。

如果船舶的运动状态发生改变,系统将进入报告率变更阶段,在此阶段报告率的变更将会引起 NI 变化。所以一旦船舶的报告率发生改变,那么系统必须使用 ITDMA 协议重新根据新的报告率来确定新的 NI,进而重新预约第一帧阶段需要用到的时隙号。

③ 首先测试 VDES 中只用传统 AIS 信道的情况,从船舶开机进入网络开始,模拟船舶接入传统 AIS 信道所经历的所有阶段和运行流程。仿真开始时,船舶会随机生成一个开机时间并据此进入网络,通过仿真不同网络容量及报文报告率的场景来分析这两个参数对时隙预约冲突率的影响,从而分析传统 AIS 信道下的系统性能。仿真场景的覆盖范围是一片 10km×10km 的海域,船舶随机分布在这片海域,网络容量为 10～250 艘船舶,报文报告率为 5～30 次/min。根据真实海上船舶得知,海上船与船之间通过 VHF 来通信的距离可以达到 20n mile(1n mile≈1.852km)以上,所以仿真 VDES 里场景内的所有船舶都默认可以互相进行数据交换。50 艘船舶的 VDES 网络模型运行场景如图 4-10 所示。

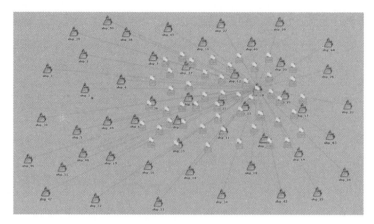

图 4-10　50 艘船舶的 VDES 网络模型运行场景

④ TDMA 系统中，时隙占用的冲突率是评估该类型系统性能的重要指标，在自组织的 TDMA 系统中，时隙的预约冲突率更重要，时隙预约冲突率越小，该网络的可靠性和稳定性越好。网络容量和报文的报告率是影响这一评估指标的两个直接影响因素，网络容量在实际海上通信场景中以船舶数量为最小单位；报文报告率指的是船舶在不同的运动状态时，每分钟发送消息的次数。

时隙预约冲突可以被定义为：在一个 VDES 通信网络内，如果有两艘及两艘以上的船舶同时预约了某一时隙，则认为发生时隙预约冲突，该时隙被称为发生时隙预约冲突的时隙。时隙冲突率的函数可表示为

$$P_{cr} = \frac{\sum_{j=0}^{N} S(j)}{N} \tag{4-1}$$

其定义为每一帧时隙预约冲突率的统计平均值，每帧的时隙预约冲突率为：每一分钟内，所有发生时隙预约冲突的时隙总数除以每分钟内的时隙总数。

⑤ SOTDMA 仿真结果：不同船舶数量和不同的报文报告率下传统 SOTDMA 协议的时隙预约冲突率如图 4-11 所示。

当网络内所有船舶的报告率相同且保持在同一数值上时，时隙预约冲突率会随着网络中船舶数量的增加而增大。原因是报告率不变，则可用于预约的时隙的选择范围不变，所以同一范围内，参与时隙预约的船数越多，时隙预约冲突率越大。

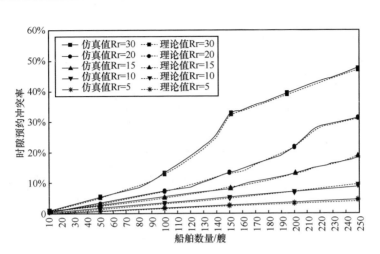

图 4-11　传统 SOTDMA 协议的时隙预约冲突率

当所有参与到网络中的船舶数量保持不变时，时隙预约冲突率会随着发射消息的报告率增大而增大，当报告率小于 10 时，时隙预约冲突率较小并且呈缓慢增加的状态；当报告率越来越大时，时隙预约冲突率也会随之变大并且增加幅度明显。原因是当报告率增大时，系统每次预约的时隙选择范围将变得越来越小，所以两艘或多艘船预约选择同一个时隙的概率变大。

当报文报告率较大且船舶数目较多时，时隙预约冲突率的理论值会略小于仿真值。这是因为当船舶数量比较多、报文报告率比较大时，OPNET 仿真平台中实际参加预约时隙的时隙数量就会迅速减少，进而导致时隙预约冲突率迅速增加，但在入网阶段的理论值分析中，RATDMA 协议中参与预约的时隙个数为定值，当网络容量较大时，系统中参与预约的时隙个数将小于这个数，所以在实际运行中，当网络负载量较大时，会出现冲突率较大的情况。

当网络中的船舶数量和报文报告率达到一定程度时，例如报告率为 30 次/min、船舶的数目达到 150 艘时，虽然冲突率仍会增加，但增大的速度会有所减缓，这是因为网络容量已经饱和，时隙数目已经远远不够用，所以此时大于 150 艘船的场景再使用 SOTDMA 协议已经起不到任何作用了，只能通过增加信道的数量来缓解网络负载量，进而降低时隙预约冲突率，这也是 VDES 要增加 ASM 等高速 VHF 信道的主要原因之一。

⑥SOTDMA 与 ISOTDMA 仿真结果对比。400 艘船舶场景下传统 SOTDMA 协议与 ISOTDMA 协议的时隙预约冲突率对比如图 4-12 所示,横轴表示仿真时长,仿真通信总时长为 4h;纵轴表示对应时刻网络总时隙预约冲突率。不难发现,在仿真实验开始的阶段,船舶不是同时开机,而是逐个进入网络,此时网络中的船数较少,只要有冲突产生,那么冲突率会很大,所以时隙冲突率会在很短的时间内激增到一个峰值,然后随着网络中船舶数量的增加并渐渐地稳定在 400 艘时,网络内时隙预约冲突率的波动随之逐渐减小,最终趋于稳定在一个定值。通过 OPNET 仿真可以看出,ISOTDMA 协议的时隙预约冲突率远低于传统 SOTDMA 协议的时隙预约冲突率。

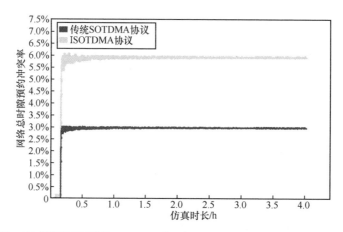

图 4-12　400 艘船场景下传统 SOTDMA 协议与 ISOTDMA 协议的时隙预约冲突率对比

图 4-13 为传统 SOTDMA 协议与 ISOTDMA 协议的时隙预约冲突率对比,其中横轴表示船舶数量,纵轴表示网络总时隙预约冲突率。由图 4-13 可以看出,ISOTDMA 协议的时隙预约冲突率远低于传统 SOTDMA 协议的时隙预约冲突率。冲突率最大落差达到 4.48%。图 4-12 和图 4-13 都证明了 ISOTDMA 协议的网络性能高于传统的 SOTDMA 协议。

2. FBTDMA **协议**

(1)FBTDMA 协议的主要思想

网络中存在两种状态的船舶,一种是预约当前时隙的船舶,另一种是未预约当前时隙的船舶。在当前时隙中，预约该时隙的船舶将准备好的数据包以广播的形式发送，未预约该时隙的船舶在当前时隙侦听信道中处于占用状态，并将时隙的冲突情况记录在本地的 VDES 设备中。在当前帧中，所有船舶依次在自己预约的时隙发送消息，且都在其余时隙保持侦听状态，即侦听并记录每个时隙的冲突情况。在下一帧中，发送消息的船舶除将自己的消息广播出去外，还要广播一个侦听到的上一帧中发生冲突的时隙 ID，每艘发送消息的船舶依次广播单个上一帧中发生冲突的时隙 ID，从而实现冲突时隙的逐个反馈。

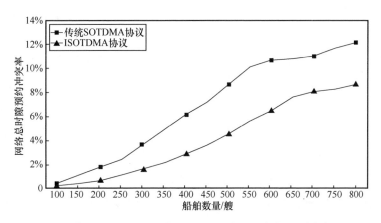

图 4-13　传统 SOTDMA 协议与 ISOTDMA 协议的时隙预约冲突率对比

同样地，预约时隙未到达的船舶继续侦听信道，一方面要再次记录一帧中冲突时隙的 ID，另一方面要将已经反馈完的上一帧中冲突时隙的 ID 从自己的本地 VDES 设备中删除，等到预约时隙到来时再将上一帧中剩余的冲突时隙 ID 随消息广播出去。按照这种方式，网络中的船舶可以将一帧中的所有冲突时隙 ID 依次反馈完毕。并且在一帧中，当冲突时隙的 ID 反馈完毕后，后续的船舶在占用时隙到来时只广播自己所要发送的消息即可。

如果在某一帧中，船舶侦听到其他船舶反馈的冲突时隙 ID 集合中存在自己预约的时隙 ID，那么说明该船占用该时隙发送消息失败，在前一帧中预约该时隙时发生时隙冲突，在下一帧中需要重新预约时隙。同样地，如果在某一帧中，船舶侦听到的冲突时隙 ID 集合中不存在自己预约的时隙 ID，那么说明该船发送消息成功，并在后续帧中持续占用该时隙，直到船舶离开网络停止占用时隙或船舶需要发送不同种类消息时重新预约时隙。

（2）FBTDMA 协议与 SOTDMA 协议的仿真结果对比[25]

① 为了分析 FBTDMA 协议的性能，本节将 SOTDMA 协议与 FBTDMA 协议在每帧时隙冲突率、平均时隙冲突率、信道利用率和成功传输信息量等方面的指标进行对比。其中，每帧的时隙冲突率为每帧中所有发生时隙冲突数与每一帧的时隙总数的比值；平均时隙冲突率定义为在 VDES 协议仿真系统运行的时间范围内，每帧的时隙冲突率的统计平均值；信道利用率表示一帧中船舶有效占用的时隙数与信道总时隙数的比值；成功传输信息量为协议在仿真时长内用于消息传输的有效比特数。

② 仿真场景为船舶随机可分布的海域，船舶保持运动状态不变，均采用全向天线通过 AIS 信道互相直接通信，且信道在没有冲突时可以保证消息的正确传输。在仿真中，为了便于分析协议的性能差异，将 Rr 固定为 10，船舶数量分别为 100、125、150、175 和 200 艘，仿真帧数为 60 帧。

③ 对 SOTDMA 协议与 FBTDMA 协议的仿真结果进行分析。图 4-14 为不同船舶数量时，信道中的时隙冲突率随仿真时长变化的结果。横轴为仿真的时长，即数据帧的个数，船舶数量分别为 100、125、150、175 和 200 艘，纵轴为时隙冲突率。

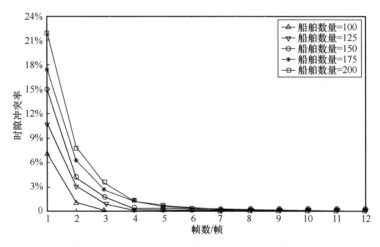

图 4-14　FBTDMA 协议每帧的时隙冲突率随帧数变化

从图 4-14 可以看出在不同船舶数量的情况下，第一帧的时隙冲突率都相对较高。例如：当船舶数量取最小值 100 艘时，时隙冲突率约为 7%；当船舶数量取最大值 200 艘时，时隙冲突率为 22%。而且，在后续的帧数中，时隙冲突率都小于各自第一帧的时隙冲突率。这是由于 FBTDMA 协议的第一帧中船舶预约时隙的方式是随机预约，反馈机制未发生作用，没有船舶反馈时隙的冲突情况，故导致第一帧的时隙冲突率相对较高。

在不同船舶数量下，时隙冲突率均能在几帧到十几帧之间将时隙冲突降为 0。从图 4-14 来看，当船舶数量为 150 时，时隙冲突率从第一帧的 15%，到第二帧的 4.5%依次递减，直到第 10 帧的时候时隙冲突完全消除。这是由于在网络不断运行的过程中，船舶在发送数据包的同时反馈了上一帧中发生冲突的时隙，从而使冲突不断减少，最终所有的船舶都预约到自己的 NTS，并持续占用传输数据。

第一帧的时隙冲突率是反馈机制未起作用的结果，第二帧的冲突率是第一次反馈的结果。可以看出，反馈机制第一次作用就能消除大部分的时隙冲突。以船舶数量为 200 艘为例，第一帧的时隙冲突为 22%，第二次的时隙冲突为 7.8%，降幅达到 64.5%，因此可以说明 FBTDMA 协议可以有效降低时隙冲突。

在仿真系统中设置船舶依次进入网络预约时隙，成功预约时隙后便保持该时隙的占用持续发送数据包。但在实际的船舶自组网中，船舶是动态进入且随时离开的，故此网络中的时隙冲突不会降为 0，而是始终保持一个极低的水平。

图 4-15 为 FBTDMA 协议与 SOTDMA 协议平均时隙冲突率对比，在相同船舶数量下，FBTDMA 协议的平均时隙冲突率要远小于 SOTDMA 协议。例如当船舶数量为 150 艘时，此时 SOTDMA 协议的平均时隙冲突率约为 4.55%，而 FBTDMA 协议的平均时隙冲突率约为 0.36%，可见 FBTDMA 协议降低了网络中的绝大多数时隙冲突。其原因是采用了 SOTDMA 协议的网络，船舶为了减少开销采用 TMO 周期重新预约 NTS，这会造成冲突的不断发生。而 FBTDMA 协议中，由于船舶能够通过反馈的方式得知预约时隙的结果，可以避免冲突造成的持续开销，因此一旦船舶成功预约某个时隙，便持续占用该时隙发送数据包，从而减少不断预约时隙造成的冲突。

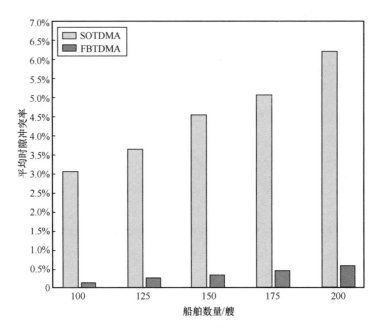

图 4-15　FBTDMA 协议与 SOTDMA 协议平均时隙冲突率对比

　　不论是 SOTDMA 协议还是 FBTDMA 协议，网络中的平均时隙冲突率都随船舶数量的增加依次递增，且 SOTDMA 协议中的平均时隙冲突率的增长幅度远大于FBTDMA 协议。因此 FBTDMA 协议具有更好的稳定性。

　　图 4-16 为 FBTDMA 协议与 SOTDMA 协议信道利用率对比，不论是SOTDMA 协议还是 FBTDMA 协议，信道利用率都随船舶数量的增多依次递增。这是因为随着船数的增加，数据量也逐渐增加，网络中有更多的数据业务需求，因此会需要占用更多的时隙，信道利用率会依次逐渐增加。在不同船舶数量下，FBTDMA 协议的信道利用率均高于 SOTDMA 协议。相比于 SOTDMA 协议，FBTDMA 协议网络中的开销和冲突更少，能够有效传输的数据包数量更多，因此，FBTDMA 协议在网络中的信道利用更高，使信道传输数据包更高效。随着网络的逐渐稳定，FBTDMA 协议的信道利用率会无限趋近于当前情况下可能达到的最高信道利用率，即达到信道中所有数据包均正确传输时的利用率，从而实现可靠传输。

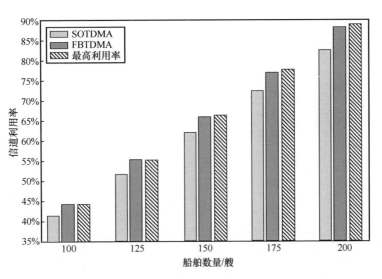

图 4-16　FBTDMA 协议与 SOTDMA 协议信道利用率对比

　　图 4-17 为 FBTDMA 协议与 SOTDMA 协议成功传输比特数对比，FBTDMA 协议与 SOTDMA 协议传输比特数都随船舶数量的增加而增多。由于数据量增加，成功传输的比特数会整体增加，且在仿真运行 1h 的情况下，成功传输的比特数的数量级都达到 10^7。在不同船舶数量下，FBTDMA 协议的成功传输比特数均高于 SOTDMA 协议。例如：在 Rr 为 10 的情况下，当船舶数量为 150 艘时，SOTDMA 协议的成功传输比特数为 $1.41×10^7$，而 FBTDMA 协议的成功传输比特数为 $1.49×10^7$。其原因有两个：一方面是虽然 FBTDMA 协议中拿出 12bit 数据长度用于反馈，有效的数据位较少，但相比之下发生的冲突更少，使得 FBTDMA 协议浪费的时隙数量更少，成功送达的比特数更多；另一方面，FBTDMA 协议没有在所有时隙中牺牲 12bit 的数据长度，当网络中的船舶将上一帧中所有的冲突时隙反馈完毕时，后续的船舶不再继续反馈，划分出用于反馈的时隙长度继续用于发送数据包，避免了不必要的开销。当 Rr 取 20 时，SOTDMA 协议成功传输的比特数呈现先上升后下降的趋势，这是因为当 AIS 信道的容量达到最大时，成功传输的比特数也达到最大值，随后随着数据包数量的增多，冲突不断上升，有效时隙逐渐减少，使成功传输的比特数不断下降。FBTDMA 协议成功传输的比特数呈现先上升后趋于稳定的趋势，这是因为当 AIS 信道的容量达到最大时，成功

预约时隙的船舶持续保持该时隙的占用，不参与时隙竞争，故成功传输的比特数也在达到最大值后保持稳定。

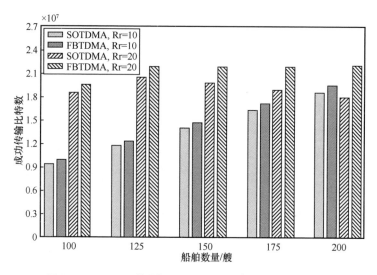

图4-17　FBTDMA协议与SOTDMA协议成功传输比特数对比

4.6　小结

本章首先介绍了 VDES 的研究背景、研究意义以及近几年的发展状况。接着介绍了 VDES 架构中各组成部分的功能、VDES 的频谱划分方案和 VDES 的关键技术，其中包括物理层的调制与解调技术以及 VDES 的时隙层级与结构。最后介绍关于 VDES 的数据链路层协议，同时分别介绍了两种传统的 TDMA 协议，以及近年来改进的 TDMA 协议，并分别对 SOTDMA 协议和 FBTDMA 协议的性能进行了对比。

参考文献

[1]　刘畅. 船舶自动识别系统(AIS)关键技术研究[D]. 大连: 大连海事大学, 2013.

[2]　IALA. Recommendation A-124 APPENDICES 9, 10 & 11 functional description of the AIS service components (AIS-PCU, AIS-LSS & AIS-SM)[Z]. 2012.

[3]　张凌. VDES 海上通信系统多址接入协议研究[D]. 大连: 大连海事大学, 2018.

[4]　伍爱群, 叶曦, 杜璞玉, 等. 海上甚高频数据交换系统(VDES)建设与思考[J]. 科技中国, 2021(4): 67-71.

[5]　黄建霖. VDE-TER 载波同步技术研究[D]. 大连: 大连海事大学, 2018.

[6]　熊雅颖. 海事通信技术新进展: VDES 系统[J]. 卫星应用, 2016(2): 35-40.

[7]　MSC. Development of VHF data exchange system (VDES): MSC 95-INF.12[S]. 2015.

[8]　黄兴忠. ITU－R WP5B 第 7 次会议情况[J]. 电信技术研究, 2012(4): 62-64.

[9]　IMO/ITU. Consideration of the outcome of WRC-15 and preparation of initial advice on a draft IMO position on WRC-19 agenda items concerning matters relating to maritime services: IMO/ITU EG 12-INF.5[S]. 2016.

[10]　王福斋, 胡青, 姚高乐, 等. 甚高频数字交换系统发展现状及推进工作建议[J]. 中国海事, 2021(2): 18-21.

[11]　胡旭, 林彬, 王珍. 基于 VDES 的空天地海通信网络架构与关键技术[J]. 移动通信, 2019, 43(5): 2-8.

[12]　ITU. Technical characteristics for a VHF data exchange system in the VHF maritime mobile band: ITU-R M.2092-0[S]. 2015.

[13]　江衍煊, 张诗永, 陈福金, 等. AIS 信息分析及基于 AIS 的船舶避碰仿真[J]. 航海技术, 2010(2): 43-45.

[14]　ITU. Technical characteristics for a universal shipborne automatic identification system (AIS) using time division multiple access in the VHF maritime mobile band: ITU-R M.1371-4[S]. 2010.

[15]　ITU. Technical characteristics for a VHF data exchange system in the VHF maritime mobile band: ITU-R M.2029-0[S]. 2015.

[16]　孙竹. ASM 基带调制解调算法研究及工程实现[D]. 大连: 大连海事大学, 2017.

[17]　朱文龙. VDES 的调制解调算法与实现研究[D]. 大连: 大连海事大学, 2015.

[18]　ITU. Technical characteristics for a VHF data exchange system in the VHF maritime mobile band: ITU-R M.2029-0[S]. 2015.

[19]　李丽萍. 基于 TDMA 的船载自动识别系统通信性能研究[D]. 天津: 天津理工大学, 2011.

[20]　闫正华. AIS 系统 SOTDM 协议性能研究与仿真[D]. 大连: 大连海事大学, 2015.

[21]　李大军, 姚罡, 常青, 等. SOTDMA 技术应用及其性能分析[J]. 电子技术应用, 2006, 32(2): 126-128.

[22]　李双杨. AIS 时隙复用算法研究与实现[D]. 大连: 大连海事大学, 2017.

[23]　YANG G, ZHOU J L, LUO P C. Slot collision probability analysis of STDMA VHF data link[C]//Proceedings of 2008 International Conference on Information and Automation. Piscataway: IEEE Press, 2008: 1723-1727.

[24]　刘鹏, 谢永锋. AIS 系统中 SOTDMA 协议仿真与分析[J]. 电讯技术, 2010, 50(3): 33-36.

[25]　胡旭. 基于 VDES 的海上船舶自组网接入协议研究[D]. 大连: 大连海事大学, 2020.

第5章

蜂窝网通信在海洋中的应用

目前，5G 移动通信系统已正式投入商用，相较而言，海洋无线通信系统不仅覆盖范围和传输带宽上远远落后于陆地无线通信系统，且其高昂的通信成本使得许多用户难以负担，致使海洋信息化进程无法推进。虽然延伸陆地蜂窝通信系统是提升海洋无线通信能力的一种高性价比方式，然而，由于网络部署环境、天气条件和用户分布等限制，蜂窝通信在海洋的延伸仍局限在海岸线附近的一定范围内，无法真正做到无线通信的"无缝"覆盖。本章简要介绍现有蜂窝通信系统在海洋无线通信场景的应用及关键技术，并进一步讨论基于蜂窝网的海洋无线通信技术发展面临的挑战，以及未来可能的发展方向。

5.1 引言

陆地无线通信自发展以来，经历了 5 次标志性的技术变革，实现了从局部无线模拟语音通信，到陆地范围内的无缝、高速、智能化无线万物互联的技术飞跃。然而，因部署环境和气候条件等限制，海洋无法大规模铺设骨干网络，致使海洋无线网络无法与陆地形成高速无线网络全覆盖，海洋作业用户至今未能获得随时随地的高速无线数据通信保障。目前，支持海上信息传输的无线通信系统由海上无线电通信系统、海洋卫星通信系统和岸基移动通信系统三部分组成[1]，以实现海洋范围内无线通信的基本覆盖，为海岸与船舶、船舶与船舶之间的信息传输提供基本的通信设施保障。与陆基无线通信网络相比，海上无线通信系统传输带宽低、时延高，无法满足现代智慧海洋发展的通信需求。因此，扩大无线通信信号在海洋的覆盖范围、提升海洋无线传输能力、降低海洋无线通信成本，是发展智慧海洋、实现空天地海一体化通信的重点和难点。

目前，依托蜂窝网等通信技术，陆地无线通信系统已经实现技术上的广域覆盖及高移动性下的百兆比特每秒的通信[2]。由于价格低廉，陆地蜂窝无线通信系统不仅能够满足人类日常通信需求，更是作为城市智慧化发展的重要通信基础。不仅如此，蜂窝网技术也被广泛应用于岸/岛基移动通信系统，实现了一定海洋区域内的宽带无线覆盖。岸基移动通信系统主要通过岸上蜂窝基站的无线信号覆盖，将海岸线边的海洋作业用户接入陆地骨干网络，提供最高上行几十兆比特每秒、下行近百兆比特每秒的宽带数据传输环境[1]。不过，这种由岸上蜂窝基站发射的无线电磁波产生的网络覆盖，其传输性能会因为传播距离的延长而迅速衰减，加上海面气候环境的影响，岸基无线通信网络仅能为岸线方圆百千米以内的用户提供宽带数据传输业务。远海或远洋海域作业用户的基本通信需求仍由海上无线电通信系统和海上卫星通信系统共同保障。然而，海上无线通信系统虽成本低廉，但因频带资源受限，仅能满足窄带数据通信，且因其通信距离亦受限，无法实现全球海域的通信覆盖。相反，海上卫星通信系统能够弥补无线电信号不可到达的海上通信"盲点"，提供全海域、全天候、稳定可靠的宽带数据传输服务，但是，卫星通信成本高，很难成为海上宽带数据传输的主流通信系统。

纵然海域幅员辽阔，人类在海洋的大部分活动区域仍主要集中在长约 356000km 的海岸线附近[3]。平行于海岸线的航道分为离岸 10km 的近航线、30km 的中航线和超过 50km 的国际航线。就现有陆地无线通信系统的覆盖能力和传输能力来看，将陆地蜂窝系统的接入范围向海域进一步延伸，借助先进的陆地无线通信技术优势，扩大航线范围内无线覆盖、提升其通信能力，是一种技术上可行且符合经济效益的方案。借助陆地蜂窝通信技术构建新型近海无线系统大有益处，第一，一些已有的蜂窝通信的基础设施和技术可以直接使用，节省了新技术开发的成本并缩短了周期；第二，新研发的蜂窝通信技术可以不断地提升系统性能、降低系统构造成本[3]。从长远来看，借助陆地无线通信技术提升海洋通信能力，能够丰富智慧海洋通信服务应用场景，使遥控无人运输、无人船勘探等智慧海洋应用场景的实现成为可能。

不过，海洋网络部署环境毕竟与陆地环境不同，蜂窝通信技术的应用也需因地制宜。海面无线覆盖场景的特点是地形简单、区域辽阔，适合部署蜂窝基站的区域包括沿岸、离岸岛屿等，这些区域地势平坦开阔、人口比较分散，无线信号以视距为主。从信号传输环境看，海面水文地理环境等使无线电波的通信衰减较陆地更严重，网络覆盖方案必须考虑实际环境对信号传输范围和强度的影响，必要时需要增加中继路由或者其他类型的通信系统作为补充。从通信特点看，由于用户密度低，基站周围话务量无明显变化，热点地区不明显，系统容量压力不高，因此，目前首要的问题集中在提供稳定的宽带覆盖。现有的岸基通信覆盖方案，例如基于无线局域网技术的全球微波接入互操作性（World Interoperability for Microwave Access，WiMAX）、基于蜂窝技术的长期演进（Long Term Evolution，LTE）的海洋无线通信系统等，理论上能够支持近海岸百千米内的兆比特每秒的无线通信数据率，但是在实际应用中，由于部署基站数量、位置等因素限制，其信号稳定覆盖的区域远无法达到理论标准[4]。因此，无论是实际需求还是现有技术基础，借助陆地蜂窝移动通信技术，研发更持续稳定、价格低廉的宽带无线信号覆盖的海洋无线通信，都极具价值。本章将在现有基于蜂窝通信的近海无线通信系统发展的基础上，结合先进蜂窝通信技术，进一步探讨新型近海无线通信网络发展所面临的挑战。

5.2　蜂窝网技术在海洋通信中的应用

蜂窝网技术的主要应用是通过在沿岸、岛屿或海上平台部署蜂窝基站、中继节点等实现无线信号覆盖，使沿岸海上通信节点可以通过蜂窝基站或接入点等通信基础设施与陆基骨干网络连通，并实现数据交换。换句话说，岸/岛基无线通信系统的主要作用是完成近岸海上通信节点和骨干网络"最后一千米"的端到端互联[5]。以下将从覆盖能力、传输带宽、可靠性和成本这几个方面出发，阐述现有以蜂窝网技术研发为基础的海上无线通信系统的技术特点及应用方案。

5.2.1　基于 LTE 系统的岸基无线接入方案

LTE 系统在陆地 4G 移动蜂窝通信标准中的统治地位使得近海移动通信的研究重点逐步聚焦到 LTE 技术。LTE 系统分为频分双工长期演进（Frequency-Division Duplex LTE，FDD-LTE）和时分双工长期演进（Time-Division Duplex LTE，TDD-LTE）两种传输制式，两者的区别在于实现双向传输的资源划分方式不同，前者将上下行信道划分在成对的频谱上，后者则是划分在不同的时间片上。由于两种制式的双工资源划分有差异，在应用于陆地覆盖时，TDD-LTE 更容易获得高频对称频率资源以支持高速通信场景（如流媒体业务等），因而被广泛应用于 4G 高速数据覆盖。相对地，对于用户低密度、热点区域不明显的沿岸通信环境，TDD-LTE 及 FDD-LTE 的理论覆盖范围能够达到 100km 以上[6]。此外，LTE 系统的远距离覆盖主要为视距传播场景，其实际覆盖范围与部署基站位置、无线传输环境、天线悬挂高度、基站发射功率、终端接收灵敏度等密切相关。因此，基于 LTE 系统的岸基无线接入方案需注重研究基站部署方案和资源分配，并常通过与中继节点技术、大规模天线技术、卫星技术等结合以达到稳定覆盖的目的，相比 WiMAX 系统，其部署成本略高，同时也能获得更高的传输带宽。LTE 系统已在陆地无线网络大规模商用，因而不少国家和地区开发了基于 LTE 系统的岸基无线接入方案。

LTE-Maritime 项目是韩国于 2019 年进行的海洋无线通信网络项目，该项目以 LTE 为基础，结合多天线和杂波聚合等先进技术，实现海上覆盖通信网，并达到高速率传输的目的。考虑可靠性、传输速率和服务成本等因素，LTE-Maritime 将近海区域分为 30km 内和 30～100km 两种范围，在 30km 范围内的海上用户可以直接与岸上基站进行可靠通信，其上行和下行速率可分别达到 3Mbit/s 和 6Mbit/s；在 30～100km 范围内的海上用户可以借助 LTE-Maritime 路由器，获得上行和下行速率分别为 1Mbit/s 和 3Mbit/s 的可靠数据传输服务[6]。

为了进一步拓宽海域通信覆盖，挪威提出了无线沿海区域网络（Wireless Coastal Area Network，WiCAN），该技术在近海区域依靠 LTE 基站实现无线覆盖，远海区域采用卫星通信实现覆盖。虽然此方案能保证在 100km 范围内的用户高达 800MHz

的宽带通信需求，但实际上远海的通信覆盖仍是通过卫星通信实现的，此方案因成本高昂而未被大规模应用[7]。

5.2.2　基于大规模天线阵列技术的速率提升方案

大规模天线阵列（Massive Multiple-Input Multiple-Output，Massive MIMO）技术是 5G 关键技术，被认为是增强陆地蜂窝接入能力、提升数据传输速率的重要技术。具体而言，大规模天线阵列技术是一种为通信系统的发射和接收双方都配置十至上百副天线的一种无线通信技术，通过精心设计的各种发射、接收处理技术，大规模天线阵列技术可以充分利用空间自由度以获得显著的空间分集、空间复用和波束成形增益，从而显著提高无线系统的覆盖范围和系统容量等。有学者认为，通过在沿岸、岛礁或者海上浮台上设置高塔来部署 Massive MIMO，可改善海洋无线通信系统容量，促进高带宽海洋应用场景的发展。不过，Massive MIMO 工作在高频，无法在支持高传输速率的同时满足近海广覆盖的要求，目前仅能支持特定高速率场景应用，2018 年在日本举办的世界杯帆船赛中，使用 28GHz 频段的 Massive MIMO 进行岸基 5G 通信，速率达 1Gbit/s，实现了实时 4K 视频直播观看服务，但覆盖范围仅百米左右[8]。

5.2.3　基于中继技术的海基无线通信系统

与岸基无线通信系统不同,海面上没有稳定的地方可以用来部署网络基础设施，但却拥有大量通信节点，如海上船舶、浮标等。在这种情况下，需要借助不依赖预先建立基础设施的网络建立海基无线通信系统，借助将海上船舶、浮标等作为通信中继来拓宽沿岸无线基站覆盖范围的技术[5]。基于中继技术的海基无线通信系统无须预先进行网络部署，网络中的通信节点可选择多跳链路进行中继，海上船舶接入点或岛屿上部署的无线基站可作为岸上无线基站的中继节点，以扩展岸基无线通信系统的覆盖范围和吞吐量。相比卫星技术，海基无线通信系统的覆盖范围虽有限，但通信成本低廉。目前，无线自组网（Wireless Ad-Hoc Network，WANET[9]）、无线网状网（Wireless Mesh Network，WMN）[10]等在海洋中的应用被广泛研究。这些网络结构大多具有自组织性和自愈能力，能够快捷部署，适合动态海洋网络环境[11]。

文献[12]利用 WiMAX 系统支持点到多点通信模式的优势，结合无线网状网技术，借助海上船舶接入点等作为通信中继节点，以多跳方式实现拓展岸基无线信号覆盖，优化网络吞吐量性能。新加坡 TRITON 项目[7]通过无线网状网将海岸上固定的基站、附近的船舶、海洋灯塔和浮标连接成一个无线多条网络，在近海区域采用 WiMAX 技术，由岸基网络直接覆盖，而在远海区域借助船舶作为通信节点，实现船舶之间的信息存储和交互并进行通信。由于 TRITON 网络的主要覆盖范围靠近繁忙的海岸线与狭窄航道区域，因而可以利用环境优势将覆盖范围扩大到 27km，并能提供 6Mbit/s 的宽带通信服务。MariComm 项目[13]是由挪威 Marintek 提出的一种基于 WiMAX 和 LTE 的无线异构多跳中继网络，通过多跳中继技术和网状网络扩展无线通信的覆盖范围。目前，基于中继技术的海基无线通信系统大多借助船舶等海上平台作为中继来扩大覆盖范围，陆地与海面中继站间建立的链路决定对海上作业用户的覆盖情况，因而这种无线信号覆盖方式对中继站分布和密度有一定的要求。

5.3　蜂窝通信先进技术在海洋通信网络中的应用可能

现有针对海洋通信网络的研究主要聚焦在扩大无线信号的海上覆盖范围、提升传输可靠性和带宽、降低成本等方面。事实上，目前海洋无线通信技术大多面向应用场景研发，通信技术种类广泛，存在设备兼容性差和不易管理等问题。因此，未来海洋无线通信技术的研发不仅仍需要关注无线通信网络在海洋范围内的性能提升，还需考虑不同通信技术和标准的融合及管理能力。本节将介绍蜂窝通信先进技术在海洋通信网络中的应用前景，其中包括窄带物联网（Narrowband Internet of Things，NB-IoT）、D2D（ Device-to-Device ）通信技术、软件定义网络（ Software Defined Network，SDN ）和网络切片技术。

5.3.1　窄带物联网

窄带物联网是 3GPP 指定的一种基于 LTE 发展的低速率广域网技术[14]，开发初期主要针对陆地物联网低速率业务（如抄表类业务等）[15]，并随着技术发展成熟，支持智慧交通、环境实时监测、物流管理和家居设备智能化管理等应用。与其他类型的陆地无线信号覆盖不同，针对低速物联业务的 NB-IoT 信号覆盖能力强、容量高、设备功耗低且成本低。具体来说，相比传统 GSM 网络，一个 NB-IoT 基站可以提供 10 倍的覆盖面积，TR45.820 标准规定上/下行至少支持 160kbit/s 中速率的预期目标要求；典型业务下仿真测试结果表明，NB-IoT 单小区可支持 5 万个终端接入；设备模组成本小于 5 美元。

海面上部署有大量浮标、传感器等通信节点以满足海上探测等需求，这些节点每隔一段时间需要将收集到的数据信息向岸传输，目前主要依靠 GPRS、卫星、无线局域网等方式完成对岸的数据传输。考虑到 NB-IoT 系统广覆盖、大连接、设备低功耗、模块低成本等优点，可以利用其实现海上传感节点的覆盖或船联网的部署，以提高对通信节点或船只的监管效率。文献[16]研究了 NB-IoT 系统在海洋环境中的信号强度与质量，阐述了 NB-IoT 技术对海事低速率数据通信应用技术开发的潜在影响。文献[17]将 NB-IoT 系统应用于近岸货运船只集装箱定位场景，分析 3 种不同链路场景下信号覆盖、数据报丢失概率和时延性能，其中 3 种链路场景分别为：货船传感器–岸基基站直连链路通信、货船传感器–两跳中继节点–岸基基站链路通信、货船传感器–单无人机–岸基基站链路通信。文献[18]设计并实验了一种基于 NB-IoT 系统的浮标信号收集通信模块，该模块兼容 GPS 和 NB-IoT，实验表明，该模块可以实现低功耗、高稳定性的浮标、航标数据信号收集。

NB-IoT 系统部署灵活、成本低、容量高，但为了实现高可靠的广域覆盖，该系统在数据收集过程中可能存在多次重传实现，因此具有高时延特性。从功耗角度看，NB-IoT 不支持动态移动性管理，其设备需要具备较长网络生存周期[18-19]。因此，NB-IoT 技术更适合应用在传感器位置移动性不大、传输的瞬时数据量小却具有周期性的定位数据、环境探测数据等的收集。

5.3.2　D2D 通信技术

D2D 技术指两个对等的通信节点在一定距离范围内直接进行通信。由于不需要通过基站接入核心网而直接实现信息传输，D2D 技术可以在一定范围内减少基站负荷，实现通信。与蜂窝网相比，D2D 通信仅占用一般的频谱资源，若距离较近的用户使用 D2D 进行通信，可以有效减小传输功率，节约能耗。因此，在陆地无线通信系统中，D2D 技术常被作为蜂窝网覆盖下的流量补充，以缓解基站短期高载荷，保障短期大流量通信需求。

D2D 技术在海洋通信的应用前景巨大。从通信环境来看，海洋地势平坦开阔，通信需求存在突发性，适合 D2D 通信应用。无线信号在海洋中通常是视距传输，在距离合适的两个通信节点处部署两根指向彼此的定向天线，理论上可以支持 D2D 通信。不过，D2D 通信设备的天线必须在彼此的视距范围内，可以通过在两侧尽可能高地安装天线来扩大通信范围，但此高度最终会受地球表面曲率的限制[20]。从通信资源分配角度来看，海上频谱资源稀缺，存在大量依靠电池供电的通信节点。若在符合条件的节点间利用 D2D 直接通信，那么无须通过核心网即可完成两者间的信息传输，可以有效减少频谱消耗、节点能耗和传输时延，提高传输效率。未来，可将 D2D 技术应用于相距较远的船舶之间提升海上通信性能，也可作为中继节点来间接扩大通信的覆盖范围[21]。

5.3.3　软件定义网络

软件定义网络主要立足于将基于软件的控制平台从硬件的数据平面中解耦，从而实现网络的灵活控制，使网络的管理更加智能。目前通用的基本 SDN 模型包含 3 层，即应用层、控制层和数据层。与传统的网络架构相比，SDN 有以下 3 个特点：第一，SND 将控制平面与数据平面解耦合，将控制和数据分离，方便灵活部署和控制；第二，SDN 开放数据面和控制面的可编程接口，使得其控制信令能进行交互，解决了当前移动网络升级耗时过长的问题，此外，同样的数据对应不同的应用开发的控制管理，便于多种新兴技术和接入网络的协作和弹性部署；第三，SDN 支持几种的控制逻辑和全局化的网络视图，全局的网络视图有利于获取全局的网络状态信息，几种控制逻辑可使资源管理更加有效。

海洋中的通信技术种类广泛，存在设备兼容性差和不易管理等问题，需要可以兼容各种通信接口的控制平台。将 SDN 技术应用于海洋无线通信应用中，可以将传统网络架构下的海洋无线通信系统转变为基于软件、面向服务的可编程网络[22]。文献[23]将 SDN 技术与水声传感网络结合，提出一种时延敏感的时空路由机制，通过 SDN 提升对分布式网络的控制能力。文献[24]将 SDN 应用于海事异构网络，并结合雾计算，实现了海事监控、救援、船只在线管理等多种应用相结合的海事智能传输系统。

5.3.4　网络切片技术

正如之前提到的，海洋通信网络在基础设施的选址、部署等环节都会受到海洋自然条件的限制。随着海洋业务多样化发展，如何通过有限的、共同的基础通信设施为不同业务按需提供网络服务是海洋通信网络急须解决的难题。网络切片技术可以通过不同业务需求实现网络资源的灵活调度和按需配置，是未来海洋无线网络的关键技术之一[5]。将网络切片技术应用于海洋互联网通信场景，可以根据海洋场景下的不同业务需求进行网络资源的按需编排和网络功能的灵活剪裁。具体来说，在切片前首先获取海洋通信业务的流量、时延等特征，完成业务特征到服务级别的映射，进而按照服务级别选择合适的切片。网络切片的简单思路是预先指定业务类型与切片的对应关系。此方法适用于静态业务，确保所分配的切片可以满足特定业务的需求，但对于海洋场景这种容易产生突发业务的通信环境而言不够灵活和精细，无法实现整个系统效能的最大化[25]。因此，应用于海洋场景通信的网络切片技术应尽力弱化业务特征、服务级别和切片类型之间的固定关系[25]。

网络切片技术涉及接入网、承载网和核心网，包括对整个端到端网络中无线域、存储域和计算域资源的调度，将边缘计算、动态频谱共享及 Massive MIMO 等技术融入网络切片的实现过程中，可以优化对计算、频谱、空间等特定资源的分配，从而进一步增强系统的资源管控能力[26]。具体地，在海上救援和侦察等任务中，无人机往往需要进行长时间作业，并且保证图像、视频等数据的实时传输。受限于自身体积和能量，单个无人机节点的数据处理能力非常有限，此时利用边缘计算技术将其计算任务卸载到周围空闲的无人机或专门的分布式数据处理单元，可以通过对计算资源的高效利用满足无人机数据传输低功耗和低时延的需求[26]。在智能化的海上油气开采等海洋业务中，无线网络需要利用有限的带宽支持海量设备的接入，频谱所有者独占使用权的传统频谱分配方式难以满足要求。在此场景中利用频谱感知、接入控制和共享管理等技术实现动态频谱共享，对频谱占有权和使用权进行分离[27]，可以灵活调配用户的可用频谱，提高频谱资源利用率。在海上浮标或者岛礁上，能够用来部署基础设施的空间非常有限，当提供网络服务的基站数量较少时，在基站上部署大规模或超大规模的天线阵列可以充分利用空间自由度，通过显著的波束增益扩大系统容量和覆盖范围[26]。

5.4　小结

随着国家海洋强国战略的实施，海洋通信需求不仅要聚焦广覆盖、大带宽、低成本，更应关注技术持续可发展能力和智能化应用发展需求。本章主要从未来海洋通信需求出发，通过阐述和分析蜂窝网技术在现有海洋无线通信系统中的应用情况，讨论先进蜂窝通信技术在未来海洋无线通信应用发展的可能性。

参考文献

[1] CHIANG M, ZHANG T. Fog and IoT: an overview of research opportunities[J]. IEEE Internet of Things Journal, 2016, 3(6): 854-864.

[2] BI Q. Ten trends in the cellular industry and an outlook on 6G[J]. IEEE Communications Magazine, 2019, 57(12): 31-36.

[3] JIANG S M. A possible development of marine Internet: a large scale heterogeneous wireless network[C]//Proceedings of the International Conference on Next Generation Wired/Wireless Networking. [S.l.:s.n.], 2015: 26-28.

[4] DU J, SONG J, REN Y, et al. Convergence of broadband and broadcast/multicast in maritime information networks[J]. Tsinghua Science and Technology, 2021, 26(5): 592-607.

[5] JIANG S M. Networking in oceans[J]. ACM Computing Surveys, 2022, 54(1): 1-33.

[6] JO S W, SHIM W S. LTE-maritime: high-speed maritime wireless communication based on LTE technology[J]. IEEE Access, 2019(7): 53172-53181.

[7] RØSTE T, YANG K, BEKKADAL F. Coastal coverage for maritime broadband communications[C]//Proceedings of 2013 MTS/IEEE OCEANS - Bergen. Piscataway: IEEE Press, 2013: 1-8.

[8] MASHINO J, TATEISHI K, MURAOKA K, et al. Maritime 5G experiment in windsurfing

world cup by using 28 GHz band massive MIMO[C]//Proceedings of 2018 IEEE 29th Annual International Symposium on Personal, Indoor and Mobile Radio Communications. Piscataway: IEEE Press, 2018: 1134-1135.

[9] SENGUL C, VIANA A C, ZIVIANI A. A survey of adaptive services to cope with dynamics in wireless self-organizing networks[J]. ACM Computing Surveys, 2012, 44(4): 1-35.

[10] HOSSAIN E, LEUNG K. Wireless mesh networks: architectures and protocols[M]. New York: Springer Science & Business Media, 2007.

[11] JIANG S M. Marine Internet for internetworking in oceans: a tutorial[J]. Future Internet, 2019, 11(7): 146.

[12] ZHOU M T, HARADA H. Cognitive maritime wireless mesh/as hoc networks[J]. Journal of Network and Computer Applications, 2012, 35(2): 518-526.

[13] RAO S N, RAJ D, PARTHASARATHY V, et al. A novel solution for high speed Internet over the oceans[C]//Proceedings of IEEE INFOCOM 2018 - IEEE Conference on Computer Communications Workshops. Piscataway: IEEE Press, 2018: 906-912.

[14] 3GPP. Study on architecture enhancements of cellular Internet of things (Release 13): 3rd Generation Partnership Project: TR 23.720[S]. 2016.

[15] 曹钟慧. 运营商角度的物联网技术发展应用浅析[J]. 移动通信, 2016, 40(15): 30-35.

[16] MALARSKI K M, BARDRAM A, LARSEN M D, et al. Demonstration of NB-IoT for maritime use cases[C]//Proceedings of 2018 9th International Conference on the Network of the Future (NOF). Piscataway: IEEE Press, 2018: 106-108.

[17] KAVURI S, MOLTCHANOV D, OMETOV A, et al. Performance analysis of onshore NB-IoT for container tracking during near-the-shore vessel navigation[J]. IEEE Internet of Things Journal, 2020, 7(4): 2928-2943.

[18] SONG Y, KHAN S, XING C X, et al. Design and realization of a buoy for ocean acoustic tomography in coastal sea based on NB-IoT technology[C]//Proceedings of OCEANS 2019 - Marseille. Piscataway: IEEE Press, 2019: 1-4.

[19] 3GPP. Cellular system support for ultra-low complexity and low throughput cellular Internet of things: 3rd Generation Partnership Project: TR 45.820[S]. 2015.

[20] ROBINSON L, NEWE T, BURKE J, et al. High bandwidth maritime communication systems–review of existing solutions and new proposals[C]//Proceedings of 2018 2nd URSI Atlantic Radio Science Meeting (AT-RASC). Piscataway: IEEE Press, 2018: 1-3.

[21] LIU C, LI Y B, JIANG R B, et al. OceanNet: a low-cost large-scale maritime communication architecture based on D2D communication technology[C]//Proceedings of ACM TURC'19: Proceedings of the ACM Turing Celebration Conference. New York: ACM Press, 2019: 1-6.

[22] BI Y G, LIN C, ZHOU H B, et al. Time-constrained big data transfer for SDN-enabled smart city[J]. IEEE Communications Magazine, 2017, 55(12): 44-50.

[23] LIN C, HAN G J, GUIZANI M, et al. A scheme for delay-sensitive spatiotemporal routing in SDN-enabled underwater acoustic sensor networks[J]. IEEE Transactions on Vehicular Technology, 2019, 68(9): 9280-9292.

[24] YANG T T, WANG R, CUI Z Q, et al. Multi-attribute selection of maritime heterogenous networks based on SDN and fog computing architecture[C]//Proceedings of 2018 16th International Symposium on Modeling and Optimization in Mobile, Ad Hoc, and Wireless Networks (WiOpt). Piscataway: IEEE Press, 2018: 1-6.

[25] BORCOCI E, DRĂGULINESCU A M, LI F Y, et al. An overview of 5G slicing operational business models for Internet of vehicles, maritime IoT applications and connectivity solutions[J]. IEEE Access, 2021(9): 156624-156646.

[26] 张海君, 苏仁伟, 唐斌, 等. 未来海洋通信网络架构与关键技术[J]. 无线电通信技术, 2021, 47(4): 384-391.

[27] BALAPUWADUGE I A M, LI F Y, PLA V. Dynamic spectrum reservation for CR networks in the presence of channel failures: channel allocation and reliability analysis[J]. IEEE Transactions on Wireless Communications, 2018, 17(2): 882-898.

第6章

海上水面通信组网技术

随着海洋经济的快速发展以及海洋活动越来越频繁，海上船舶通信在定位、调度、管理优化等多个方面的重要性得以充分展现[1]。但由于海洋远离陆地、环境相对复杂、施工难度很大，海上固定无线通信基础设施缺乏，船舶的位置会因风浪、海流等环境影响而发生改变，无法像在陆地上一样使用固定的基于测量距离的定位方法[2]，这导致海上无线通信的发展远远落后于地面移动通信的发展[3]。随着移动通信的快速发展，服务需求增加，应用于海上的常规通信网络已经不能满足如今海事事务日益增长的需求[4-5]，因此迫切需要一种使用便捷、性能高效可靠且性价比相对合理的海洋互联网[6]。在这种情况下，寻找更加适合海上船舶的无线移动通信网络变得十分重要。

无线自组网（Wireless Ad-Hoc Network，WANET）所具有的一些区别于常规网络的特性，如能够自动组建网络、对现有的网络基础设施没有太多依赖性、面对恶劣条件情况也依然能保持正常工作等[7]，十分契合于在海上移动通信中无固定基础通信设施、船只更多的是一直处于移动状态的特点。而且将无线自组网技术应用于海上船舶通信的优势在于利用无线自组网通信来监视和报告船位不需要特别高速的数据传输就能支撑起一个大的网络时延限度[8]。

近年来，无线自组网在军事和民事等多方面展现了其应用价值与研究意义，其灵活性和可扩展性能够在多种场合满足需要，因其独特性而具有十分广阔的应用发展前景[9-10]。面对海上无线移动通信的迫切需要，将无线自组网技术运用到海上无线通信系统，是实现数据传输高效可靠、低成本、低能耗的海上船舶无线通信的有效途径。

6.1　概述

目前，由海事卫星和单边短波（Single Sideband，SSB）、甚高频（Very High Frequency，VHF）、岸基移动通信系统组成的海上无线通信系统已在海洋通信中普遍使用，但其存在通信费用高、通信效率低、通信质量差及距离受限等问题，随着海洋经济的发展、海洋活动的日益频繁，现有的海上通信手段已无法满足海上用户的需求。无线自组网是一种特殊的分布式无线通信网络，其不依赖于预设的通信基础设施，具有多跳、无中心、自组织、可扩展性、强抗毁性等特性。将 WANET 引入海上通信网络系统可以提高网络通信性能，满足海上用户不断增长的宽带通信业务需求。且智能浮标等近海中继通信设施以及无人艇和无人机等应急通信设施的加入，使动态的海洋通信网络环境变得更加复杂，而由早期无线自组网衍生而来的无线网状网（Wireless Mesh Network，WMN）[11]和机会网络（Opportunistic Network）[12]因其自身特性很好地解决了复杂的海上组网问题，尤其适合于对网络安全有较高要求的海上应急通信等场景。本节将详细介绍自组织网络的一些基本概念、特性和常用的海洋通信自组网协议及其在海上通信中的应用。

6.1.1　自组织网络基本概念

20 世纪 90 年代末，美国军事应用方面需要一种能够快速展开并且不会被轻易破坏的、用于战争通信的网络系统，这种情况下，无线自组网在分组无线网的研究基础之上应运而生。移动自组网（Mobile Ad-Hoc Network，MANET）所属类别为移动通信网络，是一种移动通信技术与计算机网络两者彼此结合得来的网络[9-10]。

与常规无线通信网络必须依赖于基础设施且大多为集中式网络不同，无线自组网是由一组兼具路由功能的移动节点组成的无固定架构的多跳分布式网络。无线自组网的每个移动节点既是终端又是路由，节点间相互对等，其中无法直接通信的节点可以通过其他节点的分组转发实现数据通信。即使通信节点的随机增减和移动引起网络拓扑结构不断变化，无线自组网也能够实现快速、高效、灵活地组网。

随着应用需求不断提高，在早期无线自组网的基础上衍生出的无线网状网（WMN）解决了 Ad-Hoc 网络中的安全问题，比之前有更好的网络性能[11]。WMN由 Mesh 客户端（Mesh Client）和 Mesh 路由器（Mesh Router）组成：Mesh 路由器一般不具有移动性，其组成无线 Mesh 骨干网（Wireless Mesh Backbone Network）为 Mesh 客户端提供 Internet 连接，且 Mesh 路由器常常配置有多种无线通信接口，可将 Mesh 网络和蜂窝网、传感网等其他网络功能融合到一起形成动态可扩展的网络架构；Mesh 客户端不一定是移动的，但其和 Ad-Hoc 移动节点一样可以自行转发组成 Mesh 网络或者通过 Mesh 路由实现数据通信。

而机会网络衍生于容迟网络（Delay Tolerant Network，DTN）和 MANET。区别于传统的多跳网络，机会网络中源节点和目标节点之间不一定存在一条完整的路径，其通过"存储—携带—转发"的路由模式利用移动带来的通信机会实现数据的逐跳传输。因此，机会网络能够解决现有无线网络技术难以处理的网络分裂、时延等问题，满足恶劣条件下的低成本控制网络需求，尤其适用于缺乏通信基础设施、通信环境恶劣以及具有应急突发网络通信需求的场景。在实际海洋通信环境中，因船舶节点移动性和海上通信网络的稀疏性，海上通信网络大部分时间是不连通的，海上 Mesh 网络中的数据传输通常基于机会网络和容迟网络实现。

6.1.2　自组织网络通信特点

（1）Ad-Hoc 网络具有很强的独立组网能力，节点开机后即可快速、自动地组成一个独立的网络，有如下网络特点[9-10]。

① 无中心的自组织网络，Ad-Hoc 网络采用分布式算法，每个节点既可作为终端，也可作为路由器，所有节点的地位平等，一起构成一个对等式网络，因此网络不受单个节点的影响且具有很强的抗毁性。

② 动态变化的网络拓扑，Ad-Hoc 网络中的移动节点能够自由、随机地移动，任意地加入或者退出网络，引起网络拓扑结构不断发生变化且不可预测。

③ 受限的无线传输带宽，Ad-Hoc 网络通常使用全球无须许可的 ISM（Industrial Scientific and Medical）频带进行无线通信，网络拓扑的频繁变动使竞争共享信道中冲突不断，加上无线信道信号衰减、干扰及噪声的影响，Ad-Hoc 网络的

无线传输带宽受限。

④ 安全性差，容易被窃听、入侵，Ad-Hoc 网络不依赖于基础设施，也没有专用的核心网元（如路由器），仅由终端节点实现数据的中继转发，这导致在网络层进行数据转发的节点容易受到网络攻击，造成网络安全威胁。

⑤ 无线多跳路由方式，由于节点发射功率的限制，通信双方往往不在通信范围之内，这就需要其他无线节点进行中转，因此需要使用多跳路由。接收端和发送端可使用比两者直接通信小得多的功率进行通信，因此节省了能量消耗；通过中间节点参与分组转发，能够有效降低无线传输设备的设计难度和成本，同时扩大了自组网的覆盖范围。

⑥ 存在单向信道，常规通信网络中节点通常是基于双向传输信道通信的，但是Ad-Hoc 网络节点受无线发射功率和地形环境的影响会产生单向信道，对网络路由造成很大影响。

⑦ 采用空间复用的信道共享方式，Ad-Hoc 网络中多对节点可通过频率的空间复用实现同时通信，以提高网络的总吞吐量。

（2）无线 Mesh 网络也称为"多跳（Multi-Hop）网络"，由无线 Ad-Hoc 网络发展而来，除具有 Ad-Hoc 网络的优点之外，还有着自身更多的优势。

① 频谱效率高。

② 网络覆盖范围增大。

③ 可扩展性强。

④ 可靠性强。

无线 Mesh 网络比 Ad-Hoc 网络有更高的安全性和稳定性，因此在注重网络组网安全的场景，比如应急救援通信和远距离户外通信等，无线 Mesh 网络技术的优势日益凸显。

（3）海上无线自组网有以下特点。

① 无中心快速组网。无线设备启动之后能够自动快速地对周围通信范围内的其他设备进行搜索查找，并不需要提前进行规划和配置就能够自动组建完整的网络。一旦有新节点进入通信范围并接入网络，新接入的设备就能采用直接连接或中间节点跳转的方式融入原有的通信网络，组合成更庞大的网络，由于无须基站等集

中设备作为中心控制节点，各节点地位相等，因此网络的正常工作不会因某节点变化而受到很大影响。

② 网络传输十分可靠。网络节点能够十分灵活地按需配置不同频率，因此即便在遭遇到各种复杂多变的环境情况时，船舶无线移动自组网仍然能够继续保持相对正常的通信，以保障各种信息交流工作与数据传输业务的实现。若网络节点因为各种情况无法使用，网络会通过重新查找并选择使用一条新链路来实现数据的传送，以此保障通信事务能够正常运行。

③ 网络扩展简单方便。新的无线网络设备能够很容易地直接接入原有的无线移动网络。当无线移动网络中的某个网络节点由于运动超出网络覆盖范围时，还可以通过借助其他网络节点作为中间节点的方法，以跳转接入方式连接到原无线移动网络。

6.1.3　自组织网络在海洋通信中的应用

近年来海上通信由于环境影响，发展相对缓慢，目前还依旧处于层次较低的阶段，远远落后于陆地通信系统的发展。随着通信硬件和通信技术的快速发展，海洋通信的通信手段不断丰富，形成了空天地海一体化通信网络体系[5-6,13-14]。海洋通信手段的多样化使自组织网络在海洋通信中有了更多的应用场景。相比于同样不太依赖基础通信设施的卫星通信，船舶无线自组网有着造价更低的优势，因而被寄予厚望，尤其在船舶、无人船、海上无人机组网方面，无线自组网因其快速、灵活组网的优点被广泛使用。我们希望找到一种各方面都更适合的移动无线自组网来解决海上通信网络问题，但目前的海上无线自组网只能是针对某些场景而做的相应的设计，没有任何一个路由协议能够广泛运用于各种场景并保持很高的性能，在其应用方面仍未发展成熟。

海上通信网络中自组织网络和 Mesh 网络均可以实现快速、高效、便捷地自动组网，区别在于海上移动自组网（Maritime MANET）的节点移动性更强，可以随机、任意地移动，更加适合远离海岸、没有通信设施的场景，网内的移动节点间可实现数据流通信，包括语音、数据和多媒体信息；而海上无线网状网（Maritime WMN）的移动性弱于 Maritime MANET，更适用于近海通信场景，通过配置了多种通信功能的浮标、灯塔、船舶等和岸基通信系统协作组网，实现与 Internet 的多跳网络连接[13-14]。但无论是 Maritime MANET 还是 Maritime WMN 均可利用 AIS 获取船舶的位置和速度等信息，从而进一步提高网络性能。

当海上无线 Mesh 网络中节点分布太稀疏时，源节点和目标节点间无法保证一直有完整的通信连接，则网络成为海上机会网络（Maritime Opportunistic Network），或称为海上无线通信容迟网络（Maritime Wireless Communication Delay Tolerant Network，MWDTN）。在 MWDTN 中节点的移动造成连接中断和连接机会，RAR（Replication Adaptive Routing）协议[15]中通过实时检测网络连通状态确定网络中数据的传输方式是属于 WMN 还是 DTN，也有根据连通性评估而确定海上机会网络中数据传输方式的路由协议 CA（Connectivity Assessment）[16]。MWDTN 中能量消耗和时延的权衡问题也是关注的重点[17-18]，需要保证在节约能量的前提下，实现在服务质量（Quality of Service，QoS）要求的时延内进行数据传输。

6.2　无线自组网路由技术

无线自组网要实现快速、灵活地组网，路由协议是其中的关键，它能够保障在动态网络拓扑结构下网络链路的连接和可靠的数据包交付。无线自组网路由技术不是简单地对网络节点数据转发进行决策，在根据所选路由将数据分组从源节点发送至目的节点的过程中，还实现了对无线自组网拓扑控制、能量管理、服务质量管理、机会路由的支持[19]。

6.2.1　拓扑控制

无线移动自组网主要采用平面结构与分级结构这两种分布式控制的网络拓扑结构，其使用的协议栈与常规网络的协议栈设计有所不同。无线自组网中链路的带宽和主机能量较少，其中发送和接收数据分组过程消耗了绝大多数的能量，通过减少网络节点间水平方向的通信方式能够有效地节省带宽和能量。而常规网络中，网络协议更多通过增加链路带宽的花费达到降低节点的处理与存储资源的目的，注重相邻网络节点间的水平通信，尽可能地降低协议栈各层间的垂直通信。目前对无线移动自组网的研究主要集中于其协议栈的网络层中，往往采用对路由协议进行改进的方法使无线自组网针对特定应用场合与需求被设计成合适的网络。

6.2.2　能量管理

由于无线自组网可以不依赖于基础通信设施进行组网，其中的节点既是移动客户端又具有路由器转发功能，但是这些节点和常规网络中的基础设施是不一样的，大部分节点（尤其是在海洋环境下的节点）是电池供电的，网络中的能量管理是自组网协议的核心问题，而最初无线自组网进行最短路径路由决策事实上已经是最小化网络能量消耗。但是考虑自组织网络不断变化的网络拓扑、差异化的节点利用率和传输数据的不同业务需求，简单地最小化网络整体能量消耗往往不能实现最佳的网络使用效果，因此早在 1998 年已经有学者研究提出 Ad-Hoc 网络路由除了考虑最短路径，还应该考虑其他能够影响能量消耗的因素。因此，有限能量节点组成的自组织网络中许多路由协议采用均衡网络负载、控制节点利用率等能量管理方法，以实现网络生命周期的最大化。

6.2.3　服务质量管理

无线自组网中传输的数据流不再是单一的语音通信，还包括数据和多媒体信息，而不同类型的数据业务对应的 QoS 需求是不同的，尤其在传输带宽和时延方面的需求差异性尤为突出。针对不同的 QoS 需求，在动态网络拓扑架构下，自组织网络服务质量管理动态配置网络资源以实现网络传输效率的最大化，并尽量保障不同数据业务服务质量。而基于服务质量管理的自组织网络路由协议在进行路由决策时，不仅需要考虑单跳路径资源调度对 QoS 的影响，还需要考虑网络整体多跳路径决策时的 QoS 变化。但是自组织网络无线资源是有限的，在保障数据传输质量的同时可能会增加网络开销，甚至引起网络拥塞，因此在进行服务质量管理时需要均衡考虑能量管理等其他重要的网络因素。而且，在不断动态变化的无线自组网拓扑结构下，基于 QoS 的路由决策也要快速地随之调整，这增加了服务质量管理的难度。

6.2.4　机会路由

无线自组网拓扑结构不断变化，网络的移动节点可以随机加入或者退出网络，加上网络中存在单向信道问题，这严重影响到数据传输效率。无线自组网充分利用无线网络的广播传输特性，发送节点使用一对多的通信模式将数据包转发给一组节点，收到数据的节点中综合度量优先级最高的节点继续多播转发，而其他节点舍弃数据包，如此重复直到数据包到达目的节点，这就是机会路由。机会路由明显提高了数据发送成功率，更加适合不断变化的无线信道环境，且根据信道传输质量来确定转发节点的优先级也可以提高网络传输质量。而机会路由也可以和拓扑管理、能量管理或服务质量管理相结合，改进为适用于不同应用场景的新型无线多跳自组网路由协议。

6.3　常见的海上路由协议

从路由驱动所使用的不同策略角度可以将路由协议分为两种，即主动路由协议与被动路由协议[19]。在海上无线通信网络中，常用的协议包括目的节点序列距离矢量路由（Destination-Sequenced Distance-Vector Routing，DSDV）、临时按序路由算法（Temporally-Ordered Routing Algorithm，TORA）、无线自组网按需平面距离向量路由（Ad-Hoc On-Demand Distance Vector Routing，AODV）、动态源路由（Dynamic Source Routing，DSR）、最优化链路状态路由（Optimized Link State Routing，OLSR）等。

综合研究发现主动路由协议在路由获取时延方面低于被动路由，但在控制负载、耗电量、带宽开销方面都高于被动方式，因此被动路由协议更常被海上船舶间无线自组网使用。

在被动路由中，AODV 与 DSR 在整体复杂性与开销方面优于其他协议，更加适用于海上中小型船舶，这导致携带的通信设备体积受限。

在主动路由中，OLSR 协议独特性地加入了 MPR（Multi Point Relay）节点机制。

添加此机制能让网络中发送控制信息的能耗相对其他的主动协议少很多。链路连接断开后，能够直接从中断节点位置处维护更新路由表，寻找有效的路径，而无须将错误报文发送给源节点，再由其重新进行路由搜索，以防传输至该节点的数据分组被丢弃。其低时延适用于节点数量众多、业务数据量较大的网络，符合船舶通信的需要。但 OLSR 虽然因为其主动性而拥有与 AODV 相比更小的路由发现时延，但其他的绝大多数性能指标比不上 AODV 协议[20]。

因此，经典路由协议中 AODV 协议更适合海上通信，可以直接被用于移动船舶间通信，但为了使无线自组网能更好地适应海上通信组网的特点，目前也有许多针对路由协议做改进的研究，包括对 AODV、OLSR 等经典协议的改进[21-23]，尤其是针对海上无线通信环境而提出的优化自组网协议[24-27]。路由协议的改进包含通过增加算法复杂度的方法，以更多的内存处理得到相对更稳定的传输路径，如进一步对 MPR 节点进行筛选[10]、采用集合路径方法[14]，两者都能建立更稳定的路径来保障数据传输，但更高的复杂度伴随的是更高的开销与运算处理能力。也有通过对路径选择方法进行改进，以得到相对更快捷稳定的路径，比如将链路质量作为依据来选择路径[16]，多方面性能都得到了提升，但适合的场景相对有限，无法被广泛使用。同样也还有针对路由发现、路由维护等多方面的改进研究。还有使用群智能等生物启发式智能算法来优化改进的自组织网络协议，提高网络的自适应性、鲁棒性、灵活性并减小网络开销[19]，以及基于人工智能算法的自适应路由算法，更适合复杂多变的海上无线网状网通信环境和海上船舶移动模型。

6.4　小结

无线自组网区别于常规无线通信网络必须依赖基础设施且大多为集中式网络的特性，拥有十分广阔的应用前景。因此人们对此项通信技术进行了大量研究，如今对无线移动自组网的研究已经成为一个独立的领域，而不再仅仅是通信领域下的小分支。

海洋涵盖天空、海岸、水上和水下的广阔空间（下称"海洋空间"），特殊的地理和气候条件使在海洋空间中建立和维护陆基网络设施变得非常困难和昂贵，为了大力发展海洋通信系统，为海洋数据传输提供高鲁棒性、高稳定性和高性价比的服务，无线自组网在海洋通信网络中的应用变得越来越重要。特别是在海上移动通信网络中，Ad-Hoc 网络和 Mesh 网络有着广泛的应用，虽然无法直接将无线自组网技术完全应用于海上船舶间的无线通信上，科研工作者根据海上无线通信的特点对无线自组网路由不断进行挑选与改进[27-30]。随着空天地海一体化通信技术的发展，海上军事和应急通信系统的迫切需要，自组织网络的优势的更加突显[31-32]，而针对多模通信模式下的海洋无线自组网，其路由协议还需要根据特定应用场景与需求来进行改进。

参考文献

[1] 沈晨. 基于北斗定位的新型船舶自组网路由研究[J]. 电脑知识与技术, 2016, 12(28): 228-230.

[2] 王涵. 海上通信环境中无线传感器网络基础设施研究[J]. 无线互联科技, 2019, 16(3): 16-17.

[3] SHI Y, MA X. Performance analysis of land-to-ship marine communication based on block Markov superposition transmission and spatial modulation[C]//Proceedings of 2018 10th International Conference on Wireless Communications and Signal Processing (WCSP). Piscataway: IEEE Press, 2018: 1-6.

[4] 夏明华, 朱又敏, 陈二虎, 等. 海洋通信的发展现状与时代挑战[J]. 中国科学: 信息科学, 2017, 47(6): 677-695.

[5] 姜胜明. 海洋互联网的战略战术与挑战[J]. 电信科学, 2018, 34(6): 2-8.

[6] JIANG S M. Marine Internet for internetworking in oceans: a tutorial[J]. Future Internet, 2019, 11(7): 146.

[7] 韩颜. 通信技术的发展及其在海洋渔业船舶中的应用[J]. 科技创新导报, 2018, 15(13): 164, 166.

[8] 覃闻铭, 王晓峰. 船联网组网技术综述[J]. 中国航海, 2015, 38(2): 1-4, 8.

[9] CHLAMTAC I, CONTI M, LIU J J N. Mobile ad hoc networking: imperatives and challenges[J]. Ad Hoc Networks, 2003, 1(1): 13-64.

[10] 于宏毅, 等. 无线移动自组织网[M]. 北京: 人民邮电出版社, 2005.

[11] AKYILDIZ I F, WANG X D, WANG W L. Wireless mesh networks: a survey[J]. Computer Networks, 2005, 47(4): 445-487.

[12] SACHDEVA R, DEV A. Review of opportunistic network: assessing past, present, and future[J]. International Journal of Communication Systems, 2021, 34(11).

[13] 段建丽, 林彬, 王莹, 等. 海上无线宽带网络架构研究现状及相关技术展望[J]. 电讯技术, 2018, 58(8): 981-988.

[14] 林彬, 张治强, 韩晓玲, 等. "空天地海" 一体化的海上应急通信网络技术综述[J]. 移动通信, 2020, 44(9): 19-26.

[15] ZHANG J, DENG G H. RAR: replication adaptive routing in oceanic wireless networks[C]//Proceedings of 2016 IEEE International Conference of Online Analysis and Computing Science. Piscataway: IEEE Press, 2016: 244-249.

[16] JI M Q, CUI X R, LI J, et al. A routing algorithm based on network connectivity assessment for maritime opportunistic networks[J]. Procedia Computer Science, 2021, 187(2): 200-205.

[17] KONG L Z, YANG T T, ZHAO N. Maritime opportunistic transmission: when and how much can DTN node deliver?[C]//Proceedings of 2019 IEEE/CIC International Conference on Communications in China (ICCC). Piscataway: IEEE Press, 2019: 943-948.

[18] PEREIRA P R, CASACA A, RODRIGUES J J P C, et al. From delay-tolerant networks to vehicular delay-tolerant networks[J]. IEEE Communications Surveys & Tutorials, 2012, 14(4): 1166-1182.

[19] BOUKERCHE A, TURGUT B, AYDIN N, et al. Routing protocols in ad hoc networks: a survey[J]. Computer Networks, 2011, 55(13): 3032-3080.

[20] 史美林, 英春. 自组网路由协议综述[J]. 通信学报, 2001, 22(11): 93-103.

[21] KONG P Y, WANG H G, GE Y, et al. A performance comparison of routing protocols for maritime wireless mesh networks[C]//Proceedings of 2008 IEEE Wireless Communications and Networking Conference. Piscataway: IEEE Press, 2008: 2170-2175.

[22] 尧俊利. 无线自组网 AODV 协议的研究与改进[D]. 南京: 南京邮电大学, 2010.

[23] 陶金晶, 沈斌. 移动 Ad Hoc 网络中对 AODV 路由协议的改进研究[J]. 软件导刊, 2012, 11(12): 134-136.

[24] 丁绪星, 吴青, 谢方方. AODV 路由协议的本地修复算法[J]. 计算机工程, 2010, 36(6): 126-127, 130.

[25] 冯纯康. 海上无线自组网中路由技术的研究[D]. 海口: 海南大学, 2013.

[26] 罗尚平, 刘才铭, 黄陈英. 海上多跳无线自组网路由协议仿真研究[J]. 舰船科学技术, 2015, 37(1): 186-190.

[27] 文静. MP-OLSR 在船舶自组网中的优化和性能研究[D]. 广州: 华南理工大学, 2014.

[28] 张强, 陈晓静, 何荣希, 等. 海上无线网状网中基于 Q-Learning 的自适应路由算法[J]. 电讯技术, 2020, 60(8): 936-943.

[29] 张恒菁, 张永辉, 陈敏. 基于海上无线 Mesh 网络的 M-LAR 协议研究[J]. 海南大学学报 (自然科学版), 2016, 34(2): 140-144.

[30] PATHMASUNTHARAM J S, JURIANTO J, KONG P Y, et al. High speed maritime ship-to-ship/shore mesh networks[C]//Proceedings of 2007 7th International Conference on ITS Telecommunications. Piscataway: IEEE Press, 2007: 1-6.

[31] 闫朝星, 付林罡, 郑雪峰, 等. 基于无人机自组网的空海一体化组网观测技术[J]. 海洋科学, 2018, 42(1): 21-27.

[32] 王燕, 李长德, 徐梁, 等. 卫星通信与 Mesh 网络组网在海洋渔业中的融合应用[J]. 卫星应用, 2017(5): 54-57.

第 7 章

海洋无线传感器网络的
拓扑控制与路由协议

海洋无线传感器网络简称海洋传感网（Ocean Sensor Network，OSN），通常以自组织的方式形成多跳网络实现通信。由于海洋环境特殊，OSN 节点随机移动，拓扑频繁变化，并且无线通信信道质量较差，难以保证将节点感知的信息及时准确地传输到目的节点。针对复杂的海洋环境及水下环境的动态性，本章从 OSN 的拓扑控制和路由协议两方面分别详细阐述，使 OSN 应用环境下的感知数据实现稳定和有效的传输，并提高网络通信的可靠性。

7.1 引言

近年来物联网技术获得了蓬勃的发展，物联网技术的重要组成部分——无线传感器网络（Wireless Sensor Network，WSN）也开始在许多场合正式进入人们的生活，并发挥了不可小觑的重要作用。OSN 是 WSN 在海洋中的延伸，部署在复杂可变的海洋环境中，实现设备之间的无线通信和信息获取。OSN 一般包括部署在海面上的网络部分和部署在水下的网络部分。广义上的 OSN 甚至包括陆基海洋近岸网络、空基卫星网络等，从而形成更广意义上的海洋立体传感器网络[1]。OSN 具有自组织、规模大、实时性高、扩展性高等特性，为海洋信息的高效获取和实时传输提供了有效的技术手段。

OSN 的研究与应用受到广泛关注，目前已在海洋环境监测、海洋生物跟踪以及海上目标搜救等相关领域中得到大量应用。例如，美国的 SEA-LABS（Sensor Exploration Apparatus utilizing Low-power Aquatic Broadcasting System）项目用于对浅水珊瑚礁进行持续、实时的监测，为浅水环境监测提供了一个定制的解决方案，解决了数据传感和处理以及实时无线通信等问题[2]；加拿大建立的 VENUS 提供实时的观测数据，用来对海底地震、生物等方面进行研究[3]；穆尔西亚地区沿海海洋观测系统 COOSMR（Coastal Ocean Observation System of Murcia Region）利用 WSN 相关技术在西班牙东南部的 Mar Menor 沿海潟湖研究全球气候变化对地中海的影响，为海洋监测提供了一种高效且创新的解决方案，允许以更低的成本部署更高密度的传感器[4]；中国海洋大学与香港大学合作的 OceanSense 项目，用于探索在海洋表面部署网络传感器以监测深度、温度以及其他有价值的环境参数的可能性[5]。与之相关的理论研究和基础应用也极大地推动了 OSN 技术的发展。随着各个国家对海洋资源的重视，海洋传感网在维护海洋权益、获取海洋信息等方面发挥了重要作用。同时，作为未来海上智能航行器等设备协同作业的重要通信手段，OSN 也将得到智能无人艇和军事领域越来越多的关注。

7.2　拓扑控制概述

OSN 中往往包括大量的传感器节点，这些节点根据监测需要可以执行相同或不同环境参数的采集，再将采集的数据经过无线通信网络传输至监控中心。在进行数据传输时，每个传感器节点可以与通信距离内的若干个节点进行通信，依次上传节点间数据，每个节点的数据最终传输至终端。海上环境具有不同于一般陆上环境的特殊性质，比如海面上风、流等自然因素造成无线传感器网络所处环境具有高度动态性，海上波浪造成网络节点运动具有三维动态性等。因而对于海上这种特殊环境，实现对目标的有效监测，则要面对通信链路不稳定、数据传输不可靠、节点因耗能过快死亡无法及时补充等问题。而减少通信冗余，实现在众多节点间高效的数据通信，则需要拓扑控制来完成。良好的无线传感网拓扑控制方法可以有效提高网络通信的可靠性并减少不必要的能量消耗，为无线传感网对覆盖区域内目标（包括传感器节点）的有效及长期监测提供保障。

拓扑控制也叫拓扑管理，是指在网络物理拓扑结构的基础上，通过拓扑控制算法删除节点间多余的通信链路，从而形成一个简要优化的网络拓扑结构的过程。拓扑控制是 WSN 研究的一项重要内容，在网络协议层中介于数据链路层和网络层之间，在无线传感网应用协议当中，可独立作为拓扑控制层。良好的网络拓扑控制结构可以提高路由协议和介质访问控制（Medium Access Control，MAC）协议的效率，直接影响网络整体的通信效率及生命周期。

7.2.1　特点及设计目标

OSN 由于其应用环境及需求的特殊性，其拓扑控制问题也面临新的挑战。OSN 的网络特征主要包括节点数量及类型多变（根据监测需要分为水上节点、水下节点）、网络节点难以替换、节点动态性强等，同时 OSN 需要尽可能长的生命期与较强的网络连通性。尽管目前无线传感网拓扑控制算法对节点能量及网络连通性有所考虑，对动态性及容错性方面也有所研究，但现有研究基础对于 OSN 来说并不适合，对于海洋环境中的高度动态拓扑而言其适应性仍显不足，主要表现为未能结合海上节点在风、浪、流中的动态特性，以及水上及水下通信链路的不稳定性。OSN 拓扑控制的设计目标具体有如下表现。

（1）连通性。拓扑控制必须保持网络内各节点的连通性，即不能使节点间的连通图变成非连通图。

（2）吞吐量。化简后的拓扑结构应具备与原始网络相似的通信量，即网络内的信息流是可确定路由的，不会因为结构过简而丢失数据包。

（3）动态适应性。海洋环境中影响节点运动状态的外在因素很多，不断变化的位置势必造成拓扑结构的不断变化，鲁棒性的拓扑控制应具备通过一定调整使拓扑结构适应新情况下通信需求的能力。

（4）网络生命期。海洋环境中的应用需求要求该网络生命期越长越好，可以有效减少补充或更换节点时造成的额外成本。网络需具备一定的连通质量及其他的服务质量。

（5）网络平均能耗。网络运行时节点能耗的不均衡将引起个别节点过早死亡，造成网络连通及覆盖目标的空洞问题。

7.2.2　研究现状

OSN 的网络会由于通信链路的质量变换而存在网络结构上的时空动态变换。而通信链路质量取决于多种因素，例如通信节点所在的位置（深度）、水温、海底沉积物情况及环境噪声（如温度、风、涡流及船舶活动等）[1]。因此，即便预设配置的声道链路相同，也可能随着环境及时间的变换呈现出完全不同的结果。拓扑控制研究目前集中在以下几个方面。

（1）定位：通过基于不同传输能量水平的拓扑控制进行定位精度的改善。例如，通过配置移动控制及深度调整的自治式潜水器（Autonomous Underwater Vehicle，AUV），改善基于三边测量的定位[6]。

（2）AUV 移动辅助：OSN 的拓扑控制可用于辅助规划 AUV 的轨迹，以及调整部分节点的深度[7]。

（3）改善数据路由：OSN 的拓扑控制可以减少干扰，改善空间利用率和数据路由；拓扑控制可以处理链路质量较差问题以优化网络性能[8]。

此外，OSN 的拓扑控制可以增加带宽，处理降低地理路由性能的通信空白区域问题。OSN 的拓扑控制可以限制干扰，提高空间重用性、调度效率和数据速率。拓扑控制还可以处理经典的隐藏和暴露终端问题。通过功率控制进行 OSN 的拓扑控制可以处理时变链路质量问题；拓扑控制还可以减少干扰并消除消息重传的需求。

7.3　基于功率控制的拓扑控制

基于功率控制的拓扑控制主要通过调整网络中各个节点的传输功率水平进而实现拓扑结构的调整。基于功率控制的拓扑控制可以有效地降低网络整体的能耗和通信时延，以及有效地提高网络整体的吞吐量和数据传输的可靠性。具体地，拓扑控制的主要过程是按照需要增加或减少节点的传输功率，进而实现通信链路的创建和移除。

7.3.1 节能型功率控制

基于节点功率的拓扑控制方法主要通过调节网络内传感器节点的发射功率，在确保网络连通质量与网络覆盖质量的情况下，均衡节点的发射功率，使其单跳可达邻居数目尽可能减小，以精简网络拓扑结构。

通过调节传感器节点的发射功率进行拓扑控制可以有效地减少网络中节点的能量损失，优化网络性能，是目前实现无线传感网拓扑控制的主要手段。

Casari 等[9]提出了基于多跳链路的短距离通信的拓扑控制方法，这种方式相比于长距离单跳通信可有效减少整体能耗，但是多跳通信将带来更多的端到端时延，并且需要多次转发增加了路由开销。因此，在大多数情况下寻找更加适合多变的功率控制方法是必要的。

Kirousis 等[10]将功率拓扑控制问题简化为求解网络中全部节点的发射功率最小和的问题，但相关理论证明寻找网络能耗的最优解属于 NP 难问题。

COMPOW[11]是一种较典型的功率拓扑控制算法，该算法对网络内的全部传感器节点的发射功率进行统一的规划，在保证网络连通的情况下实现功率最小化。这种方法仅对节点均匀分布的网络效果较好，在节点分布不均时满足个别孤立节点的通信需求，会导致所有节点发射功率过大而达不到拓扑控制的目的。CLUSTERPOW[12]是 COMPOW 的一种改进方案，该算法结合路由表调节节点发送数据包的功率，但该算法需对每个目的节点建立相应的路由表，因此算法开销过大。

7.3.2 基于网络容量分配的功率控制

基于网络容量分配的功率控制主要在拓扑控制时考虑网络的容量，提高网络容量可采用限制干扰或增加可用带宽的方法。对于前者，基于功率控制的拓扑控制算法通过制定合适的通信距离来增加空间复用率（限制干扰），进而增加网络容量；对于后者，基于功率控制的拓扑控制算法通过确定合适的通信距离及相应的优化频率来增加可用带宽[13]。下面对这些方法做进一步介绍。

增加空间复用率的方法中，首先通过链路调度模型检测网络中是否存在冲突，然后通过减少冲突链路的方式进行功率控制，避免直接传输数据时因为冲突而丢失数据包。例如：特定的时间只有一个节点进行数据的发送或接收[14]，或者在周期性流量应用中进行功率调度及路由选择优化网络资源（带宽及能耗）[8]；通过功率控制减少干扰区域，进而实现高吞吐率及低端到端时延[15]。

增加可用带宽的方法中，主要考虑的因素是无线通信信道的带宽–距离关系。在无线通信中，能耗与通信距离成正比，距离较远的节点间通信需要高的发射功率以确保消息成功传输。但在水下声信道中通信节点间的距离会影响有效带宽，例如声通信介质（如海水）对信号的吸收程度将随着声音频率的增加而变得更加严重。而较低频率的声信号更容易受到环境噪声的影响（如湍流、船舶、波浪及热噪声）。因此，通过探索带宽–距离关系可以实现功率优化。例如 Porto 等[16]展示了在 35kHz 频率场景下减少能耗及增加网络容量时，优化的通信距离所对应的可保证网络连通性的最小值。Casari 等[9]则利用带宽–距离关系来减少网络广播时发送数据的节点的数量，并可以通过适当地调整发射功率减少功耗。

传统的考虑容量的拓扑控制方法还包括 SPAN[17]，其在降低能耗时并不会牺牲网络的容量或连通性。SPAN 在一定程度上优化了网络容量及能耗，可以有效地延长网络生存时间，但随着节点密度增加，SPAN 的节能效果也会变差。此外，该方法也会增加网络中消息传输的跳数及时延。

7.3.3　基于节点度的功率控制

节点度是指所有直接与该节点进行单跳通信的邻居节点的总数。基于节点度的功率控制设置了节点度的上限及下限，通过调整每个节点的发射功率控制该节点度在预设的上限及下限之间。

本地平均算法（Local Mean Algorithm，LMA）以及本地平均邻居（Local Mean of Neighbors，LMN）算法[13]是基于节点度进行功率拓扑控制的代表性算法，算法执行中，每个节点动态调节自身的发射功率，使节点度值满足给定的节点度上下限范围。为保证网络的连通性，这类算法节点间的通信链路具有一定的冗余。仿真表明，它们的性能较好，在局域连通性测试中，平均而言，LMA 的最大不可连接的节点比例可以达到 0.37%，LMN 可以达到 0.03%，这两者局部控制的结果都比较接近全局控制的最优结果。

7.3.4　基于邻近图的功率控制

邻近图通过图论方法来表示节点间的逻辑关系。网络中节点间的拓扑结构通过图 $G = (V, E)$ 来表示，其中，V 为节点集，E 为边集。而邻近图是针对指定点与其邻居节点根据不同映射关系关联后所产生的部分图结构。基于邻近图的功率控制则是寻找一个特殊生成子图 G'，使得 $G' = (V, E')$，其中，$E' \subseteq E$。

局部最小生成树（Local Minimum Spanning Tree，LMST）[18]、有向相关邻近图（Directed Relative Neighborhood Graph，DRNG）[19]和有向最小生成树（Directed Local Minimum Spanning Tree，DLMST）[20]是基于邻近图进行功率控制的代表性算法。相比于其他拓扑控制算法，DRNG 和 DLMST 生成的拓扑结构具有更小的平均节点度（在逻辑和物理拓扑中均如此），同时也具有更小的平均链路长度。这可以减少MAC 层的竞争，同时可以实现以较小的发射功率维持连通性。任何节点的长度在DRNG 算法生成的拓扑结构中都可能存在无界的情况，但在 DLMST 算法中都是有界的。

7.4　基于无线接口模式管理的拓扑控制

WSN 中的拓扑控制对于维持基站和节点之间的可靠通信链路以及最大限度地延长电池寿命非常重要。本节分析了如何基于密度控制、基于占空比、自适应和聚簇管理等拓扑控制技术提高能源效率并延长网络寿命。

7.4.1　基于密度控制的拓扑控制

基于密度控制的拓扑控制通过设置节点使用方向天线代替传统的全向天线实现功率密度的降低。以方向功率密度拓扑控制（Topology Control with Directional Power Intensity，TC/DPI）[21-23]为例，探寻网络中每个节点的发射方向角，使全部节点在进行定向信号发送时仍可保证网络的连通性。这种拓扑控制可以通过以下几个方面进行拓扑调整；基于概率的拓扑控制，理论上主要指角度为非确定常量情况下功率密度的概率；波束宽度和方向，每个节点有一个波束，但可以随机选择波束方向；波束宽度和波束数量，每个节点有多个等间距的宽度相同的波束，且每个节点的干扰方向相同；波束宽度、方向和波束数量，每个节点的多个波束宽度相同且干扰方向相同，波束间间隔设置使得节点可覆盖最多数量的邻居。

TC/DPI 具有以下几种优势：首先，与全向天线相比，TC/DPI 可以在指定方向上维持初始功率范围同时保证相同的多跳距离；其次，全向天线的节点在维持降低功率或设置度上限时需要依赖初始功率范围的邻居节点数量，而TC/DPI 可以不考虑邻居节点数量的问题；最后，大部分拓扑控制依赖的节点间链路是对称的，但实际上受到环境干扰、节点剩余能量等因素影响，两个方向上的链路质量并不相同，TC/DPI 可以通过维持初始功率密度确保通信链路中信噪比的对称性。

7.4.2　基于占空比的拓扑控制

节能是 WSN 协议需要考虑的主要目标之一，而通过恰当的活动/睡眠占空比控制可以有效地减少能量消耗进而延长网络的生命周期。而基于占空比的拓扑控制主要利用网络覆盖的空间或时间冗余的特点，使某些区域、某些时刻，在不影响网络监测效率及连通性的情况下选择部分节点进入睡眠状态。进入睡眠状态的节点关闭通信功能并周期性地判断是否需要唤醒。与全部节点处于活动状态协议（如 IEEE 802.11[24]）相比，这类方法中的每个节点都遵照活动/睡眠占空比。

稀疏拓扑与能量管理（Sparse Topology and Energy Management，STEM）协议[25]是一种典型的占空比控制协议。STEM 协议中，绝大多数的网络节点处于睡眠状态，此时，网络处于非连通状态。但是在非连通状态下，网络中会有部分节点处于监视状态，当监测到事件发生需要快速唤醒网络时，唤醒睡眠的网络节点。

Zhou 等[26]提出了一种基于睡眠的拓扑控制机制，这种拓扑控制可以在能效、空间竞争及端到端时延方面改善 MAC 协议的性能。该方法针对不同情况，将传感器节点分布区域以基站为中心划分为若干个环形，环形宽度与节点半径有关，且根据节点分布方式的不同，环形宽度设置也不同，节点在向基站方向向内一环的环内选取其通信范围内的多个潜在节点，根据潜在节点的数量设置唤醒时间段，每个时间段潜在节点中的一个处于激活状态，其他处于睡眠状态。但这种方法需要节点密集部署，即存在空间相关竞争，也需要节点间是连续同步的。

7.4.3　自适应的拓扑控制

在 WSN 的节点密度增大时，上述需要进行邻居信息维护的方法将会增加维护成本，因此需要自适应性的拓扑控制。环境侦听与自适应性休眠（Probing Environment and Adaptive Sleeping，PEAS）协议[27]根据节点邻居信息的变化而动态决定休眠机制，这属于分布式的自适应性拓扑控制方法。PEAS 协议的节点状态转换示意图如图 7-1 所示。通过分布式管理局部的信息及进行状态控制，它可以自适应地调整协议使其适用于网络中存在节点失效等情况的动态变化。

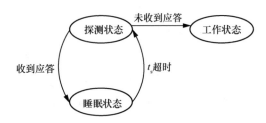

图 7-1　PEAS 协议的节点状态转换示意图

7.4.4　聚簇管理的拓扑控制

聚簇管理型拓扑结构控制主要是通过一种分簇机制，将网络内节点进行逻辑划分，节点设定不同的级别，常见的是二层模型，还可以分成三层甚至四层。设定好各级簇头节点（也称为骨干节点）选举规则后，将网络内的普通节点（簇内节点）分成若干部分，分簇后各部分所形成的本地组也称为节点簇。每个簇内的普通节点与该簇的簇头节点进行直接通信或进入休眠状态，所有的簇头节点组成一个处理和转发数据的骨干网络并与上层网络通信。

基于二层模型的分簇拓扑控制有很多优点，例如，由于簇头节点担负数据融合的任务，减少了数据通信量；分簇的拓扑结构有利于分布式算法的应用，非常适合无线传感网这种大规模部署的网络；通过簇头节点的管理，簇内大部分节点可以在相当长的时间内关闭通信模块，因此可以显著地延长整个网络的生存时间等。

层次型分簇拓扑控制中典型的有 LEACH（Low Energy Adaptive Clustering Hierarchy）协议，它是早期提出的分簇协议之一，该协议以循环方式随机选择各个簇首节点，并将网络的能耗平均分配到所有节点，达到降低网络能耗、延长网络生命期的目的，但是会因孤立地理位置而产生节点分簇不均、簇头选择不合理或者簇头节点能耗过快等问题。

其他较典型的层次型拓扑控制算法有地域自适应保真（Geographical Adaptive Fidelity，GAF）虚拟地理网格分簇算法及拓扑发现（Topology Discovery，TopDisc）成簇算法等。

7.5　基于移动辅助的拓扑控制

基于移动辅助的拓扑控制主要通过控制部分节点进行移动，使节点移动后的新的位置可以改善网络的连通性及对监测区域的覆盖率。特别是在一些监测场景下，网络中的部分节点由于故障或电量用尽而失效后，网络部分连通性被破坏，这种情况下可以补充一些移动节点或移动一些节点，使其替代失效节点的功能，从而继续有效地维持网络的连通性。

基于移动辅助的拓扑控制需要仔细选择需要移动的节点及移动的目标位置。由于移动节点会造成额外能耗，被选中节点的剩余能力水平也是需要考虑的因素。下面对基于移动辅助的拓扑控制做进一步介绍。

7.5.1　基于轨迹的拓扑控制

水下传感器网络（Underwater WSN，UWSN）的基于轨迹的拓扑控制算法使用了 AUV。在这种方法中，AUV 在网络所在的区域内行驶，并访问一组节点，这些节点将在移动时创建和终止通信链接。这种拓扑控制方法已被用于确定合适的

UWSN 拓扑、减少空节点、改进数据收集或实现更丰富的依赖多媒体内容的水下应用。在最后一种情况下，配备光和声通信的 AUV 访问水下传感器节点，并在它们与传感器节点配对时通过光链路进行数据收集。

传统的基于 AUV 的拓扑控制方法使用信息值（Value of Information，VoI）确定 AUV 在水下传感器网络中的轨迹。在这种方法中，收集的数据会随时间推移而降低 VoI，即它对应用程序的重要性随着它变得过时而降低[28]。因此，可以通过优化设置 VoI 计算函数的具体形式，实现对 UWSN 的拓扑控制的优化。由于 AUV 的轨迹会影响网络拓扑，AUV 的移动会创建新的链接及丢失先前的链接。因此，VoI 函数中除时延之外，还可以考虑其他应用程序的要求，以提高数据收集过程中的 QoS，在 VoI 函数中考虑 AUV 移动性的能量消耗也是必要的。

7.5.2　基于深度调整的拓扑控制

基于深度调整的拓扑控制方法背后的基本思想是通过调整水下传感器节点的深度改变网络的拓扑结构。该方法包括主动调整及被动调整两种。其中，主动调整需要提取网络整体的拓扑信息，首先，AUV 沿着部署区域进行移动并收集节点位置信息，然后，拓扑控制算法基于初始拓扑结构及设计目标，确定需要改变深度的节点集合，以及需要改变的深度值，并控制节点按照计算结果进行移动。而被动调整的过程中，节点进行局部拓扑控制，根据节点所处区域的局部拓扑结构及网络状态，确定是否需要移动及需要移动的新位置，此外，这个过程中节点需要用到邻居节点的信息。

例如 O'Rourke 等[29]提出使用节点的深度调整来改善数据传输。并提出了一种配备水声和射频调制解调器的多模式水下传感器节点。每个节点既可以通过多跳声学通信传递数据，也可以浮出水面并使用射频通信。

7.6　拓扑控制问题和需要研究的内容

对于海上风、流等自然因素造成的无线传感器网络所处环境的高度动态性，海

上波浪造成的网络节点运动具有三维动态性等状况,本节对 OSN 的拓扑控制现存的
问题进行说明，并指出待研究的内容。

7.6.1　现存问题

OSN 的网络拓扑具有高度动态的特点，这主要是由两个因素造成的，分别为洋
流造成的非自主移动以及随时空变化的通信链路质量。其中，非自主移动主要是由
于其所处的水环境具有高度动态性,而这种水环境的动态性又受多种环境因素影响，
如水温、流、界面条件、大气作用、海底地形等。同时，水温、水深、海底沉积物
（海底形态）及环境噪声（热能、风、湍流及船舶活动）也会对水下传感网的水声通
信链路质量造成影响。

对于 OSN，特别是水下的声传感网，拓扑控制需要考虑到水下声通信的缺点，
如低可用带宽及较差的链路质量。而拓扑控制有可能减轻水下无线通信的不良影响，
从而改善水下传感器网络中网络服务和协议的性能。

7.6.2　需要研究的内容

OSN 拓扑控制仍有以下几个方向需要继续深入研究。

（1）局部拓扑控制。针对海洋环境的特殊性，如何进一步利用节点的局部信息
进行分布式的拓扑控制需要进一步研究。

（2）混合自适应拓扑控制。在 OSN 中，传输方式包括水面上的电磁波及水下的
声波，节点包括受环境影响而移动或自主移动的移动节点以及设置在水面进行数据
收集的固定节点等，这些因素决定了 OSN 的复杂性，因此，寻找更加合适的混合自
适应拓扑控制算法是必要的。

（3）基于其他技术的拓扑控制。为减少恶劣环境造成的数据包丢失、传输时延
增大及吞吐量受限等情况，选择更加合适的网络编码技术是必要的。通过网络编码
功能可以有效减少数据传输量，提高网络监测效率。此外，另一项可以降低网络负
载的技术是压缩感知，通过合适的压缩感知技术对监测数据进行压缩处理，可以在
不影响监测效果的情况下大幅减少数据传输量。

7.7 路由协议概述

路由算法是 WSN 的关键技术之一，它决定了数据分组的到达路径及最佳路径。OSN 的路由算法在保证节点不因能量消耗过快而提前死亡的前提下，选择一个效率高、距离短的最优路径，使网络的路由在应对网络不可控的变化时依然具有较好的鲁棒性，且具有较高的通信效率，同时尽可能地保证网络生存周期的最大化。由于海上环境的恶劣性及复杂的高度动态性，OSN 路由协议应具体针对海洋应用场景运行条件。路由算法的选择是网络层设计中的一个首要任务，它的过程分为以下几个步骤：某一个设备发出路由请求命令帧，启动路由发现过程；对应的接收设备收到该命令后，回复应答帧；对潜在路由路径的开销，包括跳转次数、时延等，进行评估比较；将评估确定的最佳路由记录添加到此路径各个设备的路由表中。

网络中每个节点都会保持一个路由表，该表由目的节点和下一跳地址组成。对于某一个节点来说，当收到一个数据分组时，该节点将检查该分组的目的地址，并将此地址与路由表中的目的地址相匹配，找出下一跳地址，并将此分组转发给对应的节点。路由器之间会相互通信，通过交换路由信息维护其路由表。路由更新信息通常要包含全部或部分路由表，此路由器可以通过分析其他路由器的更新信息建立网络拓扑图。

从路由过程可见，路由算法要保证将数据分组顺利地以最优路径从发出数据包的源节点发送至目的节点，其中包含了以下两个目的：第一，寻找源节点与目的节点之间的最优路径；第二，将源节点发出的数据包沿着最优路径正确转发。无线传感器网络与传统的无线网络协议的不同之处是，它受到节点能量消耗的制约，并且只能获取到局部拓扑结构的信息，由于这两个原因，无线传感器网络的路由协议要能够在局部网络信息的基础上选择合适路径。由于传感器有很强的应用相关性，不同应用中的无线传感网路由协议差别很大，因此针对不同的网络及应用场景有不同的算法。

OSN 的路由算法应具备以下特点。

（1）能量高效。由于海洋中节点能源不可替换，所以路由协议需要考虑 WSN

整体的能量均衡问题和每个节点的能量消耗问题。

（2）基于局部拓扑信息。OSN 为了节省通信能量，一般节点间都是多跳的通信模式，因此节点如何在只能获取到局部拓扑信息和资源有限的情况下实现简单高效的路由机制是 OSN 的一个基本问题。

（3）以数据为中心。传统路由协议通常将地址作为节点的标识和路由的依据，而 OSN 由于节点的随机分布，所关注的是监测区域的感知数据，而不是具体哪个节点获取的信息，因此要形成以数据为中心的消息转发路径。

（4）与应用相关。设计者需要针对海洋中每一个应用的具体需求，设计与之适应的特定路由机制。

7.8　能量感知的路由协议

由于海洋中的 WSN 节点能源不可替换，需要在保证节点不因耗能过快而提前死亡的前提下，选择一个效率高、距离短的最优路径的 OSN 的路由算法。本节从数据传输的能量消耗出发，分别讨论聚焦波束路由（Focused Beam Routing，FBR）、分布式水下分簇方案（Distributed Underwater Clustering Scheme，DUCS）和稀疏感知节能分簇路由协议（Scarcity aware Energy Efficient Clustering，SEEC）。

7.8.1　聚焦波束路由

聚焦波束路由旨在使网络传输每个比特数据的能量消耗，适用于同时包含固定和移动节点但却不必严格同步的网络中。FBR 是一种跨层的路由方法，在其工作时，路由协议与介质访问控制层及物理层的功能配合以实现最优的能量控制。

具体地，该协议中发送数据的源节点需要知道自身的位置及目标节点的位置，但不必获取其他节点的位置情况。当源节点进行数据包发送时，数据包穿过网络到达目的节点时动态地创建一条路由，对于路径建立的中间过程，在数据包传输选择下一节点时，可以根据候选节点提供的信息选择下一个中继节点。如图 7-2 所示，当源节点 A 发送数据至目的节点 B 时，节点 A 首先发送请求发送（Request to Send，

RTS）至邻居节点，RTS 中包含节点 A 和 B 的位置信息。而收到 RTS 的全部邻居节点会计算自身与 AB 连线的距离，在夹角小于 $\theta/2$ 的扇形区域内的邻居节点作为候选中继，如果其在发射节点覆盖范围则响应 RTS，该区域外的节点则不响应。RTS 以短控制包的形式进行多播请求，因此对接 MAC 协议。

　　FBR 的路由发现过程能耗较少，与预先建立的最小能耗路由相比，传输每比特数据能耗及数据包端到端时延均十分接近，但是 FBR 更适合在动态性强的网络中进行实时自适应的路由发现。

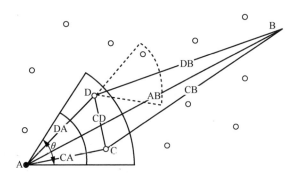

图 7-2　发送者波束覆盖的扇形区域内的节点为候选中继

7.8.2　分布式水下分簇方案

　　分布式水下分簇方案[30]是一种自适应自组织的协议，其通过分布式算法分簇，是不需要全球定位系统（Global Positioning System，GPS）辅助的路由协议，并且也不需要泛洪技术，可以最小化主动路由消息交换并使用数据聚合消除冗余信息。

　　DUCS 中节点进行局部分簇并在每个簇内选出一个簇头节点，全部的非簇头节点通过单跳距离发送数据至所在分簇的簇头节点，簇头节点对收到的数据进行数据处理（如数据聚合、提取非冗余的有效监测数据）后通过多跳路由的方式发送数据至汇聚节点，进而实现节能。DUCS 中簇头采用随机轮转策略，以避免簇头节点电量快速耗尽，以此实现能量的分布式消耗。

　　此外，DUCS 假设节点具有随机移动性，并使用连续调整的定时提前量和保护时间值补偿水下介质的高传播时延，最大限度地减少数据丢失并保持通信质量。DUCS 与 TDMA/CDMA 结合，可以减少干扰并提高通信质量。

DUCS 具有较好的可扩展性和有效性，实现了非常高的数据包交付率，同时大大降低了网络开销并提高了吞吐量。

7.8.3　稀疏感知节能分簇路由协议

稀疏感知节能分簇路由协议[31]根据 UWSN 中节点分布的密集程度适应性变换路由选择策略，进而实现节能的目的。

SEEC 路由协议首先将网络所在区域划分为多个子区域，网络中的普通节点可以移动（受到环境影响，水下环境中的节点是动态的），并且具有一个位置固定的汇聚节点和两个可移动的汇聚节点。SEEC 路由协议将划分的子区域分为稀疏区域（具有最小数量的传感器节点）和密集区域（具有最大数量的传感器节点）。然后，对密集区域的节点进行分簇，区域内节点协作选取簇头并发送数据至簇头，簇头执行数据聚合并发送压缩数据至最近的汇聚节点。不同于其他协议的簇头选择策略，SEEC 路由协议将具有较低深度及较高剩余能量的节点作为簇头。而对于稀疏区域内的节点，将通过上述两个可移动的汇聚节点进行数据收集，其中，可移动的汇聚节点在稀疏区域内定期改变位置以配合完成数据收集。

SEEC 路由协议通过汇聚节点在稀疏区域的移动及在密集区域的分簇实现了网络生命期的延长。在平衡 SEEC 路由协议自身运行的能量消耗的情况下，网络整体能耗水平达到最低。

7.9　基于节点迁移的路由协议

海洋环境的高度动态性将直接影响网络拓扑结构，进而影响路由算法的选择。本节针对海洋环境下的 WSN 节点迁移，分别介绍矢量转发和逐跳矢量转发协议、基于深度的路由协议、虚拟隧道协议和基于局部和虚拟汇聚移动的路由协议。

7.9.1 矢量转发和逐跳矢量转发协议

矢量转发（Vector Based Forwarding，VBF）协议[32]是一种针对 UWSN 所在的水下环境中节点移动性及传输介质的不稳定性造成的网络不稳定进而影响路由选择的问题而设计的协议，VBF 协议中只有少量的节点参与数据传输，而其他节点保持空闲。VBF 协议也属于基于位置的路由选择方案，其源节点、目标节点及传输节点的位置信息随着数据包一起传输，源节点发送数据包时所有转发节点形成"路由管道"，管道内节点执行转发，其他节点空闲，过程中不需要任何状态信息，并可以根据网络需求扩展，这可避免节点移动性及网络不稳定性的影响。

VBF 协议中，每次传感器节点收到数据包时都会测量其与转发节点的距离和达到角度（Angle of Arrive，AOA）。如果转发节点距离小于设定的阈值，转发节点才将其计算出的位置存储到数据包中，然后将其转发到下一跳，否则它只会丢弃数据。如果节点落在路由管道之外，这些节点将不参与转发过程。

VBF 的数据传输率不是取决于邻域的稳定性，而是取决于网络密度。在密集网络中，其传输速率、平均时延和能耗方面较优。该协议中，路由路径和路由节点都受到虚拟路由管道的限制。在稀疏网络中，可能会发生没有节点位于预定义的路由路径内的情况，那么即使它恰好在路由管道之外有其他路径，它也不会将数据传输到接收器。这种方式将大大降低了数据包交付率。此外，由于水下环境中节点分布不均匀，找到合适的半径阈值非常麻烦。

逐跳矢量转发（Hop-by-Hop Vector Based Forwarding，HH-VBF）协议[33]是 VBF 的一种改进协议，其在节点传输数据时采用逐跳转发的方式。HH-VBF 协议中，每个中间转发器根据自己的位置以及相邻节点和接收器的位置确定管道方向。所以 HH-VBF 总能在相邻节点较少的稀疏区域找到一条路径。HH-VBF 提供了比 VBF 更优的数据包传递率，尤其是在稀疏区域。然而，其路由管道半径阈值会降低其性能。此外，由于其进行逐跳转发，它的信号开销比 VBF 更大。

7.9.2　基于深度的路由协议

基于深度的路由（Depth Base Routing，DBR）[34]协议是 UWSN 中具有代表性的路由协议，其节点基于自身深度及下一跳节点深度做出路由选择，也属于分布式的路由协议。

DBR 中汇聚节点一般设置在水面，每个节点基于深度信息积极地寻找至汇聚节点的路由。DBR 使用深度矩阵进行数据的前向传输，即向水面的汇聚点传输。发送节点在发送前向数据时发送其所在深度，只有具有更低的深度值，即更加靠近水面的节点才会被选为前向传输的中继节点。DBR 具有两个优势：该协议仅需深度值而不需要完整维度的位置信息；以较优能量消耗率处理动态网络；采用多汇聚节点的架构，不需要额外的能耗。但 DBR 更加适合节点密集部署的网络，在稀疏区域效果相对较差。

7.9.3　虚拟隧道协议

虚拟隧道协议（Virtual Tunnel Protocol，VTP）[35]是一种较新的水下传感网路由协议，与 VBF 协议类似，但中继节点（转发节点）的选择方式不同。它在数据包传送率、抖动（毫秒级）、路由长度（跳数）等方面结果良好。

VTP 的工作过程分为 3 个阶段，分别为：中继节点的选择、中继节点到基站的隧道以及数据传输。具体地，选择中继节点时的标准如下：先选择源节点到基站间路径的全部节点组，如果路径过长则将对应的节点组删除；节点组中边界节点优先于普通节点被选为中继节点；每个节点组最多选择两个边界节点，一个作为入口，另一个作为出口；近期传输数据的节点优先选择，如传输数据时连接失效，则节点保存该数据并建立新的隧道。中继节点到基站的隧道主要目的是在中继节点之间建立强连接，形成从客户端到服务器传感器节点的隧道式结构。该隧道用于将收集到的数据从源传感器节点连续传输到服务器传感器节点，连接的建立过程类似于 TCP 的 3 次握手。建立虚拟隧道连接后，即可进入数据传输阶段，通过已建立的虚拟隧道进行数据的连续传输。

7.9.4　基于局部和虚拟汇聚移动的路由协议

为应对 OSN 中节点移动性强和网络结构频繁变化造成的通信中断，要求路由算法必须具备良好的扩展性和鲁棒性，在节点的网络拓扑结构发生变化时，路由可以及时做出调整。其中，比较典型的路由有 AODV、动态源路由（Dynamic Source Routing，DSR）等。AODV[36]只有当需要进行数据发送任务时才会发起路由的创建过程，但网络运行过程中，如果发生链路中断的情况，只能重复地创建路由，这无疑增加了传输时延和网络的负担。

对于大规模网络，郑凯等[37]在 AODV 算法中引入分簇，采用 AODV 算法进行路由时发现，在路由建立的过程中，每隔若干节点设置一个簇首，簇首的节点向其邻居节点广播成为簇首的消息，接收到消息的节点根据自己的状态对消息做出响应，路由结构确定后，簇内的节点只负责对其簇首的数据进行转发，而簇首节点则担任网关的角色，对其他簇首的数据进行转发，这样的路由设计，简化了网络的结构，减少路由发现的时间。

7.10　基于地理位置的路由协议

在 OSN 的实际应用中，往往需要通过对传感器节点的定位来获取监控海域的地理位置信息，因此位置信息也很自然地被考虑到 WSN 路由协议的设计中。基于地理位置的路由协议利用位置信息指导路由的发现、维护和数据转发，从而实现信息的定向传输，同时利用节点位置信息构建网络拓扑图，易于进行网络管理，实现网络的全局优化。

7.10.1　基于定位的路由协议

当基于地理位置的路由协议获取网络中的节点地理位置时，可以利用位置信息直接进行数据转发，比较典型的路由算法为能量感知地理路由（Geographic and Energy Aware Routing，GEAR）协议。GEAR[38]是在定向扩散（Directed Diffusion，

DD）路由协议的基础上提出的，但 GEAR 只向某个特定的位置进行数据转发，不会像 DD 将数据发送至整个网络，因此 GEAR 比 DD 更节省能量，根据节点的地理位置和剩余能量，在其邻居节点中选择最近的作为下一跳节点，建立源节点到目的节点的路径，将数据转发至目的节点。

地域自适应保真（Geographical Adaptive Fidelity，GAF）[39]算法是另一种基于地理位置的分布式路由协议，网络采用层次型的拓扑结构。GAF 算法的工作原理为：将随机分布的节点依据地理位置进行分簇，每个节点具有唯一的 ID，每个网格（Grid）内的节点均会分配唯一的 Grid ID，在每个簇内随机选取一个节点作为簇首，负责对簇内节点的信息处理，同时该节点在多跳网络中担任网关的角色，簇内的其他节点则进入休眠状态。另外，基于网格的分簇算法可以动态自适应且具有良好的可扩展性，当移动节点进入其他网格时，在节点的发现状态自动对其 Grid ID 进行修正。此外，前述的 FBR 及定向泛洪路由（Directional Flooding-based Routing，DFR）[40]（路由过程中少量节点在定向范围进行数据包泛洪）等，也属于基于地理位置的路由协议。

7.10.2　无定位的路由协议

对于 UWSN，由于电磁信号不能有效地通过水下环境传播，节点无法通过 GPS 信号进行有效定位。因此，获取水下传感器节点的位置信息是一项具有挑战性的任务。通过依靠网络内节点间相互关系获取相对位置会产生大量的控制数据包交换，这会造成节点资源被浪费在获取位置信息上。而无定位路由协议仅需要传感器节点深度信息进行数据路由，可以有效地解决这些问题。前述的 DBR、DUCS 协议就属于一种无定位路由，无定位路由还包括 RSM（Regional Sink Mobility）路由、VSM（Vertical Sink Mobility）路由[41]、改进的节能型基于深度的路由（Energy Efficient Depth Based Routing，EEDBR）[42]、基于定向深度的路由（Directional Depth Based Routing，DDBR）[43]等。

7.10.3　协作机制下的路由协议

UWSN 中传统的多跳技术通过源和宿之间的多跳传输数据包。然而，协作路由

（Cooperative Routing，CR）利用水下无线信道广播特性通过每一跳中的中继节点传输数据包。Meulen[44]首先提出了 CR 概念，其中 CR 被定义为一种受益于物理层协同传输的路由算法。通过协作链路将物理层和网络层结合以进行数据包发送。该协议中具有单天线的能量约束节点在协作传输中，利用相邻节点的资源实现高链路可靠性、吞吐量、能量效率和网络性能。在协同传输中，除发送节点和接收节点之间的直接链路外，还有一个或多个中继节点将信号传输到接收节点。

协作机制下的水下路由主要有 UWSN 协同节能协议（Cooperative Energy-Efficient Protocol for Underwater WSN，CoUWSN）[45]、基于深度协同的路由（Cooperative Depth-based Routing，CoDBR）[46]、节能协作机会路由（Energy-Efficient Cooperative Opportunistic Routing，EECOR）[47]等，这些路由协议分别从深度、节能、机会路由等角度对路由策略进一步进行了优化。

7.11　路由协议问题和需要研究的内容

由于海上环境的恶劣性及复杂性，考虑恶劣环境各种客观因素的影响，需要建立适合的 OSN 路由协议，并尽可能保证 OSN 路由的鲁棒性，以及网络对低能耗、高吞吐量、高转发率的要求。本节对 OSN 的路由协议现存的问题进行说明，并指出进一步研究的内容。

7.11.1　现存问题

普通的路由算法均有一个重要的路由假设，即网络基本良好连通，任一节点与目标节点之间有一条完整的端到端路径。OSN 无法像传统路由一样利用已经确定的路由路径进行数据传输，因为在海上应用环境中，节点移动可能造成网络拓扑实时变化，由于海上无线传感网的拓扑变化可能较大，网络可能会出现海上信道质量差、存在高时延、不存在端到端的持续连通等情况，这些问题都会对海上无线传感网的路由产生较大影响。

7.11.2　主要研究内容

以下为 OSN 路由的主要研究内容。

（1）OSN 的节点几乎一直处于无规律的移动状态，OSN 拓扑动态变化大，这导致网络覆盖度和连通度都无法保证，因此 OSN 路由算法必须保证在拓扑动态性较高的情况下仍能良好运行。

（2）OSN 的关键任务是保证网络的数据传输效率。受到客观海况以及网络拓扑变化的影响，网络信道质量通常较差，因此 OSN 的路由算法必须能较好地适应较差无线信道质量的能力。

（3）OSN 的主要目标是采集信息，因此，路由协议必须首要保证数据传输成功率。

7.12　小结

本章详细阐述了 OSN 的拓扑控制和路由协议两部分内容。首先，对 WSN 的拓扑控制进行介绍并对 OSN 拓扑控制进行分析，同时从不同角度对几种经典的拓扑控制策略进行阐述，针对海洋环境的特殊性，特别是水下环境，对拓扑控制策略做出适应性调整是必要且有效的。其次，通过对 WSN 路由协议进行介绍以及对 OSN 路由的特点进行分析，对相关的路由协议做了具体介绍，分别为基于能量感知的路由协议、基于节点迁移的路由协议及基于地理位置的路由协议，这些协议相比传统陆地 WSN 协议更适用于海洋环境，尤其是水下环境效果较好。

参考文献

[1]　ZHOU Z, PENG Z, CUI J H, et al. Scalable localization with mobility prediction for under-water sensor networks[J]. IEEE Transactions on Mobile Computing, 2011, 10(3): 335-348.

[2]　BROMAGE M, OBRACZKA K, POTTS D. SEA-LABS: a wireless sensor network for sustained monitoring of coral reefs[M]//NETWORKING 2007. Ad hoc and sensor networks,

wireless networks, next generation Internet. Heidelberg: Springer, 2007: 1132-1135.

[3] TAYLOR S M. Transformative ocean science through the VENUS and NEPTUNE Canada ocean observing systems[J]. Nuclear Instruments and Methods in Physics Research Section A: Accelerators, Spectrometers, Detectors and Associated Equipment, 2009, 602(1): 63-67.

[4] PÉREZ C A, VALLES F S, SÁNCHEZ R T, et al. Design and deployment of a wireless sensor network for the mar menor coastal observation system[J]. IEEE Journal of Oceanic Engineering, 2017, 42(4): 966-976.

[5] LIU K B, YANG Z, LI M, et al. Oceansense: monitoring the sea with wireless sensor networks[J]. ACM SIGMOBILE Mobile Computing and Communications Review, 2010, 14(2): 7-9.

[6] FERREIRA B Q, GOMES J, SOARES C, et al. Collaborative localization of vehicle formations based on ranges and bearings[C]//Proceedings of 2016 IEEE 3rd Underwater Communications and Networking Conference. Piscataway: IEEE Press, 2016: 1-5.

[7] COUTINHO R W L, VIEIRA L F M, LOUREIRO A A F. Movement assisted-topology control and geographic routing protocol for underwater sensor networks[C]//Proceedings of ACM International Conference on Modeling, Analysis & Simulation of Wireless and Mobile Systems. New York: ACM Press, 2013: 189-196.

[8] SHASHAJ A, PETROCCIA R, et al. Energy efficient interference-aware routing and scheduling in underwater sensor networks[C]//IEEE Oceans-St. John's. [S.l.:s.n.], 2014: 1-8.

[9] CASARI P, HARRIS A F. Energy-efficient reliable broadcast in underwater acoustic networks[C]//Proceedings of the Workshop on Underwater Networks. [S.l.:s.n.], 2007: 49-56.

[10] KIROUSIS L M, KRANAKIS E, KRIZANC D, et al. Power consumption in packet radio networks[J]. Theoretical Computer Science, 2000, 243(1-2): 289-305.

[11] NARAYANASWAMY S, KAWADIA V, SREENIVAS R S, et al. Ad-Hoc networks: theory, architecture algorithm and implementation of the compow protocols[J]. Proceedings of European Wireless (2002). Next Generation Wireless Networks: Technologies, Protocols, Service and Applications, 2002: 156-162.

[12] KAWADIA V, KUMAR P R. Power control and clustering in ad hoc networks[C]// Proceedings of IEEE INFOCOM 2003. 22nd Annual Joint Conference of the IEEE Computer and Communications Societies. Piscataway: IEEE Press, 2003: 459-469.

[13] COUTINHO R W L, BOUKERCHE A, VIEIRA L F M, et al. Underwater wireless sensor networks: a new challenge for topology control-based systems[J]. ACM Computing Surveys, 2019, 51(1): 19.

[14] ANJANGI P, CHITRE M. Scheduling algorithm with transmission power control for random underwater acoustic networks[C]//Proceedings of OCEANS 2015 - Genova. Piscataway: IEEE Press, 2015: 1-8.

[15] BAI W G, WANG H Y, SHEN X H, et al. Link scheduling method for underwater acoustic sensor networks based on correlation matrix[J]. IEEE Sensors Journal, 2016, 16(11): 4015-4022.

[16] PORTO A, STOJANOVIC M. Optimizing the transmission range in an underwater acoustic network[C]//Proceedings of OCEANS 2007. Piscataway: IEEE Press, 2007: 1-5.

[17] CHEN B, JAMIESON K, BALAKRISHNAN H, et al. SPAN: an energy-efficient coordination algorithm for topology maintenance in ad hoc wireless networks[J]. Wireless networks, 2002, 8(5): 481-494.

[18] LI N, HOU J C, SHA L. Design and analysis of an MST-based topology control algorithm[J]. IEEE Transactions on Wireless Communications, 2005, 4(3): 1195-1206.

[19] LI N, HOU J C. Localized topology control algorithms for heterogeneous wireless networks[J]. IEEE/ACM Transactions on Networking, 2005, 13(6): 1313-1324.

[20] LI N, HOU J C. Topology control in heterogeneous wireless networks: problems and solutions[C]//Proceedings of IEEE INFOCOM 2004. Piscataway: IEEE Press, 2004.

[21] TOUSSAINT G T. The relative neighbourhood graph of a finite planar set[J]. Pattern recognition, 1980, 12(4): 261-268.

[22] HUANG Z C, SHEN C C. Topology control with directional power intensity for ad hoc networks[C]//Proceedings of 2004 IEEE Wireless Communications and Networking Conference. Piscataway: IEEE Press, 2004: 604-609.

[23] HUANG Z C, SHEN C C. Multibeam antenna-based topology control with directional power intensity for ad hoc networks[J]. IEEE Transactions on Mobile Computing, 2006, 5(5): 508-517.

[24] IEEE Computer Society LAN MAN Standards Committee. Wireless LAN medium access control (MAC) and physical layer (PHY) specifications: ANSI/IEEE Std. 802.11-1999[S]. 1999.

[25] SCHURGERS C, TSIATSIS V, GANERIWAL S, et al. Optimizing sensor networks in the energy-latency-density design space[J]. IEEE Transactions on Mobile Computing, 2002, 1(1): 70-80.

[26] ZHOU Y Y, MEDIDI M. Sleep-based topology control for wakeup scheduling in wireless sensor networks[C]//Proceedings of 2007 4th Annual IEEE Communications Society Conference on Sensor, Mesh and Ad Hoc Communications and Networks. Piscataway: IEEE Press, 2007: 304-313.

[27] YE F, ZHONG G, LU S W, et al. PEAS: a robust energy conserving protocol for long-lived sensor networks[C]//Proceedings of 10th IEEE International Conference on Network Protocols. Piscataway: IEEE Press, 2003: 200-201.

[28] COUTINHO R W L, BOUKERCHE A, VIEIRA L F M, et al. Underwater wireless sensor

networks[J]. ACM Computing Surveys, 2018, 51(1): 1-36.

[29] O'ROURKE M, BASHA E, DETWEILER C. Multi-modal communications in underwater sensor networks using depth adjustment[C]//Proceedings of WUWNet'12: Proceedings of the 7th ACM International Conference on Underwater Networks and Systems. New York: ACM Press, 2012: 1-5.

[30] DOMINGO M C, PRIOR R. A distributed clustering scheme for underwater wireless sensor networks[C]//Proceedings of 2007 IEEE 18th International Symposium on Personal, Indoor and Mobile Radio Communications. Piscataway: IEEE Press, 2007: 1-5.

[31] AZAM I, MAJID A, AHMAD I, et al. SEEC: sparsity-aware energy efficient clustering protocol for underwater wireless sensor networks[C]//Proceedings of 2016 IEEE 30th International Conference on Advanced Information Networking and Applications. Piscataway: IEEE Press, 2016: 352-361.

[32] XIE P, CUI J H, LAO L. VBF: Vector-based forwarding protocol for underwater sensor networks[C]//Proceedings of the 5th International IFIP-TC6 Conference on Networking Technologies, Services, and Protocols. Heidelberg: Springer, 2006: 1216-1221.

[33] NICOLAOU N, SEE A, XIE P, et al. Improving the robustness of location-based routing for underwater sensor networks[C]//Proceedings of the OCEANS 2007 – Europe. Piscataway: IEEE Press, 2007: 1-6.

[34] YAN H, SHI Z J, CUI J H. DBR: depth-based routing for underwater sensor networks[M]//NETWORKING 2008 ad hoc and sensor networks, wireless networks, next generation Internet. Heidelberg: Springer, 2008: 72-86.

[35] VISWA BHARATHY A M, CHANDRASEKAR V. A novel virtual tunneling protocol for underwater wireless sensor networks[C]//Proceedings of the International Conference on Soft Computing and Signal Processing. Heidelberg: Springer, 2019: 281-289.

[36] 朱金华, 于宁宁. 无线自组织网络 AODV 路由协议研究[J]. 微计算机信息, 2007, 23(18): 122-124.

[37] 郑凯, 王能, 刘爱芳. 一个基于 AODV 的渐进式分簇路由策略[J]. 通信学报, 2006, 27(1): 132-139.

[38] 杨华, 周锐, 韩刚. 基于地理信息的 WSN 的路由协议的比较研究[J]. 软件, 2011, 32(2): 30-32, 45.

[39] 余勇昌, 韦岗. 无线传感器网络路由协议研究进展及发展趋势[J]. 计算机应用研究, 2008, 25(6): 1616-1621, 1651.

[40] HWANG D, KIM D. DFR: Directional flooding-based routing protocol for underwater sensor networks[C]//Proceedings of OCEANS 2008. Piscataway: IEEE Press, 2008: 1-7.

[41] ALI B, JAVAID N, ISLAM S U, et al. RSM and VSM: two new routing protocols for underwater WSNs[C]//Proceedings of 2016 International Conference on Intelligent Networking and

Collaborative Systems (INCoS). Piscataway: IEEE Press, 2016: 173-179.

[42] WAHID A, LEE S, JEONG H J, et al. EEDBR: energy-efficient depth-based routing protocol for underwater wireless sensor networks[C]//Proceedings of the International Conference on Advanced Computer Science and Information Technology. Heidelberg: Springer, 2011: 223-234.

[43] DIAO B Y, XU Y J, AN Z L, et al. Improving both energy and time efficiency of depth-based routing for underwater sensor networks[J]. International Journal of Distributed Sensor Networks, 2015: 8.

[44] MEULEN E C V D. Three-terminal communication channels[J]. Advances in Applied Probability, 1971, 3(1): 120-154.

[45] AHMED S, JAVAID N, KHAN F A, et al. Co-UWSN: cooperative energy-efficient protocol for underwater WSNs[J]. International Journal of Distributed Sensor Networks, 2015, 11(4): 891410.

[46] NASIR H, JAVAID N, ASHRAF H, et al. CoDBR: cooperative depth based routing for underwater wireless sensor networks[C]//Proceedings of 2014 9th International Conference on Broadband and Wireless Computing, Communication and Applications. Piscataway: IEEE Press, 2014: 52-57.

[47] RAHMAN M A, LEE Y, KOO I. EECOR: an energy-efficient cooperative opportunistic routing protocol for underwater acoustic sensor networks[J]. IEEE Access, 2017(5): 14119-14132.

第 8 章

海洋无线传感器网络的定位技术

在海洋传感网中，数据位置信息的获取往往较为关键。本章对海洋传感网的定位技术进行介绍，阐述海洋传感网的主要结构和通信方式，并基于不同的测距手段对目前的定位算法进行分类以及原理介绍；随后就现阶段海洋传感网中的定位技术做一个简短的综述与分析；最后介绍一种在考虑实际高动态海洋情况下，发射功率参数未知的轻量级定位算法。

8.1 引言

海洋传感网能够为海洋环境保护、海洋资源开发与管理、海上生产作业及海事保障等活动提供更好的技术支撑和信息平台。

通常 OSN 由两部分组成：①水面无线传感网（Surface Wireless Sensor Network，SWSN），部署节点在海面上，如浮标，节点间用无线电波进行通信组网，用于监测气象、水文等信息；②水下无线传感网（Underwater Wireless Sensor Network，UWSN），部署节点在水下，由于无线电和光波在水下传播距离较短，节点间用水声进行通信。此外，由于全球定位系统（Global Positioning System，GPS）的信号无法在水下传播，故水下节点往往利用 SWSN 的节点来辅助定位。网络中各节点间进行信息交互、数据传输并将数据信息汇总传至岸基或卫星进而传给用户。值得注意的是，在 OSN 中若感知的数据未带有位置信息，则该数据没有意义。因此，如何获取较精确的位置（定位）既是海洋监测应用的需求，也是研究 OSN 的路由与拓扑等问题的基础。

节点定位在 OSN 应用中具有重要意义。例如，当网络监测区域内有突发事件，如海上漏油等，若用户无法获取该事件的时间、位置坐标及现状等信息，那么利用网络中具有感知能力的节点所得到的数据信息将属于无效信息。因此，从某种程度来说，节点定位技术往往决定了 OSN 的整体性能[1]。

节点定位就是运用一定的技术手段获得节点的位置信息，通常包括获取自身在网络中的位置信息或网络中其他节点的位置信息。而常用的方法是给节点嵌入北斗导航卫星系统（BeiDou Navigation Satellite System，BDS）、GPS 等相关定位系统接收器，利用卫星直接获取位置。然而，这些方式往往对能量、环境和成本等因素要求较高，不适合大规模的节点定位，方案可行性较差。取而代之的则是将少量传感器节点嵌入 BDS、GPS 或者将节点部署在固定、确定的显眼位置以获取坐标，然后采用一定的算法，利用已知节点位置信息对其他未知坐标信息的节点进行定位[2]。将已知坐标信息的节点称为锚节点或信标节点，位置坐标信息不确定的节点称为未知节点或目标节点。锚节点和目标节点通过射频信号、光信号或声信号进行通信，依靠一定的技术手段得到它们之间的绝对或相对关系，而后利用算法实现定位。节点定位技术的发展能实现低锚节点密度条件下的高精度定位，完成处于动态环境且通信受干扰节点的精确定位，实现动态节点的轨迹预测与定位跟踪，同时方便网络拓扑管理和协助路由设定，是 OSN 应用的基础[3]。

8.2 定位算法分类及原理

节点定位主要通过锚节点与未知节点间的通信进行位置的确定，充分利用节点间信号强度、角度及距离等信息，通过一定的算法对位置进行计算。根据采集的数据不同，OSN 定位的技术手段包含基于角度、距离、信号强度等的定位方法；根据数据处理的方式不同，有分布式和集中式的定位方法[4]。本节重点通过采集数据的手段来介绍相关定位算法的原理。

通常将基于角度、距离、信号强度等方法获取绝对距离的手段称为基于测距的定位算法。它首先要对锚节点和目标节点间的距离进行测量，利用接收信号强度指示（Received Signal Strength Indication，RSSI）、近场电磁测距（Near-Field Electromagnetic Ranging，NFER）、到达时间差（Time Difference of Arrival，TDOA）、到达时间（Time of Arrival，TOA）、到达角度（Angle of Arrival，AOA）等获取相关距离信息，再构建函数计算相应位置坐标信息。而另一种无须获取节点间绝对距离的方式，即基于非测距的定位算法，根据网络的连通度或密度等方式获取相对距离信息，例如，对节点间的跳数进行统计，根据锚节点间的距离对平均跳距进行估计，进而对未知节点的位置加以计算，例如质心算法（Centroid Algorithm）、距离向量-跳数（Distance Vector-Hop，DV-Hop）定位算法等[5]。

8.2.1　基于测距的定位算法

基于测距的定位算法需要通过物理方法获得节点间的传递信息（距离、角度、时间差等），然后转换成距离，最后采用一定的算法进行定位，因此物理测量方法的精度直接影响了距离的计算，对定位精度会有较大影响。下面介绍一些经典的测距方法和定位算法。

1. 测距阶段

（1）基于接收信号强度指示

无线传感器网络节点通过无线通信的方式进行数据传输，受环境影响，发射节点的数据信号在无线信道中传输会有不同程度的损耗，这种损耗通常称为传播损耗。因此，在接收节点收到的信号强度与发射时会有一定的误差，这种误差通过功率进行衡量，即根据发射和接收信号的功率差，利用经验模型和相关理论转换为发射节点与接收节点间的距离[6]。

无线传感器网络通信是在各个节点的通信模块上进行的，在信号传输时就可以获取 RSSI 值，不需要额外的监测硬件设备，成本较低。因此，相对于其他的算法，在无线传感网节点定位研究初期，对基于 RSSI 的测距算法的研究颇多。由于 RSSI 值受环境影响存在多径反射、障碍物隔离等问题，精度值易下降，通常需要通过一

些算法或部署策略提高其定位精度[7]。

（2）基于到达角度

AOA 的定义为入射波传播方向与参考方向之间的夹角。定位是指在一个固定的方向上测量的 AOA，以顺时针方向从正北方向的角度表示。若所设定的方向是 0°或指向正北方向，则称 AOA 是绝对的，否则称之为相对的。获得 AOA 测量值的常用方法是在每个传感器节点上使用天线阵列或有向天线，因此基于 AOA 的测距方法往往需要特殊的硬件设备[8]。

与使用其他用于定位的测距方法类似，AOA 测距也容易受到测量噪声和其他因素的影响，并且天线阵列或者有向天线的能量消耗比较大，而无线传感器网络节点本身就存在能量不足的问题，导致这种测距方法在无线传感器网络中的能量消耗较大。此外，对天线阵列或有向天线的维护成本也比较高[9]。

（3）基于到达时间

天线信号传输距离不同，传输时间也不同，而基于 TOA 的测距的方法先对信号传输的时间进行统计，然后根据信号传输速度计算距离。信号的传输速度一般较快，比较小的时间误差就可能导致较大的距离误差，所以对统计时间的精确度要求较高[10]。

基于 TOA 的测距方法需要对无线信号的传播时间进行测定，根据信号传输的次数，可分为单程测量和双程测量。单程测量即只对一次信号传输时间进行测定，这种情况对两端节点的时间系统同步性要求较高，如果时间不同步，则测量时间的误差较大，距离测量不准确。

双程测量指信号由一个节点传输到另一节点后，立刻传回，通过两次传输时间的平均值进行距离的计算，这种方法对本地时钟要求较高，如果本地时钟误差较大，也会造成时间测量不准确，给距离计算带来误差。设 Δt_1 为信号从 A 到 B 的单程时间，Δt_2 表示信号从 B 到 A 的单程时间，因此 AB 间距离的计算可表示为 $d = \dfrac{\Delta t_1 + \Delta t_2}{2} \times v$。基于 TOA 的测距方法对计时准确度和时间同步要求高，而且受环境影响，测量时间造成的误差较大[11]。

（4）基于到达时间差

不同信号的传输速度有差异，即从同一发送端到达同一接收端的时间会有差值，基于 TDOA 的测距方法利用这个时间差值，结合不同信号的传输速度对节点间的距离进行计算。一般用于 TDOA 测距的常用信号为电磁波信号和超声波信号。基于 TDOA 的测距方法需要在传感器节点上安装电磁波收发器和超声波收发器，测距时通过发射器在锚节点同时发射电磁波信号和超声波信号，在目标节点测量两种信号到达的时间，利用 $d = \dfrac{(T_1 - T_2) \times V_1 \times V_2}{V_2 - V_1}$ 进行距离的计算，其中 T_1 和 T_2 分别为两种信号到达接收端的时间，V_1 和 V_2 分别为两种信号的速度。TDOA 测距对硬件要求较高，需增加额外的电磁波和超声波收发装置，成本较高，并且传输信号受环境影响易发生反射、折射和衍射，造成实际传播时间延长，产生测距误差[12]。

2. 定位阶段

在通过上述方法将相应信息转换成距离后，需要采用一定的算法来求解目标节点的位置，常用方法有如下几种。

（1）三边定位算法

三边定位（Trilateration）算法是根据目标节点与 3 个锚节点间的距离进行定位的，计算原理如下。设 A、B、C 为锚节点，坐标分别用 (x_A, y_A)、(x_B, y_B) 和 (x_C, y_C) 表示，它们与目标节点 P 间的距离分别为 d_1、d_2 及 d_3。

理想情况下，根据几何关系可得

$$\begin{cases} (x - x_A)^2 + (y - y_A)^2 = d_1^2 \\ (x - x_B)^2 + (y - y_B)^2 = d_2^2 \\ (x - x_C)^2 + (y - y_C)^2 = d_3^2 \end{cases} \tag{8-1}$$

求解可得目标节点 P 的位置

$$\begin{bmatrix} x \\ y \end{bmatrix} = \begin{bmatrix} 2(x_A - x_C) & 2(y_A - y_C) \\ 2(x_B - x_C) & 2(y_B - y_C) \end{bmatrix}^{-1} \begin{bmatrix} x_A^2 - x_C^2 + y_A^2 - y_C^2 + d_3^2 - d_1^2 \\ x_B^2 - x_C^2 + y_B^2 - y_C^2 + d_3^2 - d_2^2 \end{bmatrix} \tag{8-2}$$

（2）三角定位算法

三角定位算法通过已知 3 个锚节点坐标以及它们与目标节点的夹角，利用三角几何关系进行目标节点坐标的求解。设 A、B、C 为 3 个锚节点，坐标分别为 (x_A, y_A)、(x_B, y_B) 和 (x_C, y_C)，P 为目标节点，设坐标为 (x, y)，$\alpha = 2\pi - 2\angle APC$。由节点 A、C 和 $\angle APC$ 可以得到以 $O_1 = (x_{O_1}, y_{O_1})$ 为圆心，r_1 为半径的圆，其中 O_1 坐标和半径 r_1 通过式（8-3）计算得到。

$$\begin{cases} (x_{O_1} - x_A)^2 + (y_{O_1} - y_A)^2 = r_1^2 \\ (x_{O_1} - x_C)^2 + (y_{O_1} - y_C)^2 = r_1^2 \\ (x_A - x_C)^2 + (y_A - y_C)^2 = 2r_1^2 - 2r_1^2 \cos\alpha \end{cases} \tag{8-3}$$

通过上式可以求出由节点 A、P、C 确定的圆心 O_1 坐标和半径 r_1。同理，可以分别求出由 A、B、C 和 B、P、C 确定的圆心坐标和半径，然后求出 3 个圆心到目标节点 P 间的距离，通过三边定位算法对目标节点位置进行求解。

（3）极大似然估计定位法

在理想情况下可通过三边定位求解目标节点位置，但实际环境中往往存在噪声等因素的干扰，导致获取的相关距离与实际距离有偏差，即锚节点与目标节点间以距离为半径的圆不会相交于一个点，进而导致式（8-1）为矛盾方程组，无法求得目标节点精确的理论解。因此，需要通过极大似然估计定位法求次优解[13]。它需要先求出多个锚节点与目标节点间的距离，然后通过似然估计式进行求解。

8.2.2　基于非测距的定位算法

基于非测距的定位算法不需要对节点间的距离或绝对距离进行测量从而定位，而是根据网络的连通情况对网络中的跳数进行统计，然后根据锚节点间的距离对平均跳距进行估算，从而对网络中目标节点的位置进行定位。

1. 质心定位算法

质心是多边形的几何中心，是通过对多边形顶点的平均值进行求解得到的。质心定位算法将目标节点通信范围内的锚节点看作多边形的顶点，对锚节点的坐标取平均值来估计目标节点的位置[14]。设锚节点的坐标向量为 $\boldsymbol{m}_i = (x_i, y_i)^T$，目标节点 P 的坐标为 (x, y)，可得

$$(x, y) = \left(\frac{1}{n} \sum_{i=1}^{n} x_i, \frac{1}{n} \sum_{i=1}^{n} y_i \right) \tag{8-4}$$

锚节点与目标节点间的距离不同，从而每个锚节点对目标节点的权重不同，直接通过锚节点坐标值取平均存在较大误差。因此出现了改进的质心定位算法，即对每个锚节点的权重进行统计的方法，称为加权质心定位算法。

$$(x,y) = \left(\frac{w_1 x_1 + w_2 x_2 + \cdots + w_n x_n}{\displaystyle\sum_{i=1}^{n} w_i}, \frac{w_1 y_1 + w_2 y_2 + \cdots + w_n y_n}{\displaystyle\sum_{i=1}^{n} w_i} \right) \tag{8-5}$$

其中，$(x_1,y_1),\cdots,(x_n,y_n)$ 为锚节点的坐标，w_i 表示相应锚节点的权重。

2. DV–Hop 定位算法

DV-Hop 定位算法。该算法通过两锚节点的坐标计算出对应的距离信息，然后根据网络连通情况对两锚节点的跳数进行统计，估算出每一跳的平均距离，并用这个平均跳距乘以目标节点与锚节点间的最小跳数，从而估计出锚节点与目标节点间的相对距离，最后采用极大似然估计定位算法或者三边定位算法计算目标节点的坐标[15]。DV-Hop 定位分为 3 步：①通过节点间的通信计算目标节点与目标节点间、目标节点与锚节点间的最小跳数；②计算目标节点与每个锚节点间的平均跳距；③由①和②计算出目标节点与每个锚节点间的距离，然后采用三边定位算法或者极大似然估计定位算法进行目标节点的定位。DV-Hop 定位算法通过网络连通情况对目标节点进行定位。虽然其计算简单，但是定位精度受网络节点的分布情况影响较大。

3. APIT 定位算法

近似三角形内点测试（Approximate Point-in-Triangulation Test，APIT）定位算法首先通过目标节点与邻居锚节点的通信和邻居锚节点间的信息交换，记录周围节点的信息（如坐标、坐标 ID、信号强度等），然后判断目标节点是否在不同邻居锚节点组成的三角形内部，接着对目标节点所在三角形进行交叠区域的计算，最后对交叠区域多边形的质心进行求解，并将该质心坐标作为目标节点的估计位置[16]。APIT 定位算法不需要考虑节点的通信环境及网络的布置情况，定位精度较高，但是对网络的连通度要求较高。

8.3　现状分析

与陆地传感网定位不同，OSN 具有较高的动态性、较有限的能量及较特殊的高时延、低带宽的通信信道，故相比于陆地传感网定位，OSN 定位具有较大的挑战[17]。

　　为此，一些学者考虑利用基于非测距的定位算法来解决定位问题，通过网络的连通度或跳数等寻找节点间的关系，运用质心定位算法、DV-Hop 定位算法、APIT 定位算法等求得目标节点位置[18-19]。Guo 等设计了一种无锚节点的非测距定位方案，利用网络中各个相邻目标节点间的关系进行定位[20]。Saeed 等利用图论的方法，将定位问题转化为无约束优化问题，然后用共轭梯度法解决，进一步提出一种利用网络连通度的非测距定位算法[21]。然而，上述基于非测距的定位算法并未考虑海洋动态性造成的波束角与几何限制模型的不确定性。为此，Kim 等提出一种基于非测距的运动补偿移动锚定位，采用精确的基于椭圆模型的算法解决几何限制模型的不确定性[22]。此外，梅佳等针对方向性锚定位方案中因受到水流等影响导致对自身位置判定存在误差等问题，利用运动模型再对其位置进行矫正，在减小定位误差的同时提高了定位的覆盖率[23]。

　　相比基于非测距的定位，基于测距的定位算法精度更高[24]，其主要通过节点间的收发信号强度、角度、时间来求解相应的距离，并利用最小二乘法（Least Square Method）或最大似然法（Maximum Likelihood Method）等方法来求解目标节点位置[25-26]。Liu 等考虑到声波在水下传播的分层效应，提出一种基于 TOA 的联合定位与时钟同步算法，利用交互式多模型进一步对移动目标位置进行校正[27]。然而，由于海洋环境复杂，锚节点位置易受到各因素的影响而存在偏差。为此，Mridula 等则提出一种锚节点位置不确定的基于 TOA 的最大似然定位算法[28]。Saeed 等考虑到锚节点位置的不确定性，分别推导分析了基于 TOA 以及 AOA 的克拉美－罗下界（Cramer-Rao Lower Bound，CRLB）闭环表达式，并对比了加权最小二乘法（Weighted Least Squares，WLS）与线性最小二乘在锚节点不确定情况下的定位精度[29]。但实际情况下，过多的迭代往往会增加计算开销，消耗节点能量。为减少迭代次数，节省计算开销，李昂等引入 BELLHOP 射线模型，基于 TDOA 利用实时声测距算法对声射线轨迹和声速时变进行补偿，从而减小搜索空间，提高定位精度[30]。

　　与 TOA、AOA、TDOA 等方法相比，基于 RSSI 的测距方法通信开销小、成本廉价、硬件要求低，因此近年来一些学者开始探索利用 RSSI 对 OSN 目标节点进行定位。Nguyen 等通过线性回归模型，建立基于 RSSI 的指纹库，使各节点间能够快速获取相应的距离信息并用三边定位算法进行定位[31]。然而当定位的环境变化后，该指纹库获取的相关环境参数将不适用。为此，吕品品通过基于 RSSI 的球形传播模型来估计目标节点与锚节点间的距离，并结合欧几里得几何学估计目标节点位置[32]。

虽然上述方法能够有效地实现基于 RSSI 的 OSN 目标定位，但仍存在以下问题：① 定位场景往往是静态的，而在海洋环境中，特别是在水面上，受到风、流等影响，布置在海洋中的各节点位置是动态变化的，若利用静态的定位场景方法，虽能求得目标节点位置，但定位精度往往不够理想；② 由于发射功率未知，求解定位的问题往往是非线性非凸的，大部分的定位算法往往通过牺牲一定的计算量来达到较高的精度。对于想要大规模布置传感器网络来监测环境的 OSN 来说，复杂度较高会导致相应设备的负荷增加，一方面不利于设备维护，另一方面不利于对其他更有价值的海洋相关信息的数据分析与处理。

8.4 参数不确定性情况的定位算法

8.4.1 问题描述

假设监控海域内水面部署 N 个含有 GPS 位置信息的浮标传感器节点，即锚节点。受到水流的影响，浮标传感器节点及目标节点在每一时刻的位置是变化的。但值得注意的是，浮标传感器节点通常会受到锚链的限制而被约束在某一固定区域内，如图 8-1 所示。当锚链长度和水深已知时，锚节点的运动将会被约束在水面的一个圆内。假设 t 时刻第 i 个锚节点的位置为 $\boldsymbol{a}_i^t = [a_{i1}^t, \cdots, a_{ik}^t]^{\mathrm{T}}$，其中 $k \in \mathbb{R}^{2\,\mathrm{or}\,3}$，T 表示转置；目标节点 t 时刻的位置为 $\boldsymbol{x}^t = [x_1^t, \cdots, x_k^t]^{\mathrm{T}}$。锚节点收到目标节点的基于无线信号的 RSSI 信息后，利用对数–正态分布模型将传输损耗转化为距离，从而计算得到与目标节点间的相对距离[33]，即

$$P_{ri}^t = P_s^t - \mathrm{PL}(d_0) - 10\alpha^t \lg \frac{\left\| \boldsymbol{x}^t - \boldsymbol{a}_i^t \right\|}{d_0} + \gamma_i^t \tag{8-6}$$

其中，P_{ri}^t 表示第 i 个锚节点在 t 时刻收到的目标节点功率；P_s^t 表示目标节点在 t 时刻的

发射功率；$PL(d_0)$ 表示参考距离为 d_0 时的损失值，d_0 通常为 1m；α^t 表示路径损耗因子；$\|\cdot\|$ 为二阶范数；γ_i^t 表示第 i 个锚节点在 t 时刻的信号衰减噪声，假设其每一时刻的方差相等，并且服从均值为零、方差为 σ_i^2 的高斯分布，则可表示为 $\gamma_i^t \sim G(0, \sigma_i^2)$。

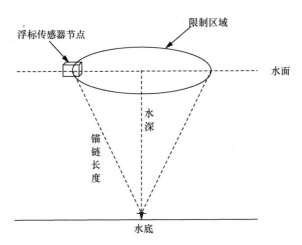

图 8-1　锚节点运动的限制区域示意图

　　由于节点设备老化，再加上环境因素的影响，不同时刻目标节点的发射功率往往是不同的。若用相同的发射功率计算得到相应的测距值，则定位误差通常较大。因此如何在发射功率未知情况下获取较精确的目标节点的位置信息是亟待解决的问题。

　　若在 t 时刻的观测向量为 $\boldsymbol{P}^t = [P_{ri}^t]^{\mathrm{T}}$，在发射功率未知情况下的概率密度函数可表示为

$$p\left(\boldsymbol{P}^t \middle| \boldsymbol{x}^t, P_0^t\right) = \prod_{i=1}^{N} \frac{1}{\sqrt{2\pi\sigma_i^2}} \exp\left\{ \left(P_{ri}^t - P_0^t + 10\alpha^t \lg \frac{\left\| \boldsymbol{x}^t - \boldsymbol{a}_i^t \right\|}{d_0} \right)^2 \middle/ 2\sigma_i^2 \right\} \quad (8\text{-}7)$$

其中，$P_0^t = P_s^t - PL(d_0)$。

　　通过最大化概率密度函数，可得到最大似然估计，即

$$F_1\left(\hat{\boldsymbol{x}}^t, \hat{P}_0^t\right) = \underset{\boldsymbol{x}^t}{\arg\min} \sum_{i=1}^{M} \frac{\left(P_{ri}^t - P_0^t + 10\alpha^t \lg \dfrac{\left\| \boldsymbol{x}^t - \boldsymbol{a}_i^t \right\|}{d_0} \right)^2}{2\sigma_i^2} \quad (8\text{-}8)$$

但是式（8-8）的求解往往较为困难，一方面由于发射功率未知，另一方面由于海洋环境的测距噪声通常是非高斯分布的，式（8-8）具有高度非凸特性，求解过程的计算复杂度较高。为此本节提出一种新的解决思路，将原问题转换到交替非负约束最小二乘（Alternating Nonnegative Constrained Least Squares，ANCLS）优化框架下，提出基于因式分解的 ANCLS 未知发射功率求解法（Transmission-Power Solving Method，TSM），结合最大的最小的（Majorization-Minimization，MM）策略，分两步联合估计目标节点位置和发射功率。

8.4.2 发射功率未知的目标定位

1. TSM

虽然路径损耗因子会变化，但根据经验可知它通常为 $2\sim6$，即 $\alpha^t\in[2,6]$。当噪声 γ_i^t 较小时，式（8-6）可转化为

$$d_0 10^{\frac{P_0^t - P_{ri}^t}{10\alpha^t}} \approx \left\| \boldsymbol{x}^t - \boldsymbol{a}_i^t \right\| \tag{8-9}$$

原最大似然估计（式（8-8））可进一步转化为最小二乘框架，即

$$\arg\min_{\boldsymbol{x}^t} \sum_{i=1}^{N} \left(d_0 10^{\mu_i^t} - \left\| \boldsymbol{x}^t - \boldsymbol{a}_i^t \right\| \right)^2 \tag{8-10}$$

其中，$\mu_i^t = (P_0^t - P_{ri}^t)/10\alpha^t$，其中每一项展开后可得

$$\arg\min_{\boldsymbol{x}^t} \sum_{i=1}^{N} \left(d_0^{\,2} 10^{2\mu_i^t} - \chi^t + 2\left(\boldsymbol{a}_i^t\right)^{\mathrm{T}} \boldsymbol{x}^t - \left\| \boldsymbol{a}_i^t \right\|^2 \right)^2 \tag{8-11}$$

其中，$\chi^t = \left\| \boldsymbol{x}^t \right\|^2$。

令 $\boldsymbol{\theta}_1^t = [x_1^t, \cdots, x_k^t, 10^{\frac{P_0^t}{5\alpha^t}}, \chi^t]^{\mathrm{T}}$，引入约束 $\boldsymbol{\theta}_1^t \geq 0$，原定位问题可进一步转化到 ANCLS 中解决，即式（8-11）中的问题可表示为

$$\arg\min_{\boldsymbol{\theta}_1^t \geq 0} \left\| \boldsymbol{A}_1 \boldsymbol{\theta}_1^t - \boldsymbol{B}_1 \right\|^2 \tag{8-12}$$

其中，

$$A_1 = \begin{bmatrix} 2\left(a_1^t\right)^{\mathrm{T}} & d_0^2 10^{\frac{-P_{r1}^t}{5\alpha^t}} & -1 \\ \vdots & \vdots & \vdots \\ 2\left(a_N^t\right)^{\mathrm{T}} & d_0^2 10^{\frac{-P_{rN}^t}{5\alpha^t}} & -1 \end{bmatrix}, B_1 = \begin{bmatrix} \left\| a_1^t \right\|^2 \\ \vdots \\ \left\| a_N^t \right\|^2 \end{bmatrix} \qquad (8\text{-}13)$$

与 ANCLS 方法相比，TSM 能够在有限迭代次数里获得较高精度的解[34]。因此，引入 TSM 来求解基于 RSSI 定位的 ANCLS 问题。

令 $\lambda = \{1, 2, \cdots, k, k+1, k+2\}$ 表示矩阵 A_1 列与向量 θ_1^t 行的索引集合，U 与 C 为 λ 的两个子集，即 $U \bigcup C = \lambda$，它们分别表示主动集与被动集。倘若存在某一向量 $r \in \mathbb{R}^{(k+2) \times 1}$，且根据 $r = A_1^{\mathrm{T}}\left(A_1\theta_1^t - B_1\right)$ 将 $1 \sim (k+2)$ 的索引整数划分至子集 U 与 C，则 r 的对偶向量 $\tilde{\xi}$ 可表示为 $\tilde{\xi} = -r = A_1^{\mathrm{T}}\left(B_1 - A_1\theta_1^t\right)$。

TSM 通过内外循环，可分两步来求解 ANCLS 问题。

（1）外循环，利用最小二乘法求得问题可行解，即

$$\arg \min_z \left\| A_{1C}\tilde{z} - B_1 \right\| \qquad (8\text{-}14)$$

其中，$\tilde{z}$ 为 $(k+2) \times 1$ 的可行解向量，A_{1C} 为 $N \times (k+2)$ 矩阵，被定义为

$$\text{column } j \text{ of } A_{1C} = \begin{cases} \text{column } j \text{ of } A_1, & j \in C \\ 0, & j \in U \end{cases} \qquad (8\text{-}15)$$

其中，j 为被动集 C 的相关索引值。

在求得可行解后，寻找索引 $q \in U$，使得 $\tilde{\xi}_q = \max\left\{\tilde{\xi}_j : j \in U\right\}$，并将该索引从主动集 U 移动到被动集 C。

（2）内循环，优化可行解，利用式（8-16）剔除约束外的解。

$$\begin{aligned} &\theta_{1Q}^t / \left(\theta_{1Q}^t - \tilde{z}_Q\right) = \min\left\{\theta_{1j}^t / \left(\theta_{1j}^t - \tilde{z}_j\right) : \tilde{z}_j \leqslant 0, j \in C\right\} \\ &\tilde{\beta} = \theta_{1Q}^t / \left(\theta_{1Q}^t - \tilde{z}_Q\right) \\ &\tilde{z} = \theta_{1Q}^t + \tilde{\beta}\left(\tilde{z} - \theta_1^t\right) \end{aligned} \qquad (8\text{-}16)$$

通过从主动集与被动集间来回交换可行解索引的过程，求解式（8-12），$\hat{P}_0^t = 5\alpha_0^t \lg(\theta_1^t|_{k+1,1})$，其中 $\theta_1^t|_{k+1,1}$ 表示待求变量 θ_1^t 的第 $k+1$ 行第一列。

TSM 具体的算法流程如下。

1. 初始化：$\boldsymbol{\theta}_1^t = \mathbf{0}_{(k+2)\times 1}$，$U = \{1, 2, \cdots, k, k+1, k+2\}$，$C = \varnothing$，$\tilde{\boldsymbol{\xi}} = \boldsymbol{A}_1^{\mathrm{T}}(\boldsymbol{B}_1 - \boldsymbol{A}_1 \boldsymbol{\theta}_1^t)$

2. **If**（$U \neq \varnothing$ 且 $\exists j \in U$ 使 $\tilde{\xi}_j > 0$）　**do**

3. 　寻找索引 $q \in U$ 使 $\tilde{\xi}_q = \max\{\tilde{\xi}_j : j \in U\}$

4. 　将索引 q 从主动集 U 移动到被动集 C

5. 　根据式（8-15）求解式（8-14）

6. 　**If**（对于 $\forall j \in C$，有 $\tilde{z}_j \leqslant 0$）　**do**

7. 　　根据式（8-16）寻找索引 $Q \in C$

8. 　　将 $\boldsymbol{\theta}_{1j}^t = 0$ 的所有索引 $j \in C$ 从被动集 C 移动至主动集 U

9. 　　根据式（8-15）定义求解式（8-14）

10. 　**End**

11. 　$\boldsymbol{\theta}_1^t = \tilde{\boldsymbol{z}}$，$\tilde{\boldsymbol{\xi}} = \boldsymbol{A}_1^{\mathrm{T}}(\boldsymbol{B}_1 - \boldsymbol{A}_1 \boldsymbol{\theta}_1^t)$

12. **End**

2. 基于 MM 的参数及位置再优化

对于 TSM 来说，只有满足限制条件时，才能得到较优解，否则只能得到局部最优解，如图 8-2 所示，其中 t 时刻各节点位置为：目标节点 $\boldsymbol{x}^t = [-3, 4]^{\mathrm{T}}$，锚节点 $\boldsymbol{a}_1^t = [2, 4]^{\mathrm{T}}$，$\boldsymbol{a}_2^t = [5, 9]^{\mathrm{T}}$，$\boldsymbol{a}_3^t = [-3, -2]^{\mathrm{T}}$，$\boldsymbol{a}_4^t = [6, 2]^{\mathrm{T}}$，$\boldsymbol{a}_5^t = [-2, 4]^{\mathrm{T}}$。为进一步优化上述相关参数及未知节点位置，提出一种 MM 策略，将问题转换成一系列凸问题来求解，并利用上述 TSM 得到的值作为初始值进行迭代，最终实现相关参数及位置的再优化。

将式（8-10）展开，去掉常数项后可得

$$\mathop{\arg\min}\limits_{\boldsymbol{x}^t, P_0^t} \sum_{i=1}^{N} \left(\left\| \boldsymbol{x}^t - \boldsymbol{a}_i^t \right\|^2 - 2d_0 10^{\mu_i^t} \left\| \boldsymbol{x}^t - \boldsymbol{a}_i^t \right\| \right) \tag{8-17}$$

式（8-17）可拆解为一个凸函数和一个凹函数，即

$$S\left(\boldsymbol{x}^t, P_0^t\right) = \underbrace{\sum_{i=1}^{N} \left\| \boldsymbol{x}^t - \boldsymbol{a}_i^t \right\|^2}_{S_1(\boldsymbol{x}^t)} + \underbrace{\sum_{i=1}^{N} \left(-2d_0 10^{\mu_i^t} \left\| \boldsymbol{x}^t - \boldsymbol{a}_i^t \right\| \right)}_{S_2(\boldsymbol{x}^t)} \tag{8-18}$$

其中，$S_1(\boldsymbol{x}^t)$ 为凸函数；$S_2(\boldsymbol{x}^t)$ 为凹函数。

在几何学中，若凹函数能够对 $(\boldsymbol{x}^t)^\eta$ 进行泰勒一阶线性展开（其中 η 表示迭代次

数），则该凹函数有上界[35]，即

$$S_2\left(\boldsymbol{x}^t\right) \leqslant S_2\left(\left(\boldsymbol{x}^t\right)^\eta\right) + \nabla S_2\left(\left(\boldsymbol{x}^t\right)^\eta\right)^{\mathrm{T}}\left(\boldsymbol{x}^t - \left(\boldsymbol{x}^t\right)^\eta\right) \tag{8-19}$$

其中，∇ 表示一阶导，最大化凹函数 $S_2(\boldsymbol{x}^t)$，则目标函数可转化为

$$S\left(\boldsymbol{x}^t \middle| \left(\boldsymbol{x}^t\right)^\eta, \left(P_0^t\right)^\eta\right) = \sum_{i=1}^N \left(\left\|\boldsymbol{x}^t - \boldsymbol{a}_i^t\right\|^2 - 2d_0 10^{\mu_i^t}\left\|\boldsymbol{x}^t - \boldsymbol{a}_i^t\right\|\right) -$$

$$2\sum_{i=1}^N d_0 10^{\mu_i^t} \frac{\left(\left(\boldsymbol{x}^t\right)^\eta - \boldsymbol{a}_i^t\right)^{\mathrm{T}}}{\left\|\left(\boldsymbol{x}^t\right)^\eta - \boldsymbol{a}_i^t\right\|}\left(\boldsymbol{x}^t - \left(\boldsymbol{x}^t\right)^\eta\right) \tag{8-20}$$

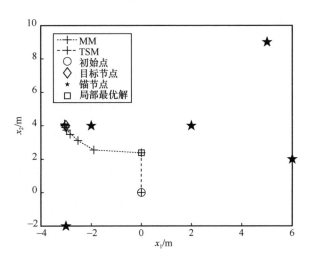

图 8-2　收敛效果示意图

为证明式（8-20）是收敛的，需要满足以下两个条件：① 目标函数有下界；② $S(\boldsymbol{x}^t \mid (\boldsymbol{x}^t)^{\eta+1}, (P_0^t)^{\eta+1}, (\alpha^t)^{\eta+1}) \leqslant S(\boldsymbol{x}^t \mid (\boldsymbol{x}^t)^\eta, (P_0^t)^\eta, (\alpha^t)^\eta)$，即目标函数为非增函数，且收敛于极限点 S^*。

设 $\boldsymbol{\mathcal{I}} = [\boldsymbol{x}^t, P_0^t]^{\mathrm{T}}$ 为目标函数待估计变量。

证明 1：根据式（8-18）可知，$S(\boldsymbol{\mathcal{I}}) + \sum_{i=1}^N d_0^2 10^{2\mu_i^t} \geqslant 0$，即 $S(\boldsymbol{\mathcal{I}}) \geqslant -\sum_{i=1}^N d_0^2 10^{2\mu_i^t}$，因此该目标函数有下界，收敛条件①证毕。

证明 2：$S(\boldsymbol{x}^t, P_0^t)$ 由一个凸函数和一个凹函数组成，由于

$$S\left(\mathcal{J}\big|\mathcal{J}^{\eta}\right)-S\left(\mathcal{J}\right)=S_2\left(\mathcal{J}^{\eta}\right)+\nabla^{\mathrm{T}}S_2\left(\mathcal{J}^{\eta}\right)\left(\mathcal{J}-\mathcal{J}^{\eta}\right)-S_2\left(\mathcal{J}\right) \tag{8-21}$$

因此，该目标函数有上界，即

$$S\left(\mathcal{J}\big|\mathcal{J}^{\eta}\right)-S\left(\mathcal{J}\right)\geqslant S\left(\mathcal{J}^{\eta}\big|\mathcal{J}^{\eta}\right)-S\left(\mathcal{J}^{\eta}\right) \tag{8-22}$$

假设 $\Gamma=S\left(\mathcal{J}\big|\mathcal{J}^{\eta}\right)-S\left(\mathcal{J}\right)$，由于该函数由一个仿射函数项加一个凸函数项构成，因此 Γ 是凸的，即 $\nabla\Gamma\big|_{\mathcal{J}=\mathcal{J}^{\eta}}=0$。故该目标函数为非增函数，收敛于某一个极限点，即

$$S\left(\mathcal{J}^{\eta+1}\right)\leqslant S\left(\mathcal{J}^{\eta+1}\big|\mathcal{J}^{\eta}\right)-c^{\eta}\leqslant S\left(\mathcal{J}^{\eta}\big|\mathcal{J}^{\eta}\right)-c^{\eta}\leqslant S\left(\mathcal{J}^{\eta}\right)=S^{*} \tag{8-23}$$

其中，$c^{\eta}=S(\mathcal{J}^{\eta}\big|\mathcal{J}^{\eta})-S(\mathcal{J}^{\eta})$。收敛条件②证毕。

联合估计过程可分为两步。

（1）将利用 TSM 求得的 $\hat{P}_0^t$ 作为第 η 次迭代的值，即 $(P_0^t)^{\eta}=\hat{P}_0^t$，更新第 $\eta+1$ 次迭代的位置，即

$$\left(\boldsymbol{x}^t\right)^{\eta+1}=\frac{1}{N}\sum_{i=1}^{N}\left(\boldsymbol{a}_i^t+d_0 10^{\mu_i^t}\frac{\left(\left(\boldsymbol{x}^t\right)^{\eta}-\boldsymbol{a}_i^t\right)^{\mathrm{T}}}{\left\|\left(\boldsymbol{x}^t\right)^{\eta}-\boldsymbol{a}_i^t\right\|}\right) \tag{8-24}$$

（2）根据第 $\eta+1$ 次迭代更新的位置值 $(\boldsymbol{x}^t)^{\eta+1}$ 更新第 $\eta+1$ 次迭代的未知发射功率

$$\left(P_0^t\right)^{\eta+1}=\frac{1}{N}\sum_{i=1}^{N}\left(10\alpha^t\cdot\lg\frac{\left\|\left(\boldsymbol{x}^t\right)^{\eta}-\boldsymbol{a}_i^t\right\|}{d_0}+P_{ri}^t\right) \tag{8-25}$$

设总迭代数为 $\eta^{\bullet}$，则 MM 算法流程如下。

1. 输入：$\hat{P}_0^t$，$\hat{x}^t$

2. 初始化：$(\boldsymbol{x}^t)^1\leftarrow\hat{\boldsymbol{x}}^t$，$(P_0^t)^1\leftarrow\hat{P}_0^t$，$\eta\leftarrow 1$

3. **While**（$\eta<\eta^{\bullet}$）　**do**

4. 　根据式（8-24）更新 $(\boldsymbol{x}^t)^{\eta+1}$

5. 　根据式（8-25）更新 $(P_0^t)^{\eta+1}$

6. **End While**

7. 输出：$\boldsymbol{x}^t\leftarrow(\boldsymbol{x}^t)^{\eta^{\bullet}}$，$P_0^t\leftarrow(P_0^t)^{\eta^{\bullet}}$

3．TSM-MM 定位性能评价指标

作为无偏估计的评价标准，CRLB 通常用来评估定位算法的性能。由于存在非

高斯噪声，无法得到闭环表达式，因此，采用 MC 仿真策略来求其固有精度，并得到其闭环表达式。CRLB 被定义为 **FIM** 逆的迹，即

$$\text{CRLB} \triangleq \text{Tr}\left(\mathbf{FIM}^{-1}\right) = \text{Tr}\left[\left(\frac{\partial P_{ri}^t}{\partial \boldsymbol{\theta}}\right)^{\text{T}} \Sigma^{-1} \left(\frac{\partial P_{ri}^t}{\partial \boldsymbol{\theta}}\right)\right]^{-1} \tag{8-26}$$

其中，Σ^{-1} 利用 MC 仿真策略求得，即

$$\Sigma^{-1} \approx \frac{1}{N_C} \sum_{\text{sample}=1}^{N_C} \frac{\left[\nabla_{\eta} p(\gamma_i)^{\text{sample}}\right]^2}{p^2 \left[(\gamma_i)\right]^{\text{sample}}} \tag{8-27}$$

当 $d_0 = 1\text{m}$，发射功率未知时，

$$\frac{\partial P_{ri}^t}{\partial \boldsymbol{\theta}_i} = \left(\Xi \cdot \frac{x_1^t - a_{i1}^t}{\left\|\boldsymbol{x}^t - \boldsymbol{a}_i^t\right\|}, \cdots, \Xi \cdot \frac{x_k^t - a_{ik}^t}{\left\|\boldsymbol{x}^t - \boldsymbol{a}_i^t\right\|}, 1\right) \tag{8-28}$$

其中，$\Xi = -\dfrac{10\alpha^t}{\ln 10 \left\|\boldsymbol{x}^t - \boldsymbol{a}_i^t\right\|}$。

则发射功率未知时的 CRLB 可表示为

$\text{CRLB}_1 =$

$$\text{Tr}\left(\Sigma^{-1}\begin{bmatrix} \sum_{i=1}^{N} \Xi^2 \dfrac{\left(x_1^t - a_{i1}^t\right)^2}{\left\|\boldsymbol{x}^t - \boldsymbol{a}_i^t\right\|^2} & \cdots & \sum_{i=1}^{N} \Xi^2 \dfrac{\left(x_1^t - a_{i1}^t\right)\left(x_k^t - a_{ik}^t\right)}{\left\|\boldsymbol{x}^t - \boldsymbol{a}_i^t\right\|^2} & \sum_{i=1}^{N} \Xi \dfrac{x_1^t - a_{i1}^t}{\left\|\boldsymbol{x}^t - \boldsymbol{a}_i^t\right\|} \\ \vdots & \ddots & \vdots & \vdots \\ \sum_{i=1}^{N} \Xi^2 \dfrac{\left(x_1^t - a_{i1}^t\right)\left(x_k^t - a_{ik}^t\right)}{\left\|\boldsymbol{x}^t - \boldsymbol{a}_i^t\right\|^2} & \cdots & \sum_{i=1}^{N} \Xi^2 \dfrac{\left(x_k^t - a_{ik}^t\right)^2}{\left\|\boldsymbol{x}^t - \boldsymbol{a}_i^t\right\|^2} & \sum_{i=1}^{N} \Xi \dfrac{x_k^t - a_{ik}^t}{\left\|\boldsymbol{x}^t - \boldsymbol{a}_i^t\right\|} \\ \sum_{i=1}^{N} \Xi \dfrac{x_1^t - a_{i1}^t}{\left\|\boldsymbol{x}^t - \boldsymbol{a}_i^t\right\|} & \cdots & \sum_{i=1}^{N} \Xi \dfrac{x_k^t - a_{ik}^t}{\left\|\boldsymbol{x}^t - \boldsymbol{a}_i^t\right\|} & N \end{bmatrix}^{-1}\right)$$

$$\tag{8-29}$$

4. 算法复杂度

对于 TSM 算法来说，求解过程是基于最小二乘实现的。因此，TSM 的算法复杂度跟锚节点的数量 N 成线性关系，即 $O(N)$；而 MM 是基于梯度下降法迭代求解

问题的，因此，假设总迭代数为 η^*，MM 的算法复杂度为 $O(\eta^*)$。当发射功率未知时，通过 TSM 结合 MM 来求解相关功率及位置，因此算法复杂度为 $O(N+\eta^*)$。对于 SRWLS 来说，在每一次二分法过程中，都需要求解对角矩阵的逆矩阵。因此相对于 TSM 算法，SRMLS 算法更为复杂，设总的迭代数为 τ，若最坏的情况发生，则 SRWLS 算法的复杂度为 $O(\tau N)$。不同算法的复杂度见表 8-1，包括 WLS、SRWLS、块坐标下降估计（Block Coordinate Decent Estimation，BCDE）、TSM 及 TSM-MM。

表 8-1   不同算法的复杂度

算法	复杂度
WLS[36]	$O(N)$
SRWLS[37]	$O(\tau N)$
BCDE[38]	$O(2\tau N)$
TSM	$O(N)$
TSM-MM	$O(N+\eta^*)$

5. 仿真实验与分析

为验证本节所提算法的有效性，在 MATLAB R2018b 平台上进行仿真。由于海洋的高度动态性，在仿真中设置每一次 MC 仿真的锚节点和目标节点位置是动态变化的。但受到锚链的限制，锚节点被约束在圆内。假设水深为 8m，锚链长度为 10m，则锚节点被限制在以 6m 为半径的圆内。噪声由两个高斯噪声构成，其比例分别为 0.7 和 0.3，即 $\gamma_i^t \sim 0.7 \times G_1(0, \sigma_{1i}^2) + 0.3 \times G_2(0, \sigma_{2i}^2)$。仿真实验固定参数见表 8-2。

表 8-2   仿真实验固定参数

参数	具体数值
k	2
MC	1000
η^*	1000
仿真区域边长	35m

此外，以 RMSE 为评价标准，对比不同算法的性能。

$$\text{RMSE}_{x^t} = \sqrt{\frac{1}{\text{MC}} \sum_{\text{nu}=1}^{\text{MC}} \left(\hat{x}^t - x^t \right)^2}$$

$$\text{RMSE}_{P_0^t} = \sqrt{\frac{1}{\text{MC}} \sum_{\text{nu}=1}^{\text{MC}} \left(\hat{P}_0^t - P_0^t \right)^2} \qquad (8\text{-}30)$$

其中，MC 表示 MC 仿真总次数，nu 表示 MC 仿真次数。

（1）不同锚节点数量定位场景

为探究不同锚节点数量对定位的影响，仿真设置路径损耗因子 $\alpha^t = 3.5$，两个高斯噪声的方差均值分别为 $\sigma_{1i}^2 = 3\text{dB}$ 及 $\sigma_{2i}^2 = 4\text{dB}$。随着锚节点数量的增加，网络中可用估计的信息增加。因此，从图 8-3 可以看出，当锚节点数量增加时，算法的估计误差均有所下降。因为 TSM 易陷入局部最优估计，故其估计误差比 TSM-MM 大。当锚节点数量较少，即 $N = 4$ 时，TSM-MM 和 SRWLS 的估计误差较接近。随着可用估计的信息增加，TSM-MM 相较于其他算法性能更优越，且更加接近 CRLB。为进一步深入探究 TSM-MM 的优越性，在锚节点数量 $N = 8$ 时，进行相应的累计分布函数（Cumulative Distributed Function，CDF）仿真，如图 8-4 所示，可以看出 TSM-MM 对位置的估计误差$\| \hat{\boldsymbol{x}}^t - \boldsymbol{x}^t \| \leqslant 10\text{m}$ 的概率达到 90%，而 WLS、BCDE、SRWLS 及 TSM 在达到同等估计误差情况下的概率分别为 62%、67%、74% 及 64%。由此可见，在不同数量锚节点场景下，当 $N > 4$ 时，TSM-MM 的性能优于其他算法。

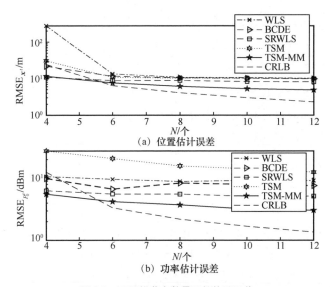

图 8-3　不同锚节点数量下的估计误差

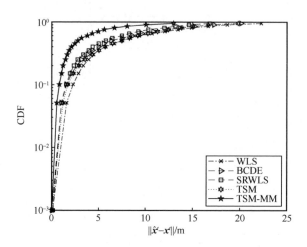

图 8-4　锚节点数量 $N=8$ 时的 CDF

（2）不同路径损耗因子的定位场景

为研究不同路径损耗因子对定位的影响，仿真设置锚节点数量 $N=8$，两个高斯噪声的方差均值分别为 $\sigma_{1i}^2 = 3\text{dB}$ 及 $\sigma_{2i}^2 = 4\text{dB}$。从图 8-5 可以看出，当路径损耗因子 $\alpha^t = \{2,3,4,5,6\}$ 时，除了 BCDE，其他算法对发射功率 P_0^t 估计均具有较好的鲁棒性。与之相反的是，各算法对位置信息的估计误差随着路径损耗因子 α^t 的增大而逐渐减小。虽然当 $\alpha^t = 2$ 时，TSM-MM 与 CRLB 的误差较接近，但随着路径损耗因子 α^t 的增大，CRLB 与 TSM-MM 之间的距离逐渐拉大。尽管如此，对于 TSM-MM 而言，其定位估计的性能相较于其他算法还是存在一定的优越性。为进一步说明这种优越性，在 $\alpha^t = 4$ 时，对各算法的 CDF 做仿真实验。从图 8-6 可以看出，TSM-MM 的估计误差 $\| \hat{\boldsymbol{x}}^t - \boldsymbol{x}^t \| \leqslant 9\text{m}$ 的概率达到 90%，而 WLS、BCDE、SRWL 及 TSM 达到相同概率的估计误差分别为 $\| \hat{\boldsymbol{x}}^t - \boldsymbol{x}^t \| \leqslant 15\text{m}$、$\| \hat{\boldsymbol{x}}^t - \boldsymbol{x}^t \| \leqslant 16\text{m}$、$\| \hat{\boldsymbol{x}}^t - \boldsymbol{x}^t \| \leqslant 13\text{m}$ 及 $\| \hat{\boldsymbol{x}}^t - \boldsymbol{x}^t \| \leqslant 16\text{m}$。

（3）不同非高斯噪声的定位场景

此外，为研究不同非高斯噪声对定位的影响，仿真设置锚节点数量 $N=8$，路径损耗因子 $\alpha^t = 3.5$，$\sigma_{1i}^2 = \{1,3,5,7,9\}$，$\sigma_{2i}^2 = \{2,4,6,8,10\}$。从图 8-7 可以看出，随着噪声的增加，各算法的估计误差增大。在噪声较小时，WLS、BCDE、SRWLS 及 TSM 的估计误差较接近。但随着噪声的增大，SRWLS 与其他算法的间距也增大，

即估计误差优于 WLS、BCDE 及 TSM，但性能劣于 TSM-MM。对于 TSM-MM 而言，随着噪声的增大，估计误差更接近 CRLB。$\sigma_{1i}^2 = 1\text{dB}$ 和 $\sigma_{2i}^2 = 2\text{dB}$ 时的 CDF 如图 8-8 所示，从图 8-8 可以看出，TSM-MM 的估计误差 $\|\hat{\boldsymbol{x}}^t - \boldsymbol{x}^t\| \leqslant 3\text{m}$ 的概率达到 90%，而 WLS、BCDE、SRWL 及 TSM 达到相同概率的估计误差分别为 $\|\hat{\boldsymbol{x}}^t - \boldsymbol{x}^t\| \leqslant 8.35\text{m}$、$\|\hat{\boldsymbol{x}}^t - \boldsymbol{x}^t\| \leqslant 7.60\text{m}$、$\|\hat{\boldsymbol{x}}^t - \boldsymbol{x}^t\| \leqslant 7.52\text{m}$ 及 $\|\hat{\boldsymbol{x}}^t - \boldsymbol{x}^t\| \leqslant 7.64\text{m}$。

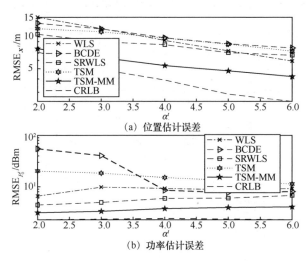

(a) 位置估计误差

(b) 功率估计误差

图 8-5　不同路径损耗因子情况下的估计误差

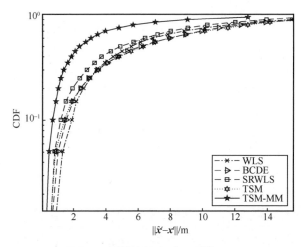

图 8-6　路径损耗因子 $\alpha^t = 4$ 时的 CDF

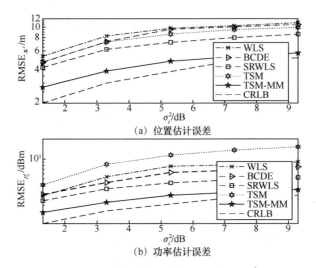

(a) 位置估计误差

(b) 功率估计误差

图 8-7　不同非高斯噪声情况下的估计误差

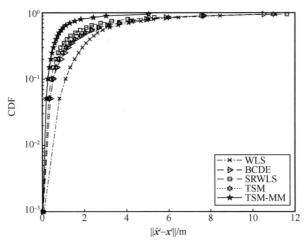

图 8-8　$\sigma_{1i}^2 = 1\text{dB}$ 和 $\sigma_{2i}^2 = 2\text{dB}$ 时的 CDF

从上述实验可以看出，TSM-MM 的性能优于除 CRLB 外的其他算法，且更接近 CRLB。这种性能的优越性在一定程度上是由于：① 通过第一阶段优化（TSM）得到一个相对满意的初始点；② 在第二阶段优化中，基于泰勒线性化近似的 MM 策略解决一系列凸问题。具体来说，在第一阶段优化中，涉及两步优化，即寻找可行解（外循环）和优化可行解（内循环）。虽然在寻找可行解中采用了类似的最小二乘法，但与传统的最小二乘法相比，内循环可以进一步过滤约束条件以外的不可行点。然而，由于最小二乘法是近似估计，求得的解往往陷入局部最小，这就推动了第二阶段的优化。在第二阶段，通过泰勒线性化求解一系列凸问题，具有较好的收敛性，当迭代的初始解较好时，其估计性能将有所提高。因此，在不同的场景下，TSM-MM 具有较好的鲁棒性及较优越的估计性能。

8.5　小结

本章首先总体介绍了定位的相关概念以及主要的定位算法，随后详细地阐述了现阶段 OSN 定位的发展情况及不足之处，最后研究了一种发射功率未知的 OSN 目标节点定位问题，充分考虑实际应用场景，将锚节点限制在一个圆内，每个时刻的锚节点及目标节点位置动态变化，并将原非线性非凸问题转换为在基于 RSSI 定位的 ANCLS 框架下利用 TSM 在主动集与被动集中交换可行解索引问题，即寻找可行解及优化可行解两步法。但由于 TSM 实质上是一种最小二乘法的近似估计，因此易陷入局部最小。为进一步优化估计值，结合一种 MM 策略，将原问题运用泰勒一阶展开式变为一系列凸问题，以 TSM 求得的解为初始点，利用梯度下降法进行优化并求得最终解。此外，基于 MC 仿真推导得到 CRLB 在发射功率未知情况下的闭环表达式。通过计算复杂度以及在不同场景中的仿真实验，证实了 TSM-MM 算法能够在较低计算复杂度情况下有着较好的定位性能。

参考文献

[1]　LAOUDIAS C, MOREIRA A, KIM S, et al. A survey of enabling technologies for network localization, tracking, and navigation[J]. IEEE Communications Surveys & Tutorials, 2018, 20(4): 3607-3644.

[2]　SHIT R C, SHARMA S, PUTHAL D, et al. Location of things (LoT): a review and taxonomy of sensors localization in IoT infrastructure[J]. IEEE Communications Surveys & Tutorials, 2018, 20(3): 2028-2061.

[3]   PALUCH R, GAJEWSKI Ł G, HOŁYST J A, et al. Optimizing sensors placement in complex networks for localization of hidden signal source: a review[J]. Future Generation Computer Systems, 2020, 112: 1070-1092.

[4]   SAEED N, NAM H, AL-NAFFOURI T Y, et al. A state-of-the-art survey on multidimensional scaling-based localization techniques[J]. IEEE Communications Surveys & Tutorials, 2019, 21(4): 3565-3583.

[5]   SHIT R C, SHARMA S, PUTHAL D, et al. Ubiquitous localization (UbiLoc): a survey and taxonomy on device free localization for smart world[J]. IEEE Communications Surveys & Tutorials, 2019, 21(4): 3532-3564.

[6]   HOANG M T, YUEN B, DONG X D, et al. Recurrent neural networks for accurate RSSI indoor localization[J]. IEEE Internet of Things Journal, 2019, 6(6): 10639-10651.

[7]   BIANCHI V, CIAMPOLINI P, DE MUNARI I. RSSI-based indoor localization and identification for ZigBee wireless sensor networks in smart homes[J]. IEEE Transactions on Instrumentation and Measurement, 2019, 68(2): 566-575.

[8]   SUN Y M, HO K C, WAN Q. Eigenspace solution for AOA localization in modified polar representation[J]. IEEE Transactions on Signal Processing, 2020, 68: 2256-2271.

[9]   HAMDOLLAHZADEH M, AMIRI R, BEHNIA F. Optimal sensor placement for multi-source AOA localisation with distance-dependent noise model[J]. IET Radar, Sonar & Navigation, 2019, 13(6): 881-891.

[10] SHEN J Y, MOLISCH A F, SALMI J. Accurate passive location estimation using TOA measurements[J]. IEEE Transactions on Wireless Communications, 2012, 11(6): 2182-2192.

[11] GENG C H, YUAN X, HUANG H. Exploiting channel correlations for NLOS ToA localization with multivariate Gaussian mixture models[J]. IEEE Wireless Communications Letters, 2020, 9(1): 70-73.

[12] SUN Y M, HO K C, WAN Q. Solution and analysis of TDOA localization of a near or distant source in closed form[J]. IEEE Transactions on Signal Processing, 2019, 67(2): 320-335.

[13] MAZUELAS S, CONTI A, ALLEN J C, et al. Soft range information for network localization[J]. IEEE Transactions on Signal Processing, 2018, 66(12): 3155-3168.

[14] KAUR A, KUMAR P, GUPTA G P. A weighted centroid localization algorithm for randomly deployed wireless sensor networks[J]. Journal of King Saud University - Computer and Information Sciences, 2019, 31(1): 82-91.

[15] CAI X J, WANG P H, DU L, et al. Multi-objective three-dimensional DV-Hop localization algorithm with NSGA-II[J]. IEEE Sensors Journal, 2019, 19(21): 10003-10015.

[16] CHEN K Y, XU J H, FU Y X, et al. Performance evaluation of an improved APIT localization algorithm for underwater acoustic sensor networks[J]. Journal of Computers, 2018, 29(1): 132-142.

[17] SAEED N, CELIK A, AL-NAFFOURI T Y, et al. Underwater optical wireless communications, networking, and localization: a survey[J]. Ad Hoc Networks, 2019, 94: 101935.

[18] WANG J, URRIZA P, HAN Y X, et al. Weighted centroid localization algorithm: theoretical analysis and distributed implementation[J]. IEEE Transactions on Wireless Communications, 2011, 10(10): 3403-3413.

[19] KUMAR S, LOBIYAL D K. Novel DV-Hop localization algorithm for wireless sensor networks[J]. Telecommunication Systems, 2017, 64(3): 509-524.

[20] GUO Y, LIU Y T. Localization for anchor-free underwater sensor networks[J]. Computers and Electrical Engineering, 2013, 39(6): 1812-1821.

[21] SAEED N, CELIK A, ALOUINI M S, et al. Performance analysis of connectivity and localization in multi-hop underwater optical wireless sensor networks[J]. IEEE Transactions on Mobile Computing, 2019, 18(11): 2604-2615.

[22] KIM Y, EROL-KANTARCI M, NOH Y, et al. Range-free localization with a mobile beacon via motion compensation in underwater sensor networks[J]. IEEE Wireless Communications Letters, 2021, 10(1): 6-10.

[23] 梅佳, 高明生, 季洪翠. 基于分层航行的 LDB 非测距水下定位算法[J]. 电子测量技术, 2018, 41(15): 82-86.

[24] SU X, ULLAH I, LIU X F, et al. A review of underwater localization techniques, algorithms, and challenges[J]. Journal of Sensors, 2020, 2020: 1-24.

[25] ZOU Y B, LIU H P. TDOA localization with unknown signal propagation speed and sensor position errors[J]. IEEE Communications Letters, 2020, 24(5): 1024-1027.

[26] HUANG H, ZHENG Y R. Node localization with AoA assistance in multi-hop underwater sensor networks[J]. Ad Hoc Networks, 2018, (78): 32-41.

[27] LIU J, WANG Z H, CUI J H, et al. A joint time synchronization and localization design for mobile underwater sensor networks[J]. IEEE Transactions on Mobile Computing, 2016, 15(3): 530-543.

[28] MRIDULA K M, AMEER P M. Localization under anchor node uncertainty for underwater acoustic sensor networks[J]. International Journal of Communication Systems, 2018, 31(2): 3445.

[29] SAEED N, CELIK A, ALOUINI M S, et al. Analysis of 3D localization in underwater optical wireless networks with uncertain anchor positions[J]. Science China Information Sciences, 2020, 63(10): 1-8.

[30] 李昂, 陈姝君, 王艳. 水下传感网络中基于BELLHOP模型的声测距算法[J]. 中国电子科学研究院学报, 2019, 14(10): 1083-1087.

[31] NGUYEN T L N, SHIN Y. An efficient RSS localization for underwater wireless sensor networks[J]. Sensors (Basel, Switzerland), 2019, 19(14): 3105.

[32] 吕品品. 水下传感网络的三维定位算法[J]. 导航定位学报, 2019, 7(3): 11-16.

[33] MEI X J, WU H F, XIAN J F. Matrix factorization-based target localization via range measurements with uncertainty in transmit power[J]. IEEE Wireless Communications Letters, 2020, 9(10): 1611-1615.

[34] CIMINI G, BEMPORAD A. Exact complexity certification of active-set methods for quadratic programming[J]. IEEE Transactions on Automatic Control, 2017, 62(12): 6094-6109.

[35] BECK A. First-order methods in optimization[M]. Philadelphia: Society for Industrial and Applied Mathematics, 2017.

[36] WANG G, CHEN H, LI Y M, et al. On received-signal-strength based localization with unknown transmit power and path loss exponent[J]. IEEE Wireless Communications Letters, 2012, 1(5): 536-539.

[37] CHANG S M, LI Y M, HE Y C, et al. Target localization in underwater acoustic sensor networks using RSS measurements[J]. Applied Sciences, 2018, 8(2): 225.

[38] HU Y C, LEUS G. Robust differential received signal strength-based localization[J]. IEEE Transactions on Signal Processing, 2017, 65(12): 3261-3276.

第 9 章

海洋卫星通信技术

海洋面积广阔、环境复杂，且远离陆地上的通信基础架构。船舶在汪洋大海中行驶，卫星通信系统是其进行语言与数据通信的唯一媒介。经过几十年的发展，卫星通信系统从模拟化到数字化，带宽逐渐增加、业务更加多样、成本日益降低。

9.1 卫星通信的基本概念和特点

9.1.1 卫星通信的基本概念

卫星通信利用人造卫星作为中继站转发无线电波，从而实现地面站点之间、地面站点与航天器之间的通信。简言之，卫星通信将地球上偏远的、孤立的地区与主要通信网络连接起来，使这些地区的用户能便捷地享受电话、电视、互联网等服务。卫星通信面向地球上电信网和蜂窝移动通信无法覆盖的地区，如偏远山区、海洋、沙漠、丛林等，为其提供语音、数据、电视广播等服务。

卫星通信覆盖广、铺设便捷，是地面公用网的有力补充和扩展。特别是在海洋上，通信基础设施无法建设，用户的通信需求大多靠卫星通信系统实现。另外，卫星通信成本低、易扩容、具备较强灵活性，在面临洪水、地震等自然灾害时，可以提供迅速普及的通信服务。1964 年，国际通信卫星组织（INTELSAT）在华盛顿成立，并发展为目前世界上最大的卫星组织。20 世纪 70 年代，国际海事卫星组织（International Maritime Satellite Organization，INMARSAT）建立了 Inmarsat 系统，为全球用户特别是海上用户提供了最早的卫星通信服务。今天，卫星通信系统仍然是海上语音和数据的主要承载网络。

9.1.2　卫星通信系统组成

卫星通信系统由空间段、地面段和用户段三部分组成。空间段的主体是卫星，卫星工作在不同高度的绕地轨道，核心设备是星载转发器，现代转发器不仅能实现放大转发，还具有信号再生和交换功能。空间段还包括与卫星相关的部件，即地面卫星控制中心（Satellite Control Center，SCC）和跟踪、遥测及指令站（Tracking, Telemetry and Command Station，TT&C）[1-5]。

地面段的主体是地球站，包括与用户相关的部件，如用户访问卫星转发器、用户间地面通信设施等。地球站是地面网络与卫星间的接口，提供与卫星间的星地链路，装配相应的硬件设备和协议，可以是地面的卫星通信站，或者设置在飞机、船舶上的卫星通信站。用户段包括用户终端、用户终端与地球站间的链路，以及与链路相匹配的网关或接口。

9.1.3　卫星通信的分类

卫星通信作为地面通信系统的补充，在电视广播、数据、语音、定位导航等业务领域提供服务。卫星通信系统一般面向某一项主要业务，但同时支持多种业务类型。按照主要业务的类型，卫星通信可分为以下几类。

（1）卫星电视广播系统

视频节目转播是卫星早期的主要业务，为农村和偏远山区解决了看电视难的问题。初期的电视节目以模拟信号的形式传输，占用大量带宽。随着数字视频压缩技术的发展完善，电视节目改为以数字方式传输，提高了视频质量和带宽利用率。目前，视频广播信号已经实现演播室内数字化，经过 MPEG-2 编码后，根据视频节目的质量高低，电视广播分为低清晰度电视（Low Definition TV，LDTV）、标准清晰

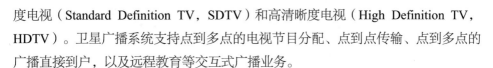

度电视（Standard Definition TV，SDTV）和高清晰度电视（High Definition TV，HDTV）。卫星广播系统支持点到多点的电视节目分配、点到点传输、点到多点的广播直接到户，以及远程教育等交互式广播业务。

（2）卫星宽带通信系统

提供数据通信和宽带业务是当代卫星通信系统的主要业务之一。卫星宽带通信系统以传输高速数据和多媒体文件为主要目标，将卫星用户接入 Internet。卫星宽带通信系统还可以作为 Internet 的骨干网。针对卫星系统高时延、高差错率、上下行不对称等特点，卫星宽带通信系统改进了 TCP/IP 技术。近年来，以星链为代表的低轨卫星宽带系统得到迅速发展。

（3）卫星移动通信系统

电话业务是卫星通信系统支持的最重要、最广泛的业务之一，可以使地面通信网络无法覆盖的地区实现低成本、易扩展的电话通信。相比地面蜂窝移动通信系统，卫星移动通信系统覆盖广、易扩容、标准统一，适合地广人稀、业务量有限的偏远地区。Inmarsat 系统是非常早的全球性卫星移动通信网络，最初面向海上用户。代表性卫星移动通信系统还有采用低地球轨道的铱系统（Iridium）和全球星系统（Globalstar），以及采用地球静止轨道的亚洲蜂窝卫星通信系统（ACeS）。

（4）卫星定位导航系统

20 世纪 60 年代，美国建成了全球首个卫星定位导航系统——子午仪系统，利用低轨卫星的多普勒效应实现定位。经过多年发展，目前已建成 4 个全球性导航系统，分别是美国的 GPS、俄罗斯的 GLONASS、欧洲的伽利略卫星导航系统和我国的北斗导航卫星系统。这些系统都采用伪码测距定位技术，覆盖范围遍及全球，定位精度可达 10m 以内，属于第二代卫星定位导航系统。近年来，我国的北斗三号全球卫星导航系统建设完成，GPS 也在进行第三代升级进化，这标志着第三代卫星定位导航时代的到来。

另外，按照卫星轨道高度，卫星通信系统可分为低地球轨道（Low Earth Orbit，LEO）卫星通信系统、中地球轨道（Medium Earth Orbit，MEO）卫星通信系统和地球静止轨道（Geostationary Earth Orbit，GEO）卫星通信系统。LEO 卫星通信系统的轨道高度在 500～1500km，MEO 卫星通信系统的轨道高度在 10000～20000km。在 LEO 与 MEO 之间不适合卫星运行，这是因为在 2000～8000km 的空间存在一个强电离带——范艾仑辐射带。地球静止轨道卫星通信系统的轨道高度为 35786km，轨道面与赤道面重合，运行周期为一个恒星日（23h56min4s）。

9.2 卫星通信网络体系结构

9.2.1 卫星宽带通信系统

卫星宽带通信系统将用户的语音、数据、图像和视频通过卫星传送，提供接入因特网的服务。卫星宽带通信系统的主要功能有两大类：一类是为用户提供因特网的高速接入服务；另一类是为因特网运营商（Internet Service Provider，ISP）提供骨干传输网络，联通地球上的不同区域。对于第一类应用，用户所在的卫星网络通过信关站与 ISP 相连。从 ISP 到信关站再到用户终端的链路为前向链路，从用户终端到 ISP 的链路为反向链路。一般来说，前向链路的传输数据量大于反向链路，通过高速卫星链路实现。反向链路对带宽要求不高，一般通过地面有线网络或低速卫星链路实现。

卫星宽带通信系统中，卫星承担数据分组的交换功能。卫星 IP 技术可以支持各种卫星业务数据，提高星地链路性能。关键卫星 IP 技术包括卫星 IP QoS、卫星隧道技术、卫星星座路由技术等。

典型的卫星宽带通信系统有美国 Spaceway-3、泰国 IP-STAR 系统和英国 O3b系统。当前，商业低轨卫星宽带系统成为各国争先发展的领域，比如星链计划、柯伊伯计划等。

9.2.2 卫星移动通信系统

卫星移动通信系统由空间段、地面段和用户段组成。空间段由多个卫星组成，这些卫星互联构成卫星星座。星座可以运行在同一个轨道，也可以采用不同类型的混合轨道。星座中的卫星除了转发用户数据，还要维护星际链路，因此需具备中继转发、星上处理和星际路由等功能。地面段主要由 3 个部分组成：信关站、网络控制中心和卫星控制中心。另外,系统运行还需要用户信息管理系统具有维护用户数据库、计费、账单生成等功能。网络控制中心的主要任务包括系统资源和呼叫流管理、网络运行和维护。用户段由各种用户终端设备组成,主要分为移动终端和便携终端。移动终端支持移动通话,包括个人手持设备和车(汽车、飞机、火车等)载设备。便携设备指的是尺寸与笔记本电脑相当,可以携带、移动,但不支持移动工作的设备。

近些年来,卫星在海洋探索活动中的作用更加重要,卫星通信系统得到综合应用。

(1)极地地区的卫星

在两极地区虽然人类活动不活跃,但仍有传输大量数据的需求,比如水文气象、冰面覆盖、野生动物信息等。由于缺少地面网络,两极地区的通信大多依赖卫星系统。另外,卫星图片也是分析两极地区水面、冰面状况的信息来源。两极地区的覆盖需要极地轨道卫星或高椭圆轨道卫星的支持[6]。

(2)多系统融合应用

下一代海上网络支持多任务、立体的、多节点融合的应用。文献[7]提出了下一代海洋监测网络的概念,将海上平台、浮标、AUV 等整合为异构网络,从节点的功耗、数据量、移动性等特征出发,通过卫星移动通信系统、卫星导航系统、低轨卫星互联网等系统支持不同类型的节点。

(3)卫星物联网

近年来,Inmarsat、铱星公司、欧洲通信卫星(Eutelsat)公司等传统卫星运营商将物联网服务作为重点业务之一。近年来,卫星研发门槛和发射成本不断降低,大批初创企业蓬勃发展,意在推出低轨物联网小卫星星座,为全球用户提供物联网服务。

9.3　卫星网络的关键技术

9.3.1　卫星网络的路由协议

星座路由能提高卫星通信系统对地面的覆盖能力,实现大跨度的业务传输,使地球站的部署更加便捷。星座路由可以在同轨道卫星间进行，也可以在混合轨道间进行。星座路由的核心问题是路由协议的设计。地面 Internet 采用的路由协议，如开放最短路径优先（Open Shortest Path First，OSPF）协议和路由信息协议（Routing Information Protocol，RIP），都是动态路由协议，需要发现网络拓扑变化、获取最新信息并扩散至全网。

同轨道卫星的相对位置保持不变，因此可以建立永久性链路。而不同轨道间的卫星存在相对运动和位置变化，可以建立半永久链路。特别是 LEO 卫星系统，其卫星运动速度高、网络拓扑变化迅速，难以快速更新全网信息。因此，Internet 路由协议在卫星星座中难以有效运行。

另外，卫星星座也具有自身特点。首先，星座中卫星的运行具有规律性，而且其规律完全可以通过开普勒定律精确计算，因此网络拓扑变化是可预测的。其次，使用回归星座时，可利用星座状态的周期性变化规律进行计算。最后，与地面网络节点数目变化快的特点相反，卫星网络中节点数目相对固定，这简化了网络信息的动态获取。利用卫星星座的这些特点，可以捕捉星座变化规律，设计适合卫星网络的路由协议。目前常用的路由策略有以下几种。

（1）动态虚拟路由

该策略利用星座拓扑的周期性和可预测性，将卫星的移动性屏蔽。具体过程是先将时间轴分为若干足够小的时隙。在每个小时隙中，卫星的运动可以忽略，然后利用当前时隙的拓扑信息计算路由。

（2）虚拟节点路由

该策略的出发点仍然是屏蔽卫星的移动性，具体思路是将地面上的一片固定区域看作一个虚拟点，该点保存有路由信息。当卫星与该区域内任意站点通信时，都认为卫星只与其虚拟点通信。卫星离开该区域后，路由信息就被虚拟点传递到下一颗覆盖卫星。

（3）覆盖域划分

该策略将地球表面等间距划分为多个蜂窝，并由最近的卫星提供服务。由于地球与卫星间的相对运动，在转发数据前每个卫星需要更新网络拓扑信息，根据目的节点的地理坐标计算相应的目的卫星。

9.3.2　卫星网络的 TCP

在 Internet 中，TCP 是面向连接的、进程到进程的传输层协议，并提供流量控制、拥塞控制和差错控制机制来保证服务的可靠性。TCP 是针对地面有线网络设计的，时延小、误码率极低。而卫星链路具有高时延、高差错率的特点，这使标准 TCP 无法在卫星通信系统中保持高性能[8]。标准 TCP 在卫星通信系统中存在的问题主要有以下几方面。

（1）星地链路传播时延较大，这对 TCP 的拥塞控制机制有影响。拥塞控制的慢启动阶段，每收到一个确认信息发送窗口就增大一倍。高时延导致确认信息往返时间过长，窗口增长速度过慢，网络资源没有得到充分利用。

（2）传输差错率高。地面有线网络的误码率极低，标准 TCP 没有考虑误码率的影响。但星地链路是误码率相对较高的无线链路，因出错而丢弃的报文必须被重传，这增加了网络资源的消耗。另外 TCP 将报文的丢失理解为网络拥塞，高差错率将导致发送窗口减小，降低了网络资源的利用率。

（3）前向和后向链路不对称。低速率的后向链路用来反馈确认包，发送方在收到确认包后才会增大窗口。如果确认包时延较大，将导致窗口增加缓慢、快速恢复机制效率低下等问题。

因此，需要针对卫星通信的特点改进卫星 TCP。卫星 TCP 改进方法大致分为两类：端到端方法和基于中间件的方法。端到端方法调整了 TCP 中的拥塞控制、流量控制等技术，以消除星地链路的影响。TCP 增强技术是主要方法之一，包括增大初始窗口、字节计数、选择性确认、显示拥塞通告等[9-10]。其他解决方案还包括 TCP Vegas、TCP-Peach、STP 等。基于中间件的方法采用与端到端方法不同的思路，不改变 TCP 本身，而是将高差错率、高时延的星地链路部分与其余部分隔离，在星地链路部分采用专用协议来增强性能。基于中间件的方法主要包括 TCP 分裂法和 TCP 欺骗法。

9.3.3　卫星网络的资源管理

受卫星数目和卫星搭载能力限制，星上资源是比较匮乏和宝贵的资源。对频谱、功率、波束、转发器、链路等资源进行优化分配，不仅需要满足用户的服务质量要求，还要实现系统利用率的最大化[11]。资源分配的基本策略一般分为静态分配和动态分配。静态分配也叫预分配，事先将星上资源分配给相应的地球站，系统运行中一般不做改动。静态分配易实现、占用计算资源少。动态分配策略按照一定目标和约束条件，事先设计优化分配算法。在系统运行过程中，系统获取不同地球站的实时状态以及卫星当前位置，运行分配算法并计算当前分配结果。动态算法能实现更高的系统性能，但运行优化算法的时间和空间复杂度更高，获取实时地球站状态的成本也更高。

9.3.4　海事卫星系统

1979 年，国际海事卫星组织成立。作为全球性政府合作组织，其在全球范围为船舶提供卫星移动通信服务。经过四十多年的发展，Inmarsat 系统已经可以为海洋、陆地和航空用户，为个人、企业和政府提供安全航行、搜索救援、野外探险、农业生产等卫星业务。Inmarsat 系统大致由三大部分组成：空间系统、地面站和用户终端。目前，空间系统中的星座由 14 个地球静止轨道卫星组成，包括最先进的Inmarsat-6 卫星。测控中心也属于空间系统，负责监测系统情况、分配资源、控制卫星姿态等。地面站是空间和地面信号的交换点，也是协议转换点。用户终端一般是手持终端，在第一代之后，其体积越来越小，功能越来越强大。

在近海领域，随着无线技术的发展，岸基基站的覆盖范围逐渐增大，但仍有大片海域无法被基站覆盖，卫星网络仍然不可忽视。在下一代网络体系中，卫星通信系统将与海面、水下、低空无线网络相互融合，从而构建空天地海一体化的未来海上网络。

9.4　小结

长期以来，卫星通信系统是海上船舶进行语音和数据通信的唯一媒介。经过几十年的发展，卫星通信服务涵盖移动通信、宽带通信、电视直播、定位导航等多个领域。由于星地链路是长距离、高时延、高差错率的无线链路，卫星网络及协议的设计需要进行针对性的改进。

参考文献

[1] 朱斌，胡悦，王光全. 空天地海协同应用综述[J]. 移动通信，2021，45(5): 47-52.

[2] 王永皎，王冬海，张博，等. 海洋网络信息体系的基础设施研究[J]. 无线电通信技术，2021，47(4): 439-443.

[3] 商志刚，徐晓帆，梁萱卓，等. 基于卫星链路的空海跨域通信系统设计[J]. 信息通信技术与政策，2021(10): 63-67.

[4] 武宜阳，钱盼盼，孙强，等. 近海宽带通信技术综述[J]. 移动通信，2021，45(5): 75-80.

[5] 王权，刘清波，王悦，等. 天基通信系统在智慧海洋中的应用研究[J]. 航天器工程，2019，28(2): 126-133.

[6] DUFAU C, SUTTON M, ROBERT B, et al. Satellite solutions for tracking litter & plastic pollution in the ocean[J]. OCEANS 2019 - Marseille, 2019: 1-5.

[7] KUZMICHEV A P, SMIRNOV V G, ZAKHVATKINA N Y. Use of satellite communication systems for collecting and transmitting data on the state of the arctic sea ice cover[C]//Proceedings of 2021 IEEE International Geoscience and Remote Sensing Symposium. Piscataway: IEEE Press, 2021: 5732-5734.

[8] 张亚生，彭华，谷聚娟. 卫星 TCP 加速技术研究[J]. 无线电通信技术，2010，36(5): 29-31.

[9] URKE A R, BRÅTEN L E, ØVSTHUS K. TCP challenges in hybrid military satellite networks; measurements and comparison[C]//Proceedings of MILCOM 2012 - 2012 IEEE Military Communications Conference. Piscataway: IEEE Press, 2012: 1-6.

[10] ZBYNEK K, MAREK N, LEOS B. Optimization of TCP satellite communication in Inmarsat network[C]//Proceedings of 2010 6th International Conference on Wireless and Mobile Communications. Piscataway: IEEE Press, 2010: 544-548.

[11] 刘文文，熊伟，韩驰，等. 静止轨道通信卫星资源调度模型与算法研究[J]. 无线电工程，2022，52(7): 1172-1179.

第10章

海洋空中通信网络技术

海洋空中通信网络是空天地海数据传输系统中重要的组成部分。无人机（Unmanned Aerial Vehicle，UAV）网络作为一种辅助无线通信技术，具有灵活机动、部署迅速等特点，能够帮助海洋互联网中不同层面的信息进行有效中继，起到在区域通信节点有效补盲的作用。本章主要从无人机分类、无人机系统集群技术、无人机通信与组网技术几个方面对基于无人机的海洋空中通信网络技术进行阐述。

10.1 引言

随着人类的海洋活动不断增加，海洋宽带通信的需求急剧增长。由于海洋地理环境的限制，目前无法大规模部署通信网络基建，因此，很难将陆地互联网无缝地扩展到海洋中[1]。海洋空中通信网络技术主要指在比卫星更低的海洋上空，将通信设备搭载于无人机、热气球等高空平台，以满足海洋通信需求的一种通信技术。其中，无人机因具有机动灵活、易部署、成本低等特点，在空中通信技术中具有重要前景[2]，适用于海洋各类数据采集、航拍、遥感或挂载通信服务设施，可在指定地点提供按需、灵活、可靠的通信服务。本章将以无人机为代表，阐述海洋空中通信网络技术。

在技术发展初期，因任务场景简单，且技术条件受限，无人机大多采取单飞单控的方式。随着材料学、控制学及通信技术等无人机相关学科的发展，无人机逐步从单平台向多平台发展。多无人机集群联合作业能够弥补单无人机载荷单一、作业能力受限等缺陷。例如，在海洋通信场景中，将无人机集群组成无人机飞行自组网（Flying Ad-Hoc Network，FANET）并作为海洋观测空中平台，协助海上无线传感网实现海洋监测数据等的收集[3-4]，或组成空中继网络，用作连接岸基无线接入系统或卫星系统与海上通信用户的"桥梁"，为用户提供所需的通信服务或计算卸载业务[5]。

不同于陆地作业环境，无人机在海上作业，除了考虑自身性能和作业方式，还要考虑海洋环境对其生存时间、通信能力等方面的影响。本章将首先对无人机系统进行概述，并对海洋空中通信节点、海数据传输链路的特性进行阐述。随后，在现有无人机组网与通信技术的基础上，介绍现有的无人机在海洋空中通信的组网实例。

10.2　无人机系统概述

10.2.1　无人机分类

不同的无人机分类方案能够有效区别不同无人机系统的运行特性和性能。由于无人机系统用于空中作业，其性能指标与地球表面威胁或空中碰撞威胁有直接的关系，因此其分类标准具有一定的监管重要性。无人机的分类主要以其性能为基础，结合不同工作场景来分类，包括平均起飞重量（Mean Takeoff Weight，MTOW）、尺寸、工作条件、自身性能以及其他综合性能[6]。需要注意的是，虽然无人机的某些性能指标对系统安全性能需求的影响非常小，但其仍然对系统操作、经济性和合法性有着重要的影响。下面将基于无人机系统所在工作场景以及任务的不同，介绍无人机的分类。

1. 基于无人机自身性能特性的分类

根据北大西洋公约组织（North Atlantic Treaty Organization，NATO）对无人机的定义，无人机基于其重量、作业高度、任务范围（Mission Radius）和载荷（Payload）

有如下分类，见表 10-1[6]。随着无人机的尺寸减小，平台的灵活性增加，重量在 150kg 以下的小型无人机更适合执行非常规轨道或非常规运动模式下的任务，其机动性更强。相比之下，大型无人机可携带功能强大的功能模块，因此更适合长时间的定点复杂任务。

表 10-1　基于 NATO 定义的 UAV 分类

分类	分类名称	作业高度	活动半径	载荷能力
Class 1（<150kg）	微型（Micro）（<2kg）	<90m	5km	0.2～0.5kg
	迷你型（Mini）（2～20kg）	90～900m	25km	0.5～10kg
	小型（Small）（20～150kg）	900～1500m	50～100km	5～50kg
Class2（150～600kg）	战术性（Tactical）	1500～3000m	200km	25～200kg

2. 基于 MTOW 的无人机分类

无人机是一种使用燃油、电池能源的设备，其工作时长与其动能储备直接相关。无人机的重量、起飞速度、飞行速度等与其飞行寿命与作业时长有直接的关系。MTOW 指的是无人机平均起飞重量，该指标与无人机预期的动能相关，是影响运行安全性的首要因素。Dalamagkidis 等于 2009 年提出了一种基于 MTOW 的无人机分类模型[6]，通过 MTOW 估计无人机动能从而对无人机进行分类，具体分类见表 10-2。

表 10-2　基于 MTOW 的无人机分类

分类标号	MTOW	名称
1	<1kg	微型（Micro）
2	≤1kg	迷你型（Mini）
3	1～13.5kg	小型（Small）
4	13.5～242kg	轻型/超轻型（Light/Ultralight）
5	242～4332kg	标准型（Normal）
6	>4332kg	大型（Large）

3. 基于所有权的无人机分类

根据所有权，无人机大致可以分为军用无人机和民用无人机两大类。其中，军用无人机所有权归属于国家，用于军事相关作业，其性能指标属于最高密级。

10.2.2　无人机集群化

多无人机联合作业能够弥补单架无人机作业任务载荷单一、作业能力有限等缺陷，近年来无人机的应用样式逐步从单平台向多平台方向发展，这种多无人机联合作业称为无人机集群化。无人机集群具备更强的自主性、更全面的作业能力、更强的抗毁性能和更弱的依赖性。具体来说，集群内的无人机可以通过装备不同功能的模块，借助内部通信与计算，自主协调控制以满足复杂作业需求。在作业中，若单台无人机被干扰阻截，集群中的其他无人机能继续执行任务，适用于环境恶劣或可靠性要求高的作业场景。

需要注意的是，多无人机集群作业需依赖编队控制技术实现。编队的主要目的是控制集群内部各无人机的飞行姿态，并根据任务需求调整各无人机之间的相对位置。在执行飞行任务的过程中，无人机还需依靠避障技术保障飞行安全，避免触碰障碍物导致坠机事故，造成经济损失，甚至危害地球表面其他生物安全。无人机避障技术主要通过红外线传感器、超声波传感器、激光传感器以及视觉传感器，收集周边环境信息、测量距离，做出对应动作，起到"避障"作用，加强无人机安全飞行的保障。

10.2.3　FANET

FANET 是执行无人机集群任务的使能技术。在海洋通信场景，主要用于数据收集或通信中继。文献[1]认为，FANET 作为中继网络可对其他通信方式起到辅助作用，与地面基站、海面通信节点、卫星、高空信息平台等组成空天地海一体化通信系统。

FANET 是无线自组网的一类特殊形式，其通信不完全依赖于地面控制站或卫星等基础通信设施，而是将无人机作为网络节点进行自主通信，网络中的每个节点兼具收发器和路由器的功能，以多跳的方式进行数据转发。无人机网络部署方便、机动灵活。通过搭载通信设备的无人机升空飞行便可以迅速组建起通信链路，能够随时控制无人机的升降，使覆盖范围和网络容量随着任务地域和需求的变化而变化[7]。由于采用动态组网、无线中继等技术实现无人机间的互联互通，因此，FANET 具备自组织、自修复的能力，面对单个无人机节点失效的情况，无人机网络会重新组织并通过其他节点通信保证无人机网络通信的正常运行[8]，可满足无人机在特定条件下的应用需求。

相比传统无线自组网，无人机节点部署密度较低、移动性高，受任务空域中地形和天气因素影响，容易发生通信失效和视距通信链路不稳定的情况，继而造成链路中断和拓扑更新。因此，拓扑高动态性是 FANET 的最大挑战，特别是对路由协议的研究[9]。

10.3　空对海与空对空数据链路通信

10.3.1　空对海数据链路

受稀疏性、节点不稳定性和大气波导效应三方面共同影响，空对海数据链路表现出与陆地无线信道特征的巨大差异。其中，稀疏性指信号在广阔海域传播导致的散射稀疏性和海面通信节点部署稀疏性[2]。下面主要从空对海信道的传播特性，以及空对海信道的关键参数两方面阐述空对海数据链路通信。

1. 空对海信道的传播特性

空对海数据链路主要有 LOS 和海洋表面反射路径（Surface Reflection Path）两部分表征，并根据不同的散射情况分为双路径模型（2-Ray Model）和三路径模型（3-Ray Model）。双路径模型又称球形地面双路径（CE2R）模型[10]，主要描述发送端处于高海拔且传输距离较远场景下的空对海信道模型，如卫星对海面节点通信。相比之下，空中发送端与海面接收端相距不远时，还需要考虑信号散射路径效应[11]，因此对于无人机等离海面较近的空中通信节点，通常使用三路径模型。

在三路径描述的链路传播模型中，散射路径的存在依赖接收机天线高度、载波频率和海面物体数量（船舶、礁体、海上钻井平台等）等参数[11]。因此，三路径空对海抽头延迟线性信道模型（Air-to-Sea Tapped Delay Line Channel Model）可以表示为

$$h_{3\text{Ray}}(t,\tau) = h_{2\text{Ray}}(t,\tau) + z_3(t)a_3(t)\mathrm{e}^{\mathrm{j}\varphi_3(t)}\delta(\tau - \tau_3(t)) \tag{10-1}$$

其中，$a_3(t)$、$\tau_3(t)$ 和 $\varphi_3(t)$ 分别表示三路径模型下的时变的幅度、传播时延和相位偏移。

通过测量[10]，在 5.7GHz 载波频率下，散射路径的存在概率为 8.5%，并且，随着接收机天线高度的增加，散射路径的存在概率降低。当空中节点足够高时，空对海信道传输模型为 CE2R 模型，可表示为

$$h_{2\text{Ray}}(t,\tau) = \delta(\tau - \tau_0(t)) + a_s(t)e^{j\varphi_s(t)}\delta(\tau - \tau_s(t)) \tag{10-2}$$

其中，$a_s(t)$ 表示表面反射波的幅度，$\varphi_3(t)$ 表示直接路径的相位偏移，$\varphi_s(t)$ 可以通过球形地面曲线近似求得。$a_s(t)$ 可能会受到反射系数、遮蔽因子、发散因子和表面粗糙程度因子的影响。

2. 空对海信道的关键参数

（1）路径损耗

根据上述分析，针对空中节点位置的海拔差异，空对海信道可以近似使用双路径模型或三路径模型表示。然而，在多路径模型中，多条传播路径相互独立传播且相位不同，这种传播特性将导致在特定位置接收机方向上的接收信号强度瞬时衰减。特别是在稀疏性的海洋传输环境中，这种瞬时衰减的出现概率会大大增加。

此外，大气波导对射频信号的影响也是空对海信道路径损耗的重要组成。在空对海数据传输场景中，发射机的高度通常高于大气波导层，因此，部分射频信号能量会受到大气波导效应的影响，特别是在信号入射角小于特定的阈值的情况下。综合上述分析，空对海路径损耗（Pass Loss）模型可用经典的对数路径损耗模型[11]表示

$$\text{PL}(d)|_{\text{dB}} = \text{PL}(d_0) + 10n\lg\left(\frac{d}{d_0}\right) + \chi_\sigma + \varsigma F \tag{10-3}$$

其中，d_0 表示参考路径；n 表示路径损耗指数，由于海面大气波导效应，路径损耗指数通常小于 2；χ_σ 表示遮蔽衰落，用于描述海面障碍物与高海况水平产生的遮蔽所引起的路径衰落；调整参数 F 用于描述空中发射机高速移动对信号传输路径衰落的影响；ς 取值为 -1 和 1，主要取决于空中发射机与海面接收机的相对位置，运动方向靠近设为 1，运动方向远离则设为 -1。

（2）莱斯信道模型参数 K

海面波动会造成空对海信道的小尺度衰落，通常情况下这种衰落模型可以近似

使用莱斯信道模型表示。文献[11]指出，对于参数为 K 的莱斯信道模型，参数 K 表征链路距离与功率噪声比接近线性的变化关系。由于海浪波动的随机性，参数 K 也随机变化，其均值与标准差的测量与信道频率有关。

10.3.2 空对空数据链路

在海洋空中通信网络中，无人机与空中通信节点的信号传输可以看作一种视距传输。虽然海洋空中通信节点工作环境位于海面以上，但其所在位置通常远高于海平面，因此空对空数据链路受海面波动与大气波导效应的影响较小，可以忽略。空对空信道模型分为大尺度距离路径衰减模型与小尺度莱斯信道模型两部分，其中，莱斯信道模型参数 K 的取值范围为 $10\sim15\mathrm{dB}$[12]。

空对空数据传输信道的大尺度衰落主要受到远距离传输产生的多径分量和节点相对移动下频偏的影响。对于因多径分量产生的弥散延迟，可以通过选择合适的传输系统来改善。例如，无人机节点所产生的相干带宽大于 WiMAX 系统的子载波空隙，但却小于 IEEE 802.11g/n 系统的子载波空隙[12]。因此，鉴于较高信号覆盖范围与抗频率选择性衰弱两大优势，WiMAX 系统更适用于海上作业无人机间的通信。此外，无人机网络的另一个重要特征是通信节点高速运动，这种发送端与接收端间的相对快速运动会造成多普勒频移，导致信道载波空隙和符号间隔增大，进而增大符号间干扰的产生概率。以 WiMAX 系统为例，多普勒频移使传输数据符号间隔增大，增加发射机与接收机间的同步误差，继而导致符号间干扰，影响数据的正确接收。

10.4 组网技术

10.4.1 组网方案

1. 基于中心数量划分的组网方案

在覆盖范围较小、无人机数量较少的情况下，如果通信业务对无线网络的稳定性要求较高，无人机可以选择无中心模式进行组网。在无中心无人机网络中，任意无人机的故障或通信链路的断裂都不会影响其他无人机与基站之间的数据传输。无中心组网还要求基站的数量和空间分布符合一定条件，使任意无人机可以与最近的通信基站保持高可靠、低时延的通信。如果基站数量较少，以单中心组网的效果会更好，将与基站之间通信质量最好的无人机设置为中心节点，使其作为其他无人机与基站之间的中继以提供服务。当无人机网络所需覆盖的范围较大、无人机数量较多时，无中心和单中心组网都会导致较大的链路开销，因此多中心组网更适合此类场景。

2. 基于星形拓扑结构的组网方案

基于星形拓扑结构的组网方案主要分为两种：单中心结构组网与多中心结构组网。两种组网的区别在于，前者使用单个无人机作为网络控制节点与通信基站连接，后者存在多个通信基站连接节点与控制节点，因此，多中心结构组网可以支持较大规模的无人机网络。基于星形拓扑结构的组网虽然实现简单，但所有无人机节点将直接通过一个中继无人机节点向通信基站传输信息，容易导致链路堵塞、时延高和节点失效问题。如果采用单中心结构，一旦发生单点失效，无人机网络将无法与基站通信。

3. 基于网格拓扑结构的组网方案

与星形拓扑结构相比，基于网格（Mesh）拓扑结构的组网更适合大型的、复杂的无人机网络场景。基于网格拓扑的无人机网络不存在中心控制节点，所有无人机节点的设备功能相同，都具备终端节点和路由功能。由于网格拓扑中的无人机节点需要通过多跳路由到通信基站，因此网络鲁棒性较高，更适合作业任务较为复杂、作业半径大，无人机群规模比较大，节点间通信频繁，自主度较高的无人机网络。然而，网格拓扑结构组网下的无人机网络通信性能在很大程度上依赖路由技术，由于网络拓扑的多变性，在远距离的无人机网络中通信时通常采用按需路由技术，以降低路由维护开销，提高网络的寿命及效用。

4. 分层混合组网

分层混合组网以基站为星形网络中心站，无人机节点具备与地面中心站直通和无人机间协作通信的功能，是一种综合了星形拓扑组网与网格拓扑组网的优势的组网方式。当无人机群的作业任务复杂、数量庞大、网络拓扑多变，无人机节点间通信频繁、信息量大时，适合采用分层混合组网。分层混合组网的优势在于，当执行作业任务的无人机数量发生变化时，分层的网络拓扑结构能够快速完成无人机节点的退出或增加，加速实现网络重构。此外，与网格拓扑组网相比，分层混合组网的路由表相对简单，网络的稳定性更高。

10.4.2　通信方式

无人机网络主要由无人机、地面控制站以及传输信息的通信链路组成。其中，地面控制站主要包括控制模块和通信模块。控制模块用于实现地面操作人员与无人机间的交互和控制，通信链路模块主要包括遥控信号、无线数传和 Wi-Fi 通信等子模块。每台无人机都配有动力系统、主控制单元、通信模块、无人机状态执行单元以及各种传感器。在实际应用中，地面控制站可以通过控制模块生成控制指令并通过通信模块发送给无人机，无人机结合 GPS 等传感器感知信息，综合各无人机之间的协作控制信息，生成飞行控制指令，改变飞行状态。在不同的无人机应用场景中，无人机网络会按照通信距离和需求，采用相应的通信方案。目前通信方案主要分为3 种：基于 Wi-Fi 的链路通信、基于基站中继的链路通信和基于云端的链路通信。

1. 基于 Wi-Fi 的链路通信

单台无人机设备可以通过接入无线局域网的方式实现无人机与手持控制器之间的直接通信。在短距离通信时，直接控制方案是一种相当成熟的方案，但由于 Wi-Fi通信链路本身通信距离受限，这种通信方案无法运用于长距离作业任务。

2. 基于基站中继的链路通信

基于基站中继链路的无人机通信技术能打破通信距离的限制，满足无人机群作业时节点间相互通信的需求。当无人机需要在距离控制站几百米或者更远处飞行时，蜂窝基站或者船载基站可以作为中继节点，延长无人机与控制器的传输距离，中继传输数据信号。另外，对于更远的通信范围，无人机网络也可以通过卫星网络进行中继。

3. 基于云端的链路通信

随着无人机的应用日趋广泛，对无人机通信系统的需求更为复杂。在某个任务中，无人机可能同时需要短距离直接控制和超视距中继传输。基于云端虚拟服务的通信方式可以根据无人机的应用场景和通信需求，自主选择相应链路方案，使无人机能够在多种环境下保持通信能力。此外，利用云服务，无人机可以将需要占用较多资源的计算任务转移至云平台或者边缘云，以减少无人机在计算上的开销，增大其执行任务的效率，提高其续航能力。

10.4.3　组网实例

1. 面向海洋数据收集的无人机组网

海面上铺设的大量浮标、航标、船只定位设备和用于海事货运的传感器设备，共同形成了存在大量机器类型（Machine-Type）通信需求的海事物联网（Maritime Internet of Things，MIoT）[13]。海事物联网通过海洋中各类传感器节点与陆地核心网或卫星网络的数据通信，实现船舶定位、海上搜救、环境监测等应用。无人机或无人机群可以作为海洋空中数据收集平台，完成特定需求下的海洋数据收集工作。在此类场景中，无人机的数据收集能效是最重要的性能。因此，起飞地到目的地之间的航线规划与海面悬停点的设定成为基于无人机的海洋数据收集的研究重点。文献[14]提出了一种基于无人机群的低功耗海洋环境数据收集机制，通过 3 层架构浮标搜索方案，提高无人机群对浮标的覆盖及数据通信能效。文献[15]提出了一种基于 Fermat-Point 理论的无人机快速路径规划方式，通过构建部署 Delaunay 三角形获得无人机在海面数据采集区域内的最佳悬停点。针对海洋传感网络拓扑动态变化的特点，文献[16]提出一种基于粒群算法和卡尔曼滤波的海洋无线传感器网络数据采集节点运动预测，若节点在无人机的通信范围内，可以进行节点位置的测量。文献[17]联合优化浮标之间的通信时间和无人机受风影响的飞行轨迹，降低无人机完成任务的能量消耗。

2. 面向网络覆盖与容量增强场景的无人机中继网络

针对无线网络覆盖问题与容量问题，可以通过组建携带飞行基站的无人机网络补充现有网络的覆盖盲点，提供高速率的无线服务，增加现有无线网络容量。作为现有海洋无线通信系统的补充，这类无人机网络可以将携带的飞行基站作为中继通信节点，完成对陆地骨干网络或卫星网络的接入。文献[5]提出一种基于无人机节点的混合卫星–地面网络，用于增强海事无线网络覆盖。作者以无人机通信总能耗和回程数据传输为约束条件，对飞行路径进行优化。文献[18]在第六代移动通信系统研发的大背景下，讨论无人机对智慧海洋通信发展的作用，将无人机作为中继节点，从而实现对海事无线通信系统的补盲。

3. 面向应急通信的无人机中继网络

无人机作为应急通信节点在陆地无线通信系统中已得到广泛应用，能够在地面通信基础设施被损毁时充当空中通信基站，为特定区域提供数小时的通信网络覆盖，为实施抢险救灾提供通信保障。目前，面向应急通信的无人机组网主要由三部分组成：空中无人机通信网、地面应急通信方舱车和应急指挥中心。其中空中无人机通信网通过无人机搭载任务载荷实现，通过搭载飞行基站建立数据链路，从而完成地面用户与远处基础通信设施间的通信。地面应急通信方舱车配置宏基站、移动通信核心网设备，负责接收无人机中继网络的传输数据。应急指挥中心由无人机控制中心、移动通信系统网管中心和通信保障中心构成。其中，无人机控制中心负责管理无人机，集群控制平台对无人机的实时远程控制，无人机控制服务器配置在应急指挥中心；移动通信系统网管中心负责管理和调度整个应急通信网络资源；通信保障中心负责应急指挥中心的通信保障。

10.5　小结

无人机通信系统可以增强海洋区域无线网络覆盖，也可以作为海面通信节点与地面通信网络之间信息传递的有效中继，是空天地海一体化数据传输系统的重要组成部分。作为一种特殊的无线自组网，无人机网络的传输特性主要取决于应用场景与通信环境。

参考文献

[1] JIANG S M. Networking in ocean: a survey[J]. ACM Computing Surveys, 2020, 54(1).

[2] LI X L, FENG W, WANG J, et al. Enabling 5G on the ocean: a hybrid satellite-UAV-terrestrial network solution[J]. IEEE Wireless Communications, 2020, 27(6):

116-121.

[3] PATTERSON M C L, OSBRINK D, BRESCIA A, et al. Atmospheric and ocean boundary layer profiling with unmanned air platforms[C]//Proceedings of 2014 Oceans - St. John's. Piscataway: IEEE Press, 2014: 1-7.

[4] ZENG Y, ZHANG R, LIM T J. Wireless communications with unmanned aerial vehicles: opportunities and challenges[J]. IEEE Communications Magazine, 2016, 54(5): 36-42.

[5] LI X L, FENG W, CHEN Y F, et al. Maritime coverage enhancement using UAVs coordinated with hybrid satellite-terrestrial networks[J]. IEEE Transactions on Communications, 2020, 68(4): 2355-2369.

[6] DALAMAGKIDIS K, VALAVANIS K P, PIEGL L A. On integrating unmanned aircraft systems into the national airspace system: issues, challenges, operational restrictions, certification, and recommendations[M]. Heidelberg: Springer, 2009.

[7] GUPTA L, JAIN R, VASZKUN G. Survey of important issues in UAV communication networks[J]. IEEE Communications Surveys & Tutorials, 2016, 18(2): 1123-1152.

[8] MOZAFFARI M, SAAD W, BENNIS M, et al. A tutorial on UAVs for wireless networks: applications, challenges, and open problems[J]. IEEE Communications Surveys & Tutorials, 2019, 21(3): 2334-2360.

[9] SHUMEYE L D, SA'AD U, DAO N N, et al. Routing in flying ad hoc networks: a comprehensive survey[J]. IEEE Communications Surveys & Tutorials, 2020, 22(2): 1071-1120.

[10] MENG Y S, LEE Y H. Measurements and characterizations of air-to-ground channel over sea surface at C-band with low airborne altitudes[J]. IEEE Transactions on Vehicular Technology, 2011, 60(4): 1943-1948.

[11] MATOLAK D W, SUN R Y. Air–ground channel characterization for unmanned aircraft systems—part I: methods, measurements, and models for over-water settings[J]. IEEE Transactions on Vehicular Technology, 2017, 66(1): 26-44.

[12] GODDEMEIER N, WIETFELD C. Investigation of air-to-air channel characteristics and a UAV specific extension to the rice model[C]//Proceedings of 2015 IEEE Globecom Workshops. Piscataway: IEEE Press, 2015: 1-5.

[13] WANG M M, ZHANG J J, YOU X H. Machine-type communication for maritime Internet of things: a design[J]. IEEE Communications Surveys & Tutorials, 2020, 22(4): 2550-2585.

[14] BRAGA J, BALAMPANIS F, AGUIAR A P, et al. Coordinated efficient buoys data collection in large complex coastal environments using UAVs[J]. OCEANS 2017- Anchorage, 2017: 1-9.

[15] LYU L, CHU Z H, LIN B, et al. Fast trajectory planning for UAV-enabled maritime IoT systems: a Fermat-Point based approach[J]. IEEE Wireless Communications Letters, 2022, 11(2): 328-332.

[16] DAC HO T, INGAR GRØTLI E, ARNE JOHANSEN T. PSO and Kalman filter-based node motion prediction for data collection from ocean wireless sensors network with UAV[C]//Proceedings of 2021 IEEE International Conference on Consumer Electronics. Piscataway: IEEE Press, 2021: 1-7.

[17] ZHANG Y F, LYU J B, FU L Q. Energy-efficient cyclical trajectory design for UAV-aided maritime data collection in wind[C]//Proceedings of GLOBECOM 2020 - 2020 IEEE Global Communications Conference. Piscataway: IEEE Press, 2020: 1-6.

[18] WANG Y M, FENG W, WANG J, et al. Hybrid satellite-UAV-terrestrial networks for 6G ubiquitous coverage: a maritime communications perspective[J]. IEEE Journal on Selected Areas in Communications, 2021, 39(11): 3475-3490.

第 11 章

水下通信网络技术现状

本章对各种水下通信方式（有线、无线）、特点及相关应用、水声通信关键技术（调制与解调、编码与解码、组网等方面）和水下无线光通信关键技术（光源、调制、信道编码、探测等方面）进行介绍。

11.1　引言

水下通信是指通信双方中至少有一方位于水下的通信。准确地说，此处"水下"的含义应为"水中"，即通信节点位于水中。点对点通信，包括双方均在水中，以及一方在水中、一方在水外两种场景；多节点间通信，可能包括更多较为复杂的情况，但至少有一个节点位于水中。这里的水包括海、湖泊、江河等自然水域及水库、水池、水槽、水道等人工水域。同时，水下通信的概念和技术可以扩展至其他液态介质。

根据通信是否使用有线的方式进行，可以分为水下有线通信技术和水下无线通信技术。两种方式各有优点和不足，具有各自的适用范围，需要结合具体的海洋环境条件和应用需求进行选择。

水下通信媒介多种多样，已形成了以声为主、以光为辅的局面。本章将介绍各种媒介的特点，重点介绍水声和水光两种媒介的关键技术。

针对单一通信媒介的缺点，融合多种媒介的新一代水下通信网络技术已获得关注。为支持高速率、大范围的海洋应用，未来的水下通信网络将是无线与有线方式兼顾的混合形态。考虑更大的通信场景，空天地海一体化技术也将为水下通信网络提供更强的设计和优化能力。

11.2　水下通信方式与特点

水下通信方式分为有线和无线两种，各有特点和应用。目前，已有较多文献对其进行了分析和总结。我们将参照现有相关文献进行介绍[1-4]。

11.2.1　水下有线通信技术

如果把节点的通信线缆延伸至水下，乃至在水下铺设线缆等基础设施，可以实现水下有线通信。受限于线缆尺寸约束，有线方式覆盖范围有限，对移动性的支持不高。水下有线通信技术主要对水密性、抗压性、抗腐蚀性等材料方面有较高要求。

1．水下线缆通信

水下线缆通信是在水下铺设专门的通信线缆，形成高可靠、高稳定、高带宽的通信链路，例如跨洋海底光缆。现有的水下有线通信方式，已基本由原始的电缆通信向新型的光缆通信转变，具有更高的速率、更优的性能、更低的成本。水下有线通信方式适用于平台和岸基、岛基、船基等距离较近范围内的通信。恶劣海洋环境容易导致线缆破损，在铺设、维护和安全方面存在不利。

2．水下电力载波通信

水下电力载波通信[5-6]利用的是低压电力线，不需要另外专门铺设通信线缆。它采用调制技术，将用户数据加载于电流中，通过电力线进行数据传输。但在将通信信号耦合至电力线时，会存在耦合损耗，导致信号衰减。为了扩大传输距离，需要使用中继器。同时水下电力载波通信受限于已有电力线的空间分布情况，不能支持远离电力线范围的水下通信。

11.2.2　水下无线通信技术

为摆脱有线通信的制约，可以参照陆上方式，在水下使用无线通信技术。根据

水下环境特性，不同类型信号的传播有不同表现，适用于不同场景。

1. 水下无线声波通信技术

水下无线声波通信[7-8]利用声波在水中传播来实现通信。只要合理选择声信号工作频段，就能既避开环境噪声，又减小传播衰减。水声通信的工作原理是将电信号转换为声信号，通过水传递到接收端，然后将声信号转换为电信号。水声通信传输速率低、带宽有限，容易受水质、水温、水压和噪声影响，需要重点解决干扰问题[9]。水声通信是当前应用较广泛的水下通信方法，其技术较成熟，可实现水下远距离通信，但受环境的影响较大，易出现盲区。

2. 水下无线光通信技术

水下无线光通信[10-13]包括水下可见光通信、水下不可见光通信，是将光波作为信息载体的水下无线通信方式。其工作原理是发送端通过发光光源将信号转换为光信号，接收端通过探测器将收到的光信号转换成电信号。研究表明，在海水中，蓝绿光的衰减比其他光波的衰减小得多，具有很强的穿透性。水下无线光通信收发端系统体积小、功耗低、带宽大、速率高，但是容易受日光等干扰，要求收发之间无阻挡，并在波束范围内精确对准，对使用环境要求较高。

3. 水下无线电通信技术

水下无线电通信[14-18]主要使用电磁波的甚低频（VLF）、超低频（SLF）和极低频（ELF）3 个低频波段进行通信，其通信过程与陆地电磁波通信类似。由于海水对无线电波有非常强的屏蔽作用，无线电波穿透海水的能力与频率相关。频率越低，海水的吸收和衰减就越小，电磁波的穿透能力也就越强。但频率越低，带宽就越窄，传输速率也就越低。同时，收发机功率大、体积大，天线尺寸较长。

4. 水下电场通信技术

水下电场通信[19-20]利用水中形成的电场作为通信的媒介，其发送端和接收端分别由两块裸露在水中的电极板组成。发射信号驱动发射电极板，其与海水形成的回路中会有电流通过，该电流在周围形成电场，接收电极板两端感应出的电动势，接收端对该电势进行处理，即可实现水下数据传输。水下电场通信传输信号非常稳定，不存在多径和盲区问题，但其通信范围有限。

5. 水下磁场通信技术

水下磁场通信[21-25]使用磁场作为传播方式，一般包括多个设置在水下的磁感应无线传感节点，每个节点用于实现与其他节点之间的磁感应通信。磁感应无线传感节点以磁感应的方式进行通信，水下环境中传输介质的变化对磁感应通信的影响很小，具有稳定的信道状态，能够减小路径损耗的影响，降低网络时延，提高信息传输的可靠性，但是传输距离短。

6. 水下中微子通信技术

中微子穿透能力极强，可以穿过海水甚至地球，因此，采用中微子通信可以确保点对点的通信。它方向性好、保密性极强、不受电磁波干扰、衰减小，有望为潜艇水下隐蔽通信提供有力保障。但此项技术目前还处于实验室试验阶段。文献[26]对潜艇中微子通信的可行性进行了探讨，证明其理论上是可行的，但实际应用还需解决一些问题。

11.2.3 水下融合通信技术

经历了单种类型通信的独立发展，目前的研究已由单一通信技术向多种通信技术融合发展，例如各类无线通信技术的融合：声电协同[27-28]、声光融合[29]，甚至声光电融合。当有基础设施可用时，可以考虑水下有线与无线通信方式的融合，例如基于水下观测网的海缆建立水下基站，基站间利用海缆有线连接。

11.3 水下通信应用

水下通信的应用非常广泛，覆盖民用、科研等多个领域。下面分别介绍基于有线与无线方式的应用[3]。

11.3.1 基于有线通信的应用

在有线通信方式中，比较典型的应用场景是连接各国的海底光缆系统。海底光缆实现沿海国家的信息连通，再由陆地光缆实现世界范围的互联互通。基于海底光缆可以建设海底观测网，实现对海域水体的信息覆盖。

除海底光缆外，遥控型水下无人潜航器通常由电缆或光缆与母船或岸上平台相连。既可以通过线缆传输电力，又可以实现实时数据传输。其线缆通常能承受一定的拉力，在潜航器出现故障时通过线缆将其拽出，提高其安全性。

线导鱼雷通过金属电缆或光纤将鱼雷与潜艇连接，由潜艇控制线导鱼雷对目标进行攻击。线导鱼雷的主要特点是由导线传输指令，可以通过鱼雷传感器和平台传感器进行目标探测、识别，具有抗干扰能力强、攻击效果好等特点。

石油水下生产使用电力载波水下通信系统，不仅可实现水下信息传输，还可保证采油过程中对整体过程的控制。目前，其发展的总体水平能够保证石油行业的正常海底生产工作，保障实际的油气田开发工作。

11.3.2 基于无线通信的应用

无线方式更加灵活，可以支持更多的应用。下面介绍一些典型的应用。

1. 民用

海洋环境监测是水声通信网络最典型的应用，通过部署于水下的传感器节点监测水下环境相关参数、特性及其他感兴趣的事物。环境监测应用包括水质监测、栖息地监测和开发域监测。

潜标是一种系泊于海洋水面以下的海洋探测系统，可以采用水声通信或无线电通信，可以与潜艇、无人潜航器等进行水声通信，也可通过上浮或释放无线电通信设备的方式与卫星或地面指挥机构建立通信链路。

无人潜航器能够用于搜救、监测等任务，分为遥控型和自主型两类。无线遥控型通常通过水声通信的方式实时操控；自主型运行过程中通常通过各种无线方式传输信息至水面或岸上，也可上浮至海面通过短波或卫星回传信息。

2. 军用

潜艇通信必须确保潜艇自身的安全。对于潜艇通信而言，当潜艇位于水下时，超低频、甚低频无线电通信是其主要通信手段，潜艇可以保持在水下航行状态，通过释放通信天线接收岸上指挥机构的信息。

蛙人是执行水下侦察、水下爆破和特殊作战任务的部队。蛙人能够对舰船构成巨大威胁。蛙人在水下执行任务时，通常以水声通信手段与母船或基地保持通信联络。

水雷是封锁港口或航道、实施隐蔽攻击较为理想的水下武器。为了提高水雷的主动性和可控性，通过有线通信、水声通信或者两者相结合的方式，实现对水雷的精确控制，避免误伤己方舰船、潜艇，增强对目标的攻击能力。

11.4　水声通信技术

在水下通信各种媒介中，水声是目前最成熟和主流的技术，可以支持大深度、远距离的水下通信与组网。声波能量在水下传播过程中衰减的程度与电磁波相比小得多。下面介绍水声调制与解调技术、编码与解码技术和组网技术[7]。

11.4.1　调制与解调技术

调制是发送端将信息数据映射到发射信号的过程，解调是接收端将收到的信号进行逆映射以恢复原信息数据的过程。调制可以通过信号的幅度、频率和相位3个维度中的一个或多个来承载信息。

根据带宽的使用方式，调制可以分为单载波、多载波、扩频等。单载波调制在整个带宽内仅采用一个载波信号来传输所有信号，多载波调制将带宽分为多个相互正交的子信道，而扩频调制将信号扩展至整个带宽或者进行跳频。

1. 单载波调制

单载波调制[30-31]采用一个信号载波传送所有数据信号，例如幅移键控（ASK）、频移键控（FSK）、相移键控（PSK）、正交振幅调制（QAM）等。由于信噪比较低，目前水声通信主要采用低阶调制技术。

单载波调制信号占据整个带宽，信号持续时间较短，容易受到多径干扰的影响。一般在接收端进行时域均衡来克服，但复杂度较高。单载波系统没有高峰均比问题，可以使用更经济高效的功率放大器，技术成熟，稳定性好。此外，单载波系统对频率偏移和相位噪声也不太敏感，对多普勒效应具有较好的适应性。

根据接收机采用的均衡方式，接收机可分为常规的接收系统和迭代接收系统。常规均衡与迭代均衡（例如 Turbo 均衡）的实现方式又可以分为两大类，即自适应信道均衡和基于信道估计的均衡方式。通常利用自适应算法对水声信道进行估计，因此通过改善自适应算法也可以改善通信性能。

2. 多载波调制

多载波调制[32-33]是指发送端将多个输入信号调制到不同的子载波上，然后同时发送出去。它把数据流分解为若干个子数据流，从而使子数据流具有低得多的传输比特速率，利用这些数据分别调制若干个载波。多载波调制可以通过多种技术途径实现，如正交频分复用（OFDM）[34-36]、滤波器组[37-38]等。

对于多载波调制，数据传输速率相对较低，码元周期较长，只要时延扩展与码元周期的比小于一定的比值，就不会造成码间干扰。因而多载波调制对信道的时间弥散性不敏感，对多径效应具有较好的适应性。在各个子载波上使用简单的均衡技术即可消除信道的影响，无须采用复杂的时域均衡技术。

3. 扩频调制

对于长距离通信，其信号衰减严重、多径时延扩展增长，信号将遭受严重破坏。采用直接序列扩频技术，将待发信息扩展到整个带宽上，以获取扩频增益，改善系统性能。扩频通信技术具有抗干扰能力强、传输距离远等优点。

近年出现的将多载波和扩频通信相结合的调制方案[39-40]，既能提高频带利用率，又具有良好的抗干扰性能。上述方案可以分为时域扩频和频域扩频两类，区别在于：频域扩频首先在频域中扩展，然后将扩展码调制到不同的子载波上；在时域扩频中，数据首先被调制到不同的子载波上，然后在每个子载波上扩频。

4. 自适应调制

为了适配信道的变化，自适应调制技术被提出[41-42]。在传统自适应调制系统中，水声信道的大时延特性往往导致接收端经反馈信道反馈给发送端的信道状态信息过时，降低了自适应调制的准确性。文献[43]针对时延时变水声信道提出了基于强化学习的水声通信自适应调制算法，仿真结果表明，强化学习算法在时变水声信道自适应调制中减少传输误码和提高吞吐量是有效可行的，能有效提高系统通信性能。

11.4.2　编码与解码技术

在通信系统中，编码主要包括信源编码和信道编码两个环节。前者通过压缩信源中的冗余信息来提高通信的有效性,后者通过加入冗余信息来提高通信的可靠性。由于水声通信速率较低，两方面均需关注。信源编码与应用密切相关，需要根据信源数据的特点选择适合的编码技术，一般在应用层进行处理。信道编码属于物理层技术，需要结合信道特性进行设计和选用。

信道编码是降低水声通信误码率、提高水声数据传输可靠性的重要技术。早期的水声通信大多采用卷积码或里德–所罗门码（Reed-Solomon Code），构造较简单，但纠错能力不足。随后 Turbo 码获得了应用，取得了更好的性能[44]。之后，随着低密度奇偶校验（LDPC）码重新获得重视，它也逐渐在水声通信中应用[45-46]。最近信道极化码也出现在水声通信中[47]。

此外，与自适应调制类似，出现了自适应编码技术[48-50]，或者将两者结合的自适应调制编码[51]技术，其可以将底层通信方案与信道及时进行适配，从而获得更好的性能。

11.4.3　媒体访问控制技术

媒体访问控制（MAC）属于数据链路层技术，在物理层之上、网络层之下。不少文献把 MAC 分类到组网技术中。关于水声 MAC 已有较多成果[52-55]，主要分为竞争、协作、混合 3 种方式。竞争方式相对简单，容易实现，但性能不高；协作方式通过在节点间协调避免冲突从而提升性能，较复杂；混合方式结合了竞争与协作的特点，性能介于两者之间。用于水声通信网络的竞争性 MAC 协议一般可分为以下 3 类：随机接入的 Aloha 协议、握手方式的 MACAW 协议、载波侦听冲突检测的 CSMA/CS 协议。

11.4.4　组网技术

当存在多个水声节点，并且需要多跳通信时，可以利用网络层技术寻找路由，与之相关的水声通信组网技术受到越来越多的关注[56-58]。水声通信的环境异常恶劣，比如受限的通信带宽、严重的多径效应和多普勒效应，不能将陆上无线通信组网的原理和协议原封不动地搬到水声通信领域。

水声传感器网络是水声网络协议研究的重要实例。虽然该类网络技术已经取得了很大进展，但是由于海试成本高昂，相关技术的实用性还有待验证。水下移动通信网络由一系列可自由移动的节点组成，摆脱了物理环境的制约，可到达任意位置，提高了节点的使用率。

水声通信网络协议在网络层解决节点之间数据传输的路由等问题，主要研究内容包括路由协议[59-62]、同步技术和定位技术等。虽然路由技术已经得到大量研究，但适用于水下环境的路由协议仍需继续研究。特别是结合具体水声网络应用场景，充分利用水声特点进行优化设计具有重要实用价值。例如水下定位较困难，但节点深度信息容易获取，这些均可用于路由协议设计。

11.5 水下无线光通信技术

尽管水声通信技术能够提供广域覆盖，但在局部区域仍然可以采用光通信来获得高速无线链路传输能力，通过中继接力的方式也可以实现较长距离的数据传输。下面对水下无线光通信关键技术进行简要介绍[10-11]。

11.5.1 光源技术

水下无线光通信系统中，光源起着至关重要的作用，它影响着光信号质量、传输距离和光路稳定性。目前，常用的光源有发光二极管和激光二极管。前者是加上正向电压后电子自发辐射跃迁而发光，发出的光相干性较差、线宽较宽，且光束发散角较大、光能不集中。而后者则是电子受激辐射跃迁发出激光，其特点是发光功率高、相干性好、方向性好、线宽窄，由于后者对温度敏感，需要附加温度控制器和驱动器。

11.5.2　调制技术

调制解调技术对系统性能也会产生很大的影响。调制技术主要分为单载波调制和多载波调制，常见的单载波调制技术有二进制振幅键控、脉冲位置调制（PPM）等；而多载波调制技术有离散多音频（DMT）调制、正交频分复用（OFDM）等。在高速水下无线光通信系统中，多载波调制技术能够对抗可见光信道的多径效应，因此更适用于提升该系统的通信质量。

11.5.3　信道编码技术

光在海水中传输会受到吸收和衰减的影响，这不仅会直接影响水下无线光通信系统的传输距离，而且也会增大系统的误比特率。为了提高通信系统的鲁棒性，减小光衰减，保持低误比特率的传输，可以使用前向纠错编码作为信道编码。

研究人员已将若干经典分组码应用于水下无线光通信系统，虽然实现过程简单，但是不能提供令人满意的性能。在强干扰环境中，可以考虑采用更复杂和强大的信道编码方案，如 LDPC 码和 Turbo 码，获得更好的水下性能。但是，LDPC 码会受到温度的影响；而 Turbo 码的译码算法复杂度较高、时延较大，在水下无线光通信系统中实施难度较大。

11.5.4　探测技术

在水下无线光通信过程中，接收端需要保持稳定地对准，而捕获、跟踪、瞄准（ATP）系统能够支撑高精度通信链路的建立。ATP 系统通常由粗跟踪系统（捕获）和精跟踪系统（跟踪、瞄准）组成，这成为光链路成功的关键。

在探测器对信号进行判决之前，采用信道均衡技术可以有效地消除多径效应产生的码间串扰问题，从而提高信道的抗衰落性。在水下无线光通信中也可以采用判决反馈均衡、最大似然符号检测、最大似然序列估值等非线性均衡器。

11.6　小结

对于水下通信技术的发展，针对未来的应用需求，有以下 3 个方面的考虑。

首先，对于单种通信方式，特别是典型的声、光、电 3 种方式，需要进一步展开研究和开发，促进理论与技术的成熟，充分发挥其长处并弥补其短处。这样，对于具有特定需求的局域水下通信网络来说，其更容易利用单种通信方式获得成功。同时对新型通信媒介的发展，也要给予适当关注。

其次，考虑到单种通信方式的不足，未来的水下通信网络将是多种通信方式的融合，以实现水下通信一体化。这不仅在理论技术层面提出了挑战，如不同通信方式之间的路由与负载分配问题，还在物理实现上提出了更高的要求，如多模节点的设计与制造。尽管满足一般需求的水下通信网络短期内仍难以成熟，但仍然可以通过搭积木的方式不断丰富和完善其功能与性能。

最后，水下通信网络的智能化问题需要在一体化框架下逐步展开。目前针对水声通信的智能化研究已经开始，但系统化、一体化不足，仍待进一步发展。

参考文献

[1] 何昀, 张德, 张峰, 等. 水下通信技术现状及趋势[J]. 中国新通信, 2018, 20(8): 26.

[2] 马晓晓. 水下通信技术综述[J]. 电子世界, 2020(14): 104.

[3] 韩东, 贺寅, 陈立军, 等. 水下通信技术及其难点[J]. 科技创新与应用, 2021(1): 155-159.

[4] PRANITHA B, ANJANEYULU L. Review of research trends in underwater communications — a technical survey[C]//Proceedings of 2016 International Conference on Communication and Signal Processing (ICCSP). Piscataway: IEEE Press, 2016: 1443-1447.

[5] 韩云峰, 朱莉娅, 安维峥, 等. 水下电力载波双向通信衰减分析研究[J]. 电力信息与通信技术, 2021, 19(3): 74-79.

[6] 虞江波. 试论基于电力载波的水下数据传输技术[J]. 价值工程, 2019, 38(26): 209-210.

[7] 贾宁, 黄建纯. 水声通信技术综述[J]. 物理, 2014, 43(10): 650-657.

[8] RIKSFJORD H, HAUG O T, HOVEM J M. Underwater acoustic networks - survey on communication challenges with transmission simulations[C]//Proceedings of 2009 3rd International Conference on Sensor Technologies and Applications. Piscataway: IEEE Press, 2009:

300-305.

[9] DIVYA K, MAHESWAR R, JAYARAJAN P. Mitigation of interference in underwater wireless acoustic communication - a survey[C]//Proceedings of 2020 International Conference on Communication and Signal Processing (ICCSP). Piscataway: IEEE Press, 2020: 569-573.

[10] 王博, 吴琼, 刘立奇, 等. 水下无线光通信系统研究进展[J]. 激光技术, 2022, 46(1): 99-109.

[11] ZENG Z Q, FU S, ZHANG H H, et al. A survey of underwater optical wireless communications[J]. IEEE Communications Surveys & Tutorials, 2017, 19(1): 204-238.

[12] SAEED N, CELIK A, AL-NAFFOURI T Y, et al. Underwater optical wireless communications, networking, and localization: a survey[J]. Ad Hoc Networks, 2019, 94: 101935.

[13] SAJMATH P K, RAVI R V, MAJEED K K A. Underwater wireless optical communication systems: a survey[C]//Proceedings of 2020 7th International Conference on Smart Structures and Systems (ICSSS). Piscataway: IEEE Press, 2020: 1-7.

[14] URIBE C, GROTE W. Radio communication model for underwater WSN[C]//Proceedings of the 3rd International Conference on New Technologies, Mobility and Security. Piscataway: IEEE Press, 2009: 147-151.

[15] PALMEIRO A, MARTÍN M, CROWTHER I, et al. Underwater radio frequency communications[J]. OCEANS 2011 IEEE - Spain, 2011: 1-8.

[16] SMOLYANINOV I I, BALZANO Q, DAVIS C C, et al. Surface wave based underwater radio communication[J]. IEEE Antennas and Wireless Propagation Letters, 2018, 17(12): 2503-2507.

[17] UMEDA A, SHIMIZU E. A wireless based ocean observation buoy system and legal status of underwater radio wave communication in Japan[J]. 2018 OCEANS - MTS/IEEE Kobe Techno-Oceans (OTO), 2018: 1-6.

[18] SANTOS M O, FARIA S M M, FERNANDCS T R. Real time underwater radio communications in swimming training using antenna diversity[C]//Proceedings of 2021 Telecoms Conference (ConfTELE). Piscataway: IEEE Press, 2021: 1-5.

[19] 曹发阳, 王伟, 谢广明, 等. 水下电场通信研究综述[J]. 兵工自动化, 2013, 32(12): 51-54.

[20] 吴佳楠, 温智皓, 贺曼利, 等. 考虑环境影响的水下电场通信组网算法[J]. 吉林大学学报(理学版), 2021, 59(1): 115-122.

[21] DOMINGO M C. Magnetic induction for underwater wireless communication networks[J]. IEEE Transactions on Antennas and Propagation, 2012, 60(6): 2929-2939.

[22] AKYILDIZ I F, WANG P, SUN Z. Realizing underwater communication through magnetic induction[J]. IEEE Communications Magazine, 2015, 53(11): 42-48.

[23] WEI D B, YAN L, HUANG C P, et al. Dynamic magnetic induction wireless communications for autonomous-underwater-vehicle-assisted underwater IoT[J]. IEEE Internet of Things

Journal, 2020, 7(10): 9834-9845.

[24] MUZZAMMIL M, AHMED N, QIAO G, et al. Fundamentals and advancements of magnet-ic-field communication for underwater wireless sensor networks[J]. IEEE Transactions on Antennas and Propagation, 2020, 68(11): 7555-7570.

[25] LI Y Z, WANG S N, JIN C, et al. A survey of underwater magnetic induction communications: fundamental issues, recent advances, and challenges[J]. IEEE Communications Surveys & Tutorials, 2019, 21(3): 2466-2487.

[26] 吴承治. 潜艇中微子通信可行性探讨[J]. 现代传输, 2015(2): 8-16.

[27] 官权升, 陈伟琦, 余华, 等. 声电协同海洋信息传输网络[J]. 电信科学, 2018, 34(6): 20-28.

[28] SOOMRO M, AZAR S N, GURBUZ O, et al. Work-in-progress: networked control of auto-nomous underwater vehicles with acoustic and radio frequency hybrid communica-tion[C]//Proceedings of 2017 IEEE Real-Time Systems Symposium. Piscataway: IEEE Press, 2017: 366-368.

[29] ISLAM K Y, AHMAD I, HABIBI D, et al. Green underwater wireless communications using hybrid optical-acoustic technologies[J]. IEEE Access, 2021(9): 85109-85123.

[30] 张友文, 黄福朋, 兰华林, 等. 水声单载波调制技术综述[J]. 哈尔滨工程大学学报, 2019, 40(11): 1809-1815.

[31] TU X B, XU X M, SONG A J. Frequency-domain decision feedback equalization for sin-gle-carrier transmissions in fast time-varying underwater acoustic channels[J]. IEEE Journal of Oceanic Engineering, 2021, 46(2): 704-716.

[32] 顾中国. 多载波高速水声通信系统及其信道均衡技术[D]. 西安: 西北工业大学, 2002.

[33] LI Z N, STOJANOVIC M. Multi-user multi-carrier underwater acoustic communica-tions[C]//Proceedings of Global Oceans 2020: Singapore – U.S. Gulf Coast. Piscataway: IEEE Press, 2020.

[34] LI B S, HUANG J, ZHOU S L, et al. MIMO-OFDM for high-rate underwater acoustic com-munications[J]. IEEE Journal of Oceanic Engineering, 2009, 34(4): 634-644.

[35] QASEM Z A H, WANG J F, KUAI X Y, et al. Enabling unique word OFDM for underwater acoustic communication[J]. IEEE Wireless Communications Letters, 2021, 10(9): 1886-1889.

[36] 刘千里, 谢静. MIMO-OFDM 水声通信系统发展现状及趋势[J]. 通信技术, 2021, 54(5): 1035-1044.

[37] AMINI P, CHEN R R, FARHANG-BOROUJENY B. Filterbank multicarrier communications for underwater acoustic channels[J]. IEEE Journal of Oceanic Engineering, 2015, 40(1): 115-130.

[38] 王彪, 方涛, 戴跃伟. 时间反转滤波器组多载波水声通信方法[J]. 声学学报, 2020, 45(1): 38-44.

[39] LIU L J, REN H, ZHAO H, et al. An adaptive multi-mode underwater acoustic communication system using OSDM and direct sequence spread spectrum modulation[J]. IEEE Access, 2021(9): 56277-56291.

[40] 杨璐. 多载波水声扩频通信技术研究[D]. 哈尔滨: 哈尔滨工程大学, 2020.

[41] RADOSEVIC A, AHMED R, DUMAN T M, et al. Adaptive OFDM modulation for underwater acoustic communications: design considerations and experimental results[J]. IEEE Journal of Oceanic Engineering, 2014, 39(2): 357-370.

[42] HUANG J C, DIAMANT R. Adaptive modulation for long-range underwater acoustic communication[J]. IEEE Transactions on Wireless Communications, 2020, 19(10): 6844-6857.

[43] 李萍. 基于强化学习的水声通信自适应调制算法研究[D]. 西安: 西安科技大学, 2020.

[44] 桑恩方, 徐小卡, 乔钢, 等. Turbo 码在水声 OFDM 通信中的应用研究[J]. 哈尔滨工程大学学报, 2009, 30(1): 60-66.

[45] HUANG J, ZHOU S L, WILLETT P. Nonbinary LDPC coding for multicarrier underwater acoustic communication[J]. IEEE Journal on Selected Areas in Communications, 2008, 26(9): 1684-1696.

[46] 李玉祥. LDPC 码在水声通信中的应用研究[D]. 哈尔滨: 哈尔滨工程大学, 2011.

[47] 翟玉爽, 冯海泓, 李记龙. 极化码在 OFDM 水声通信中的应用研究[J]. 声学技术, 2021, 40(1): 29-38.

[48] 林梅英. QC-LDPC 码在水声自适应信道编码中的性能研究[D]. 厦门: 厦门大学, 2014.

[49] DIAMANT R, LAMPE L. Adaptive error-correction coding scheme for underwater acoustic communication networks[J]. IEEE Journal of Oceanic Engineering, 2015, 40(1): 104-114.

[50] ZHANG R X, MA X L, WANG D Q, et al. Adaptive coding and bit-power loading algorithms for underwater acoustic transmissions[J] IEEE Transactions on Wireless Communications, 2021, 20(9): 5798-5811.

[51] WAN L ZHOU H, XU X K, et al. Adaptive modulation and coding for underwater acoustic OFDM[J]. IEEE Journal of Oceanic Engineering, 2015, 40(2): 327-336.

[52] MOLINS M, STOJANOVIC M. Slotted FAMA: a MAC protocol for underwater acoustic networks[C]//Proceedings of OCEANS 2006 - Asia Pacific. Piscataway: IEEE Press, 2006.

[53] CHIRDCHOO N, SOH W S, CHUA K C. Aloha-based MAC protocols with collision avoidance for underwater acoustic networks[C]//Proceedings of IEEE INFOCOM 2007 - 26th IEEE International Conference on Computer Communications. Piscataway: IEEE Press, 2007: 2271-2275.

[54] JÚNIOR E P M C, VIEIRA L F M, VIEIRA M A M. UW-SEEDEX: a pseudorandom-based MAC protocol for underwater acoustic networks[J]. IEEE Transactions on Mobile Computing, 2022, 21(9): 3402-3413.

[55] LIU M Y, ZHUO X X, WEI Y, et al. Packet-level slot scheduling MAC protocol in underwa-

ter acoustic sensor networks[J]. IEEE Internet of Things Journal, 2021, 8(11): 8990-9004.

[56] 朱敏, 武岩波. 水声通信及组网的现状和展望[J]. 海洋技术学报, 2015, 34(3): 75-79.

[57] 白卫岗. 水声通信网络组网协议关键技术研究[D]. 西安: 西北工业大学, 2018.

[58] 陈伟琦. 水声网络可靠组网与传输技术[D]. 广州: 华南理工大学, 2019.

[59] RAHMAN M A, LEE Y, KOO I. EECOR: an energy-efficient cooperative opportunistic routing protocol for underwater acoustic sensor networks[J]. IEEE Access, 2017(5): 14119-14132.

[60] SU Y S, ZHANG L, LI Y, et al. A glider-assist routing protocol for underwater acoustic networks with trajectory prediction methods[J]. IEEE Access, 2020(8): 154560-154572.

[61] ZHANG Y, ZHANG Z M, CHEN L, et al. Reinforcement learning-based opportunistic routing protocol for underwater acoustic sensor networks[J]. IEEE Transactions on Vehicular Technology, 2021, 70(3): 2756-2770.

[62] 孙桂芝. 水声通信网络路由协议研究[D]. 哈尔滨: 哈尔滨工程大学, 2006.

第12章

高速海洋通信链路技术研究

随着海洋活动的日益频繁和海洋经济的蓬勃发展，海洋数据通信需求日益增加。为满足空天地海潜一体化及应急与常规系统的相互支撑的网络需求，海洋通信技术向着广覆盖、高效、大带宽、智能化的方向不断演进。海洋通信信息网络由覆盖天、空、岸、海及水下的综合信息网络节点装备组成[1-2]，涉及的网络主要包括收集数据的传感器网络和数据传输网络，前者收集的数据需要经过后者进行远程传输。海洋数据传输网络是海洋网络信息体系的主动脉，是关联各独立分布系统的纽带，而高速海洋通信链路的研究则是保障高效海洋数据传输的关键。本章将会介绍两种海洋链路技术——大气波导和自由空间光通信。

12.1 海洋通信中的大气波导

目前的海洋通信为了实现超视距通信一般使用高频（High Frequency，HF）无线电，将卫星节点或空中节点作为中继来传送数据包。但由于高频无线电传输系统带宽受限，无法满足高速数据传输的需求，且卫星通信成本高、通信时延大，还存在安全问题，因此使用空中节点也存在被攻击的危险，更换中继节点不仅耗时长而且成本高[3]。而在海上进行远距离通信时，时常会发现一些电磁波特殊超折射传输的状况，这是因为存在大气波导。大气波导是存在于对流层中的一种特殊的波导结构，它是在特殊的气候环境情况下限制电磁波在对流层中传输使其形成特殊超折射传输的一种现象。大气波导中的无线电波采用的是厘米波波段，它的存在使雷达和通信的有效作用距离大幅增加，且对流层低层的通信不太容易受到攻击方干扰的影响，也不需要中继节点[4]，因此其可以作为电磁波超视距传播的有效手段，将电磁波传播到电磁通信系统的水平视距之外几百甚至上千千米的位置，特别适合海上的远距离通信[5]。在利用大气波导进行的海洋超视距通信中，许多研究者做了大量的工作，目前海洋波导的研究主要集中在折射率估计技术和通信路径损耗计算[6-9]方面。大气波导受气象影响非常大[10]，一般通过气象探测可以预测大气波导的出现。

12.1.1　大气波导分类

大气波导是对流层中逆温或者逆湿导致空气密度和折射率垂直变化巨大，从而引起陷获折射的一种异常大气结构。影响大气环境中电磁波传播特性的主要大气因子是大气折射指数。形成超折射的电磁波射线曲率比地球表面的曲率要大，在落回地面后又向前反射到大气中，然后往返在对流层内部来回反射向前传输。大气波导可以是贴近地面的，也可以是悬空的，根据形成特征可以分为3类：蒸发波导、表面波导和抬升波导。

1. 蒸发波导

蒸发波导是近海面上出现很频繁的一种特殊类型的大气波导，它具有发生率高、稳定性良好、持续时间较长、在水平方向上的延伸距离远、范围广、波导高度较低等特点。由于大部分舰载微波超视距雷达和天线的设置高度比较低，且蒸发波导通常在近海面40m以下的大气内出现，这样就可位于能够利用蒸发波导的有效高度范围内，因而可以运用蒸发波导的传播条件进行有效的远距离通信或目标探测[11]。所以，这有利于舰船实现海上远距离通信和雷达探测。但同时大气蒸发波导也会对舰船通信设备工作产生干扰等，使海上电磁波的传播情况变得复杂。所以，蒸发波导对于海上通信系统有重要的意义。

要形成一定高度的蒸发波导，必须满足以下几个条件。

（1）工作频率必须要比波导的最低陷获频率高，为3～20GHz。

（2）蒸发波导最高的高度必须高于电磁波发射源的高度。

（3）电磁波的临界仰角需要比发射仰角大。

只有满足以上条件，电波才能被传播到很远的位置[12]。

2. 表面波导

表面波导顾名思义是靠近地（海）面形成的大气波导，其波导下边界接地，通常发生在高度不到 300m 的大气中。但表面波导形成的关键是天气，需要在天气晴好的情况下，大气稳定、天气温暖且干燥，低层大气层产生的逆温层拦截了地（海）面的湿冷空气，使得温度随高度增大而逐渐增大，而湿度随高度增大而逐渐减小。表面波导对无线电传输频率不是特别敏感，能够在 100MHz 左右的频率上支持较长的超视距传播范围，根据季节和地点的不同，它出现的概率可达 40%。

3. 抬升波导

抬升波导又称悬空波导，它的下边界是悬空的，它和表面波导形成机制非常类似，也是在逆温层，也就是在气温随高度升高而递增的情况下形成的，通常情况下发生在相对较高的高度：在 6000m 以下都可能发生，一般出现在 600～3000m。根据季节和地点不同，悬空波导发生的概率可达 50%。

12.1.2 大气波导中的无线电波传播

1. 大气波导的特征分析

在某种条件下，雷达辐射的电磁波受到大气折射的影响而向地面弯曲。如果折射率超过地表曲率，电磁波的传播方向会向地面发生弯曲，根据地面的反射向前方传播。这个过程重复出现，极大地增加了电磁波的传播距离。

大气波导的形成完全取决于低空大气的折射率，而低空大气的折射率由风速、大气压力、大气温度、相对湿度等大气参数决定，其中最重要的是湿度。

影响电磁波在大气中传播的主要参数是大气折射率[13]。假设地球表面是平坦的，则理想化的大气折射率约为 1，那么可以定义大气折射指数 N 为

$$N = (n-1) \times 10^6 \tag{12-1}$$

在对流层中，N 可以表示为

$$N = \frac{77.6}{T}\left(p + \frac{4810e}{T}\right) \tag{12-2}$$

其中，T 表示大气绝对温度（单位为 K），p 是总大气压强（单位为 hPa），e 表示水汽压（单位为 hPa）。改进的折射率的垂直梯度的变化会影响电磁波的行为。在温度、压力和湿度逐渐降低的标准大气条件下，无线电波会略微弯曲，雷达波束的曲率会略小于地球的曲率。在现实情况中，地球表面是弯曲的，修正折射率时需要考虑高度的变化，所以定义修正折射率 M 为

$$M = N + \left(\frac{h}{a}\right) \times 10^6 = N + 0.157h \tag{12-3}$$

其中，h 是海拔高度，单位是 km；a 是地球半径，单位为 km。

根据大气折射指数和大气修正折射率的垂直梯度不同，折射条件分为 4 种：负折射、标准折射、超折射和陷获折射。折射条件与 N 梯度、M 梯度的关系见表 12-1。修正后的大气波导折射率与海拔高度的关系表面，存在一个很强的负 M 梯度，其幅度随高度的增加而减小。$M=0$ 时，其高度被定义为蒸发波导高度，它是一个影响海上蒸发波导效应的重要参数。

表 12-1 折射条件与 N 梯度、M 梯度的关系

条件	N 梯度（N/km）	M 梯度（M/km）
陷获折射	$\dfrac{\mathrm{d}N}{\mathrm{d}h} \leqslant -157$	$\dfrac{\mathrm{d}M}{\mathrm{d}h} \leqslant 0$
超折射	$-157 < \dfrac{\mathrm{d}N}{\mathrm{d}h} \leqslant -79$	$0 < \dfrac{\mathrm{d}M}{\mathrm{d}h} \leqslant 78$
标准折射	$-79 < \dfrac{\mathrm{d}N}{\mathrm{d}h} \leqslant 0$	$78 < \dfrac{\mathrm{d}M}{\mathrm{d}h} \leqslant 157$
负折射	$\dfrac{\mathrm{d}N}{\mathrm{d}h} > 0$	$\dfrac{\mathrm{d}M}{\mathrm{d}h} > 157$

蒸发波导是通常出现在海面上的特殊大气结构，若在波导层中探测和传播一定频率的无线电波，那么其倍增量大大减少，扩散范围变化很大，这就是为什么蒸发波导一直是大气波导研究的重点。

目前，使用比较广泛的一些蒸发波导模型有以下几种[12,14]。1985 年，Paulus 改进了 Jeske 进行的电波在海洋中的传播试验，并且于 1973 年提出了 Jeske 模型，将改进后的蒸发波导模型称为 P-J 模型，它是 Areps 高级折射率计算系统的一部分。同时，在 1992 年，法国气象局的 Luc Musson-Genon 等对中尺度气候的预报，提出

了采用近地表定标的蒸发波导模型 MGB。1996 年，Babin 等提出了 Babin 模型。美国海军研究生院的 Fredrickson、Davidson 和 Geoball 在 2000 年提出了核动力源蒸发管模型。同时，2000 年 Frederickson 等提出了 NPS 模型。我国研究大气蒸发波导的时间虽然不是很早，但是也得到了不少可喜的成果，如刘国成等[15]在 2001 年提出了把折射率作为相似参量，用相似理论估算蒸发波导高度的方法，进而以 P-J 模型为基础提出了伪折射模型。

Babin 比较了不同的蒸发波导模型，虽然原理相同，但是功能选择和波导管高度是不同的。Babin 模型确定了直接波导的高度，NPS 模型在获得温度、湿度和大气压分布之后计算了蒸发波导的折射率分布。然而，NPS 模型可以使用大气折射率分布的最小值来确定波导管的高度和强度，并且更加稳定。NPS 模型对 3 个天气元素（相对湿度、风速 U（单位为 m/s）、大气和海平面温度差（单位为℃））的灵敏度在不同的分层条件下是稳定和连续的，当相对湿度大于 75%或极端稳定的分层条件下，零值区域较少[16]。在计算蒸发波导高度的方法中，由于 NPS 模型是用来计算获得气象要素廓线剖面后波导的折射率分布，所以它可以在不同的分层状态下更稳定地计算波导的高度。

2. 大气波导的探测方法

大气折射率是大气波导形成的重要参数，也是大气波导探测的基础。大气折射率的探测一般包括接触式探测和遥感探测两种，因此大气波导的探测方法一般也可以分为接触式探测和遥感探测两大类[12,17]。

传统的探测方法主要为接触式探测，其又分为直接方法和间接方法两类。直接方法是将感应元件（比如高精度气象传感器、电阻温度表等）放置于测量位置上，直接测量大气的温度、湿度、压强和折射率等重要参数的变化，以此判断大气中波导结构的存在。而间接方法是将高精度气象水文仪器等测得的指定高度的大气重要参数代入对应的模型中，通过计算判断大气中是否存在波导现象。对于蒸发波导，既可以通过直接方法，也可以使用间接方法来探测，例如使用微波折射率探测仪来直接探测蒸发波导，或者通过低空系留气球或气象梯度塔测量 40m 以下的温度、湿度、压强等参数来计算大气折射率。表面波导采用间接测量的方式，利用低空探测系统和高空探测系统进行参数测量，并用 60m 以下的探空数据来计算判断表面波导现象的存在。而悬空波导则主要是依靠高空探测系统，利用气球施放、飞机不同高度回旋飞行，甚至气象火箭发射等方式获取 30km 以下的大气数据，从而判断悬空波导现象的发生。国内外科研机构对大气波导的测量探测开展了大量试验[18-22]，获取了大量的珍贵资料，为大气波导的理论研究提供了宝贵依据。

目前，虽然和传统的接触探测方法相比，遥感探测还不能满足探测精度的要求，但是利用气象卫星、雷达、GPS、微波辐射计和激光雷达等技术和设备来进行遥感探测将是未来大气波导探测的主要研究方向[23-25]。尤其是利用激光雷达的遥感探测，激光在大气中传输所产生的消光系数变化率可以反映出其受到影响的大气折射率，并且能实现全方位、高实时性、高灵活性的大气波导遥感探测，探测过程具有高保密性和低成本。如拉曼激光雷达 6 代，从 1978 年开始由美国宾夕法尼亚州立大学（Pennsylvania State University，PSU）研制，目前其探测精度已经能够与无线电探空仪探测效果相匹敌。近年来，我国也开展了大气波导探测相关试验，来验证激光探测海洋大气波导，尤其是海上蒸发波导的可行性[26]。利用激光雷达遥感探测海洋大气波导，在海洋应急网络建设的波导探测方面均有着巨大潜力，是未来海洋波导探测技术发展的主要方向之一。

3. 大气波导环境特性预测

电磁波在大气中传播会产生大气波导效应，且受到大气成分、气压、温度、湿度等多种因素的影响，因为不同的气象环境下电磁波传播产生的吸收、反射、折射和散射情况是不同的[10]。因此，要研究波导效应，首先就应该对大气波导产生的天气学条件和形成机制进行调研，以满足利用大气波导为海洋通信传输提供高速超视距链路的需求。

1944 年，美国海军无线电及水声实验室沿南加州海岸开展了无线电气象试验，发现逆温现象通常与湿度下降有关，且通常会形成一个陷获层，这种现象在加州南部地区的海洋上尤为明显[27]，试验预测了陷获层的存在。1946 年和 1947 年，为了检测海洋上干热空气对流形成的低层大气波导，Unwin[28]在新西兰南岛的坎特伯雷地区海岸附近进行了大规模的无线电气象数据收集工作。同步进行了在 100MHz、500MHz、3240MHz 和 9375MHz 几个频段从机载发射机到地面接收器的无线电测量工作，这些测量数据即使过了半个多世纪，也是非常高质量、非常有用的。

1945—1948 年，美国海军海洋系统中心（Naval Ocean Systems Center，NOSC）的前身海军电子实验室（Navy Electronics Laboratory，NEL），在圣地亚哥和瓜达卢佩岛之间 280n mile（1n mile=1.852km）的水上路径上收集了大量的无线电气象数据。在圣地亚哥通过一架配置了 63MHz、170MHz、520MHz 和 3300MHz 发射频率的发射机、接收器和记录器的飞机，调研了表面波导和抬升波导的空间分布。在 1981—1982 年，为了确定最优天线高度和频率来最大化利用蒸发现象，Anderson[29]在南加州两个离岸岛屿之间长度为 81km 的较长路径上进行了蒸发波导效应的试验，试验选择的测试频率是 3GHz 和 18GHz，发射天线高约为海平面上 20m、接收天线高约为 11m。该试验方案明确了蒸发波导在中等超视距范围内支持高信号水平的能力，进一步证实了对这一重要传播机制的理论理解。之后在 3～94GHz 的非视距测量和目标探测的试验表明[30]，大气波导在提高接收信号水平和降低发射损耗方面具有重要作用，对于 X 波段、Ku 波段的海洋通信系统、侦察系统和海洋毫米波系统的设计具有重要意义。

为了测量大气波导对信号的影响，最好能够获得波导的折射率分布和高度。大气波导折射率的估算是目前研究的重点，此外，蒸发波导高度的计算模型的分析也十分重要。

4. 大气波导的无线电波传播模型

（1）电波传播特性的描述方法——抛物方程方法

随着计算机技术的飞速发展，抛物方程（Parabolic Equation，PE）方法时常被用来建立电磁波传播模型。它最早由 Fock 在 1946 年提出，最初是作为 PETOOL V2.0 文本引用中 Helmhlotz 方程的近轴近似引入的。后来 Hardin 和 Tappert 进一步提出了基于傅里叶的分步抛物方程方法（Split-Step Parabolic Equation，SSPE）以实现 PE 的数值解，进而抛物方程方法被广泛运用于电波传播研究。2000 年，Donohue 和 Kuttler 为了提高地形处理方法的精度，研究出了 PE 中最受欢迎的方法——分段线性地形转换方法，上述算法考虑了大气反射、折射、衍射和多径传播的传播模式，对具有不同边界条件的 PE 模型展开了研究。考虑到初始条件和分步傅里叶计算方法，PE 模型被广泛运用于大气波导电波传播试验中[31]。

PE 方法能够支持大气中的复杂边界条件和折射率曲线，同时它可以对路径损耗进行估计，与其他方法相比，它受到的限制也是最小的[32]。并且，如果把它和其他方法进行比较，能够发现它可以更加简便地解决具有复杂大气折射和不规则地形的远程问题。当前，将 PE 方法结合其他算法一起使用，已经成为研究大气波导电波传播的主要办法。

（2）单向抛物方程方法和双向抛物方程方法

为了解决复杂的大气折射和不规则地形的长距离问题，PE 模型被广泛应用于电磁波传播建模。原本 PE 是在 Helmholtz 方程的近轴近似情况下引入的，其通过消除接近近轴方向（抛物方程范围内的水平方向）传播角的急剧变化的相位项而得到简化的函数。为了实现 PE 的数值解，开发了 SSPE 方法，推进了开发电波传播的、高速且高可靠性的计算机的进程。

SSPE 方法的一个重要优点是便于对水平和垂直变化的大气折射（特别是波导）效应进行简单建模，能够模拟大气折射在水平和垂直方向上的变化，特别是波导效应；此外，SSPE 方法可使用较大范围的步长而不降低精度。因此，可以用较少的计算量解决远程传播问题。在引入 SSPE 方法之后，使用抛物方程方法对电波传播进行建模就被广泛用于解决无线电波传播问题[33]。

标准 PE 方程是从 Helmholtz 方程中得出的，并且放弃了快速变化的相位项，从而获得了在近似于近轴方向传播的角度范围内变化缓慢的简化函数。Helmholtz 方程与两个微分方程式近似，分别对应正向和反向传播波，每个微分方程都是抛物线形微分方程。标准 PE 方法仅考虑前向部分，即它是单向前向散射模型，在近轴区域有效。

标准的抛物方程方法将原始问题转化为初始值问题，并实现了前向前进算法，正演算法从天线参考区域开始，通过连续傅里叶变换确定垂直场的轮廓，并且将其带入一个区域，通常称之为单侧抛物线方程。随着单向 SSPE 方法的引入，PE 模型在无线电波展开中得到了广泛的应用。标准抛物方程如式（12-4）所示。

$$u(x+\Delta x,z) = e^{ik\Delta x(Q-1)}u(x,z) \qquad (12\text{-}4)$$

当双向 SSPE 被引入标准单向 SSPE 中时取得了另一个突破，即可以模拟各种地形效果。双向 SSPE 使用迭代前向后向的方案，可以模拟不规则地形的多重效应。双向 SSPE 由 PETOOL 软件实现，可用于各种研究[34]。

（3）系统传播损耗

抛物方程方法的计算结果通常是基于传播损耗的扩展。传播损耗可以表示为发射天线的辐射性能与接收机天线的输出功率之间的关系，通常用 L 表示，单位是 dB，如式（12-5）所示。

$$L = 10\lg(P_i / P_r) \tag{12-5}$$

其中，P_i 是发射天线的辐射功率，P_r 是接收天线的输出功率。

在真实的传播环境中，传播的介质对电磁波的传播有影响，会使电磁波的能量有所衰减，从而形成系统的传播路径损耗[32]。于是，系统的传播损耗也可以用式（12-6）表示，L 为系统的传播损耗，单位为 dB；f 表示电磁波的频率，单位为 MHz；x 表示距离，单位为 km；F 表示传播因子。

$$L = 32.45 + 20\lg f + 20\lg x + 20\lg F \tag{12-6}$$

在 PE 模型中，计算结果是二维空间中的一个点。在这种情况下，在计算传播损耗时就必须创建一个字段增量值与乘法损失的级数关系，必须考虑电场强度、波长、传播距离和地球半径。考虑到实际过程，无线电波相对于地面的传播半径更小，相应地就可以进行一些近似处理。

12.1.3　大气波导在船舶通信中的应用

随着对大气波导环境特性和无线电传播特性研究的深入，适用于大气波导环境的电子系统逐渐发展起来。目前开发的许多测试系统主要用于船用雷达系统的运行和探测，而对船用通信的重视程度较低[35]。

大气波导使超视距通信成为可能，它可以用来解决在广阔的海域缺乏基本的通信设施的通信保障问题，为未来的海上通信提供一种新的有效通信手段，同时也可作为一种提高我国通信系统抗破坏能力的应急通信手段。在此基础上，除美国[36-40]外，越来越多的国家正在对大气波导的研究做出贡献[32-35]，研究重点逐渐从测量大气波导环境特性、雷达探测中的传播问题转向折射率剖面的实时反演、超视距通信的信号传输等问题。

此外，选择适当的通信参数可以避免受到攻击。例如，通过改变天线高度，采用低于最小捕获频率的频率或以大于临界角的角度发射。相反，当攻击方使用大气波导实现超视距通信时，这为我们侦查和捕获目标提供了一种参考手段。

12.2　自由空间光通信在海洋中的应用

自由空间光通信兼具了无线通信和光纤通信的优点，在自由空间中通过激光实现的载波通信不仅带宽高、传输速率快、抗干扰性强，而且组网灵活、施工简单。由于海洋通信缺乏基础设施且海洋环境复杂多变，海上宽带通信发展缓慢，将自由空间光通信引入海洋通信可以很大程度地解决海洋通信缺乏高速通信链路的问题。

12.2.1　自由空间光通信的理论

自由空间光通信（Free-Space Optical Communication，FSO）也称为无线激光通信，是一种不需要光纤等任何有线信道作为传输媒介，仅将激光作为载波进行点对点、点对多点或多点对多点的语音、数据、图像信息传输的通信方式[41]。这里的自由空间可以是大气层、外太空、真空或水等介质。由于其结合了光纤通信和无线电通信的优势，具有抗干扰能力强、安全性高、传输速率高、传输速度快、波段选择方便且施工简单灵活的特点，在卫星通信、移动通信基站数据回传、本地宽带接入（最后一千米接入）、海洋通信及应急通信领域等方面都有广泛应用。

自由空间光通信系统中发送端采用光电转换技术，使用足够大的光发射功率将数字信号转换为光信号发射出去，而无遮挡视距内的接收端捕获到光信号后将其转换为电信号从而实现通信。

如图 12-1 所示，自由空间光通信系统由光发射装置、光接收装置、信道等部分组成[42]。数据信号经过编码，被光调制加载到光载波上，经由光学发射天线对光束整形转换为光信号，光发射天线将整形的光束发射到自由空间信道（如大气空间）中进行传输。光接收装置使用 ATP 光电跟踪系统先在较大的视场范围内搜索，进行信号捕获，即粗跟踪；再对接收信号进行瞄准和实时跟踪，即精跟踪[43]，从而实现光接收装置和发射装置对准，搭建起通信链路。接下来光接收装置对光学天线接收到的光信号进行光电转换，并将放大滤波处理后的信号解调及解码，还原成原数据信息。

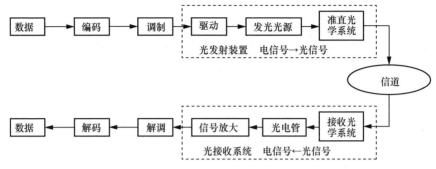

图 12-1   自由空间光通信系统原理

自由空间光通信中，当光信号以大气为介质传播时，传输受到大气传播特性和背景辐射影响较大，考虑到器件的可行性，通常采用的激光通信波长为 810～860nm、1550～1600nm[44]。而考虑到光源对人们的眼睛和身体的伤害，以及对雾的穿透力，1550～1600nm 的自由空间光通信具有更广泛的应用前景，但是其设备价格也更高。而 810～860nm 光设备价格较低，适用于近距离的传输。

自由空间光通信系统体积小、重量轻、运行成本低，相比光纤通信系统更为机动灵活、易于部署推广，特别适合临时使用和复杂地形中的紧急组网。且自由空间光通信还具备了光纤通信同等的宽频带特点，可支持 155Mbit/s～10Gbit/s 的传输速率，能应用于抗震救灾、突发事件、海洋监测等应急通信方案中。因此，美国、欧洲、日本、中国和俄罗斯等国家和地区均在自由空间光通信领域投入了大量的人力和物力，并已取得突破性成果且进行了多项试验验证[45]，包括星地、空地、空空、空海，甚至空潜等多种链路场景。

12.2.2   自由空间光通信在海洋中的应用场景

由于海上环境的复杂性、用户分布的稀疏性和移动性、海洋业务的多样性，以及现有海洋通信网络的异构性，未来海洋通信网络需要融合空天地海潜的通信系统，以实现一体化通信网络[46]。海洋涵盖空天、海岸、水上和水下的广阔空间（下称"海洋空间"），特殊的地理和气候条件使得在海洋空间中建立和维护陆基网络设施变得非常困难和昂贵。虽然目前海洋空间中已经部署了多种通信网络系统，但是它们或通信速率受限，或覆盖能力不足，或性价比较低，难以提供可比拟地面通信系统的海上通信全面覆盖。而自由空间光通信技术的出现无论是在传输时延、通信速率，还是在部署维护、成本等各方面都成为突破海洋通信瓶颈，实现未来空天地海潜一体化海洋通信网络不可或缺的技术手段。

自20世纪70年代开始，美国、欧洲、俄罗斯、中国、日本等多个国家和地区已经开展了大量的自由空间激光通信相关研究，实现了包括卫星和地面、卫星和卫星、卫星和飞机、飞机和飞机、飞机和飞艇等空中节点和地面之间多种空中激光通信链路，并且成功地开展了对应的野外试验。在空天地海潜一体化通信发展的背景下，海洋通信系统可以通过自由空间激光通信链路技术充分利用卫星、岛礁、海上浮点、无人船、灯塔、无人机、平流层飞艇等多种中继节点，实现海洋通信网络的无缝全覆盖，且自由空间激光通信技术在海洋通信中的应用还在向着水下通信方面发展。

随着海洋环境监测、海洋灾害预警、海洋开发与保护和水下安全检测等需求的不断增长，设计高速率、低时延、节能的水下无线通信和水下传感网络已成为世界各技术强国的重要研究课题。目前的水声通信技术是为中程通信提供低数据速率传输的传统技术。水声通信技术因其能实现信号的全向传输、传输距离长、质量可靠，成为目前水下最有效的中远距离通信手段。但是由于其带宽限制，声通信的数据速率较低，在1km范围内数据传输速率仅能达到几十Mbit/s，而在100km范围内的传输速率不到1Mbit/s[47]。而且声波在水中传输速度为1500m/s，速度缓慢，使传输数据时产生较大时延，导致无法实现实时传输，声波通信的高功耗也导致其存活周期不长等问题。因此，随着高清图片、实时视频传输等新兴水下应用的出现，水声通信技术无法满足其高速实时传输需求。而水下无线光通信凭借其大带宽、高速率、低时延、低能耗、高安全性等特性，可满足高速实时传输需要[48-50]。

12.3　小结

目前海洋环境中缺乏能提供强鲁棒性、高性价比的海洋数据传输网络系统，制约了我国国家海洋战略的实施，以及海上经济活动的展开。而建立有效的海洋高速传输网络的关键就是探索海洋高速链路技术。随着海洋大气波导的出现，超视距通信成为可能，它为舰载雷达和通信设备提供了环境支持，越来越多的国家对大气波导的研究做出了贡献，这也是无线电环境信息技术研究的重要组成部分。而自由空间光通信技术则结合了无线通信技术和光纤通信技术，在海洋通信中为提高海上通信质量，实现高速率、大带宽的传输提供了解决方案。

参考文献

[1] 姜胜明. 海洋互联网与海洋网络信息体系[R]. 2019.

[2] 张雪松, 张先超, 栾添, 等. 海洋网络信息体系需求分析[C]//海洋网络信息体系高峰论坛论文集. 出版社不详: 出版机构不详, 2019: 46-55.

[3] LUDDY M J, WINTERS J H, LACKPOUR A. Beyond line-of-sight communications with smart antennas (BLoSSA)[Z]. 2019.

[4] DINC E, AKAN O. Beyond-line-of-sight communications with ducting layer[J]. IEEE Communications Magazine, 2014, 52(10): 37-43.

[5] 张海勇, 周朋, 徐池, 等. 蒸发波导条件下海上超视距通信距离研究[J]. 电讯技术, 2015, 55(1): 39-44.

[6] YARDIM C. Statistical estimation and tracking of refractivity from radar clutter[D]. San Diego: University of California, 2007.

[7] HITNEY H V, RICHTER J H, PAPPERT R A, et al. Tropospheric radio propagation assessment[J]. Proceedings of the IEEE, 1985, 73(2): 265-283.

[8] PAULUS R A. Evaporation duct effects on sea clutter[J]. IEEE Transactions on Antennas and Propagation, 1990, 38(11): 1765-1771.

[9] DINC E, AKAN O B. Channel model for the surface ducts: large-scale path-loss, delay spread, and AOA[J]. IEEE Transactions on Antennas and Propagation, 2015, 63(6): 2728-2738.

[10] 胡晓华, 费建芳, 张翔, 等. 气象条件对大气波导的影响[J]. 气象科学, 2007, 27(3): 349-354.

[11] 周朋. 蒸发波导环境下海上超视距通信应用研究[J]. 舰船科学技术, 2017, 39(5): 135-139.

[12] 张玉生, 郭相明, 赵强, 等. 大气波导的研究现状与思考[J]. 电波科学学报, 2020, 35(6): 813-831.

[13] ESR Jinadasa, 田斌, 郭鹏. 蒸发波导模型概述[J]. 船电技术, 2018, 38(10): 13-15, 18.

[14] 张萍, 王月清, 田斌, 等. 海上蒸发波导模型的初步研究[J]. 舰船电子工程, 2007, 27(1): 150-152, 174, 201.

[15] 刘成国, 黄际英, 江长荫, 等. 用伪折射率和相似理论计算海上蒸发波导剖面[J]. 电子学报, 2001, 29(7): 970-972.

[16] 刘立行, 李煜斌, 高志球, 等. 4 种蒸发波导模型的对比与分析[J]. 气象科学, 2019, 39(1): 78-92.

[17] 康士峰, 张玉生, 王红光. 对流层大气波导[M]. 北京: 科学出版社, 2014.

[18] ANDERSON K. Radar measurements at 16.5 GHz in the oceanic evaporation duct[J]. IEEE Transactions on Antennas and Propagation, 1989, 37(1): 100-106.

[19] KULESSA A S, BARRIOS A, CLAVERIE J, et al. The tropical air-sea propagation study (TAPS)[J]. Bulletin of the American Meteorological Society, 2017, 98(3): 517-537.

[20] BABIN S M. A case study of subrefractive conditions at Wallops Island, Virginia[J]. Journal of Applied Meteorology, 1995, 34(5): 1028-1038.

[21] BROOKS I M, GOROCH A K, ROGERS D P. Observations of strong surface radar ducts over the Persian Gulf[J]. Journal of Applied Meteorology, 1999, 38(9): 1293-1310.

[22] LEONTAKIANAKOS A N. S-band clear air propagation and ducting in coastal West Africa[J]. Microwave and Optical Technology Letters, 1997, 15(2): 102-106.

[23] 王晓宾, 张玉生. 对流层大气波导的激光雷达观测技术[C]//第 10 届全国电波传播学术讨论年会论文集. 北京: 中国电子学会, 2009.

[24] 焦林, 张永刚, 张宇. 利用卫星数据反演海洋蒸发波导的研究[J]. 海洋技术, 2007, 26(4): 58-61.

[25] BARRIOS A. Estimation of surface-based duct parameters from surface clutter using a ray trace approach[J]. Radio Science, 2004, 39(6): 1-9.

[26] 吴荣华, 李胜勇, 任席闯. 基于多波长激光探测海洋大气波导机理及实验研究[J]. 激光与红外, 2021, 51(8): 980-984.

[27] PAULUS R A. VOCAR: an experiment in variability of coastal atmospheric refractivity[C]//Proceedings of IGARSS'94 - 1994 IEEE International Geoscience and Remote Sensing Symposium. Piscataway: IEEE Press, 1994: 386-388.

[28] UNWIN R S. Report of factual data from the Canterbury project[R]. 1951.

[29] ANDERSON K D. Evaporation duct effects on moderate range propagation over the sea at 10 and 1.7 cm wavelengths[R]. 1982.

[30] ANDERSON K D. 94-GHz propagation in the evaporation duct[J]. IEEE Transactions on Antennas and Propagation, 1990, 38(5): 746-753.

[31] OZGUN O, SAHIN V, ERGUDEN M E, et al. PETOOL v2.0: parabolic equation toolbox with evaporation duct models and real environment data[J]. Computer Physics Communications, 2020, 256: 107454.

[32] 孙亿平, 张捷, 彭茜, 等. 海面蒸发波导信道的建模及仿真研究[J]. 计算机仿真, 2012, 29(12): 127-130, 412.

[33] 李振, 察豪. 海上大气波导环境下电磁波传播的抛物方程方法[J]. 舰船电子对抗, 2009, 32(3): 25-28.

[34] 任重, 李天伟, 张海勇. 基于 PETOOL 的大气波导环境下舰艇通信电波传播仿真分析[J]. 现代电子技术, 2019, 42(7): 11-14.

[35] 周朋, 张海勇, 贺寅, 等. 大气波导在海上通信中的应用[J]. 电讯技术, 2014, 54(8): 1134-1139.

[36] IMBEAU R, LECOURS M, BOSSE E, et al. Ray tracing calculation correction for wave propagation inside evaporation ducts[C]//Proceedings of Record of the 1993 IEEE National Radar Conference. Piscataway: IEEE Press, 1993: 223-226.

[37] KULESSA A S, WOODS G S, PIPER B, et al. Line-of-sight EM propagation experiment at 10.25 GHz in the tropical ocean evaporation duct[J]. IEE Proceedings - Microwaves, Antennas and Propagation, 1998, 145(1): 65.

[38] ONG S F, ONG J T. Studies on the refractive index structure in Singapore[C]//Proceedings of IEEE Antennas and Propagation Society International Symposium. Transmitting Waves of Progress to the Next Millennium. 2000 Digest. Held in Conjunction with: USNC/URSI National Radio Science Meeting C. Piscataway: IEEE Press, 2000: 2099-2102.

[39] GOLDHIRSH J, DOCKERY D. Propagation characteristics for coastal region of South Korea and their impact on communication systems[C]//Proceedings of IEEE MILCOM 2004. Piscataway: IEEE Press, 2004: 460-465.

[40] PRASAD M V S N, PASRICHA P K, GHOSH A B, et al. Estimation of signal levels in evaporation ducts using ray theory and their comparison with experimental measurements[C]//Proceedings of 1989 6th International Conference on Antennas and Propagation. London: IET, 1989: 471-474.

[41] 杨青丽. 自由空间光通信的应用和发展[J]. 科技视界, 2014(31): 15-16.

[42] 林志超. 光通信 ATP 系统的技术分析[J]. 电子技术与软件工程, 2013(8): 24.

[43] 高瞻, 丁铁骑, 吕辉. 光无线通信系统通信波长的选择[J]. 通讯世界, 2002(12): 70-71.

[44] 王天枢, 林鹏, 董芳, 等. 空间激光通信技术发展现状及展望[J]. 中国工程科学, 2020, 22(3): 92-99.

[45] 于永学, 王玉珏, 解嘉宇. 海洋通信的发展现状及应用构想[J]. 海洋信息, 2020, 35(2): 25-28.

[46] 王燕青, 韩涛, 杜鑫. 自由空间光通信技术的研究现状和发展方向[J]. 数字化用户, 2019.

[47] 姜会林, 付强, 赵义武, 等. 空间信息网络与激光通信发展现状及趋势[J]. 物联网学报, 2019, 3(2): 1-8.

[48] 王海斌, 汪俊, 台玉朋, 等. 水声通信技术研究进展与技术水平现状[J]. 信号处理, 2019, 35(9): 1441-1449.

[49] HITNEY H V, HITNEY L R. Frequency diversity effects of evaporation duct propagation[J]. IEEE Transactions on Antennas and Propagation, 1990, 38(10): 1694-1700.

[50] ANDERSON K D. Radar detection of low-altitude targets in a maritime environment[J]. IEEE Transactions on Antennas and Propagation, 1995, 43(6): 609-613.

第13章

智能海洋通信技术

在人工智能（AI）浪潮的冲击下，海洋通信技术开始进入智能化时代。本章首先介绍了智能海洋通信技术的背景和发展，对 AI 典型算法进行了介绍，重点分析了海洋通信技术的智能化，包括智能水声通信网络、智能水下物联网、智能海洋应急通信等。

13.1　引言

党的十八大报告首次提出"建设海洋强国"的战略目标，党的十九大报告进一步提出"坚持陆海统筹，加快建设海洋强国"。随着海洋信息基础设施日益完善，海洋时空大数据呈爆发式增长，实现智慧海洋势在必行。文献[1]综述了智慧海洋相关技术。以信息化为依托的"智慧海洋"工程不断推进，对海洋信息通信技术的智能化需求日益迫切。

海洋通信包括海上通信和水下通信两部分。海上通信包括海上无线通信、海洋卫星通信和岸基移动通信等[2]；水下通信主要包括有线通信、水声通信、光通信和无线电通信等[3]。它们共同构成了覆盖全海洋的通信网络，用来保障近海、远海和远洋的船与岸、船与船的日常通信，以及水上、水下各类通信需求。

现有海洋通信技术不能满足上述智能化需求。由于海上环境的复杂性、海事/海洋业务的异构性等挑战，目前主要依赖海事卫星、岸基等通信手段，其通信速率、通信时延和可靠性等不能满足需求。陆地通信网络技术的海洋化存在很多限制，无法满足海洋场景。对于水下通信，有线通信覆盖范围有限、水声通信[4-8]速率低、光通信和无线电通信传播距离近，均存在各种局限性。

智能海洋通信需要在一体化框架下进行。随着信息服务的空间范围不断扩大，各种天基、空基、海基、地基网络服务不断涌现。沈学民等[9]认为空天地海一体化网络可以为陆海空天用户提供无缝信息服务。包括海洋场景的空天地海一体化网络[10]将是未来发展趋势。

13.2　通信智能的发展

通信智能的发展历史并不长久。移动通信与 AI 早期各自独立演进，在 3G 阶段开始融合发展，在 5G 时代开始深度融合[11-12]。2006 年 Hinton 等[13]提出深度学习（DL），标志着 AI 发展第 3 次浪潮的兴起。近年来通信智能获得了较大关注。

移动互联网、物联网与数据业务的蓬勃发展产生了海量的通信大数据，为 AI 在通信领域的应用提供了数据源。传统机器学习（ML）中的监督学习、无监督学习、增强学习以及 DL 在通信领域各种场景中都有所应用[14]。欧阳晔等[15]展望了通信 AI 未来的发展路线与演进趋势。

智能通信的基本思想是将 AI 引入无线通信系统，实现两者的有机融合。前期研究成果集中在应用层和网络层，主要将深度学习引入任务管理、路由等领域。目前，该方向的研究正在向数据链路层和物理层推进，涉及 MAC 协议设计、无线资源管理、物理层智能化等。智能通信研究主要聚焦于陆上通信场景，近年来扩展至水声等更广阔的场景，以面向 6G 应用需求[16]。

针对海洋信息传输与处理场景，智能海洋通信概念被提出。从业务需求、节点类型、网络结构等方面看，智能海洋通信与陆上智能通信存在显著差异，因此不宜把前者看作后者的子集。在空天地海一体化的 6G 系统中，两者的智能特性应该是各有特色的，并且可以在统一架构下进一步融合。

与传统海洋通信技术相比，智能海洋通信技术的核心创新是智能概念的引入及相关智能技术的使用。智能技术的核心在于算法。智能优化算法是具有全局优化性能的算法，但往往很难快速找到最优解，并且针对不同模型需要建立各自的优化方法；学习类算法具有通用性，一般需要较强计算力支撑。整体而言，ML 是实现 AI

的重要途径；DL 是 ML 的当前热点。

13.3　智能算法简介

通信智能的实现主要依靠智能模型/架构/算法等，统称智能算法。本节简要介绍智能算法基本类型，包括智能优化算法、ML 算法及 DL 算法。

13.3.1　智能优化算法

随着科学研究的不断深入和各研究领域的交叉融合，智能算法的理论及其在工程问题中的应用研究得到了发展。一些科学家不断从自然界和人类社会运行规则中得到启示，设计了一些随机优化数学方法。这些受自然界法则和生物系统启示所产生的算法可以统称为智能计算，又称为智能优化算法，如遗传算法、进化算法、多目标优化算法和群智能算法等[17]。

智能优化算法要解决的一般是最优化问题。经典的优化算法包括线性规划、非线性规划以及动态规划等。优化问题一般由目标函数、未知变量和约束条件 3 个基本要素组成。其中，目标函数是用函数表示待求解的优化问题，一般是极大值或极小值函数的形式；未知变量是目标函数中待求解的参量；约束条件是求解目标函数对应的未知参量时，需要考虑的约束限制。

根据目标函数、未知变量和约束条件 3 个基本要素的特点，常见的优化问题有3 种分类方法：按照优化问题需要计算的目标函数的个数进行分类，包括单目标优化问题和多目标优化问题；按照未知变量数值类型分为连续优化问题和离散优化问题；根据有无约束条件可以把优化问题分为无约束优化问题和有约束优化问题。无论是单目标优化问题，还是多目标优化问题，都可以使用智能优化算法实现求解。

13.3.2　ML 算法

ML 算法让机器获得了学习能力，因此 ML 是实现 AI 的重要途径[18]。ML 是一门多领域交叉学科，涉及概率论、统计学、逼近论、凸分析、算法复杂度理论等多门学科。ML 是 AI 的核心，是使计算机具有通用智能的根本途径，其应用遍及 AI 的各个领域。

ML 主要使用的学习方法是归纳法、综合法，而不是演绎法。ML 的主要目的是设计和分析一些学习算法，让计算机来解析数据，从数据中自动分析获得规律，并利用规律对未知数据进行预测，或对真实世界中的事件做出决策。智能优化算法往往基于演绎法来解决特定问题，而 ML 往往是指导计算机从数据中学习如何完成任务，且方法具有通用性。

按学习方式分类，ML 可分为监督学习、无监督学习、半监督学习和强化学习；按算法分类，则可分为回归算法、决策树学习、贝叶斯方法、支持向量机、聚类算法、遗传算法、人工神经网络、DL、降低维度算法和集成学习等。

13.3.3　DL 算法

DL 是一种实现 ML 的技术，它通过利用深度的多层神经网络，对数据的理解更加深入，具有更强的学习能力。DL 的概念源于人工神经网络的研究，含多个隐藏层的多层感知器就是一种 DL 结构。DL 通过组合低层特征形成更加抽象的高层表示属性类别或特征，以发现数据的分布式特征表示。DL 的强大学习能力，使得 ML 成为实现 AI 的重要途径。

DL 作为一种新兴的神经网络算法，具有多种结构，包括深度神经网络（DNN）、卷积神经网络（CNN）和循环神经网络（RNN）等。同 ML 一样，DL 也有监督学习与无监督学习之分。不同学习框架下建立的模型是不同的。

13.4　智能海洋通信技术

近年来，互联网、物联网概念逐渐扩展至海洋领域，海洋互联网[19-20]、海洋物联网[21-22]的概念和架构相继被提出。结合 6G 空天地海一体化的应用场景，海洋通信应该在统一框架下与其他通信方式进行联合优化设计，并利用智能技术获得整体智能。由于系统的复杂性，联合优化可能很难实现，各部分独立优化仍然是重要的途径，可以通过集成部分智能来达到或接近系统智能。因此，有必要单独考虑海洋通信的智能化研究。

智能技术在无线通信、大气、教育、医疗和金融等领域的快速发展，为海洋智能的实现提供了借鉴。本节主要介绍智能技术在海洋通信中的应用，包括智能水声通信、智能水下物联网和智能海洋应急通信。

13.4.1　智能水声通信

陈友淦等[8]对国内外利用 AI 技术解决水声通信难题的研究状况进行了概述，结合水声信道特性梳理了水声通信领域应用 AI 技术的主要思路，围绕 AI 技术从水声通信物理层和网络层两方面进行了归纳，并对未来的 AI 与水声通信交叉研究进行了总结与展望。

根据 AI 技术发展的不同阶段，其在水声通信网络中的应用也由经典的智能优化算法，逐步发展到 ML 算法，乃至 DL 算法。综合而言，水声通信网络及应用的智能化还在起步和发展阶段，尚处于各模块/功能各自智能优化时期，系统的智能化还有待实现。

按照协议层次，水声通信的智能化应用可大致分为三类：仅涉及单跳通信的水声链路智能化研究；包含多跳通信的水声网络智能化研究；以水声为信息载体的智能化应用。目前已有较多研究成果，下面进行简要归纳。

水声链路智能化：主要涉及物理层和数据链路层。物理层包括信道估计[23-25]、信道均衡[26]、自适应调制[27-28]、自适应编码、自适应调制编码（AMC）[29-30]、水声调制的识别/分类[31-32]、反馈机制、收发机设计[33]等；数据链路层包括 MAC 协议[34-36]、HARQ 机制等。

水声网络智能化：主要涉及网络层和传输层。网络层包括：地址分配、路由协议[37-39]、网络拓扑分簇[40]、功率分配[41]、服务质量[42]等；传输层包括传输控制协议等。此外，水声网络安全（包括链路级别）也可以进行智能化[43-45]。

水声应用智能化：根据应用的不同，智能化内容非常广泛，包括目标识别[46-49]、定位[50-52]、导航、路径规划[53-55]、水质监测等。

13.4.2 智能水下物联网

水下物联网（IoUT）是实现智能海洋的推动者，可以用来监测大片未勘探的水域，越来越受到工业界和学术界的关注[56]。与 UWSN 相比，IoUT 应具有智能节点、丰富的服务和连通性等特点。UWSN 中的大部分节点作为传感器节点，负责被动地收集和交换水下环境信息；IoUT 的节点需要更加活跃和智能。保证为 IoUT 提供有意义的服务，如支持水下救援潜水员、精确探测水下资源、实时分享海洋生物信息等，节点之间的可靠连接[57]成为重要挑战。

IoUT 相关研究正在兴起，主要包括信道建模、干扰管理、MAC 机制、切换预测、路由协议、无线充电、定位与反定位、AUV 跟踪、AUV 数据收集与聚合，以及 AUV 水质监测等应用。对 IoUT 的智能化研究兴趣也被引发，但现有文献尚少。下面进行简单介绍。

由于水下的物理特性和局限性，IoUT 的连通性并不能完全保证。传统通信使用单一介质和带宽，如水声通信或水下光通信，不能在高度可变的水下环境中正常运行。Lee 等[58]提出了使用多介质和多带宽通信，确保在大多数情况下的物联网连接，包括射频、声学、可见光、红外、磁场等。其核心技术是分析当前水下环境及节点状态，基于 ML 来选择最佳的通信介质和带宽。

自动调制分类是一种识别信号调制的技术，主要通过特征提取完成。CNN 具有学习特征提取能力，非常适用于分类和分析大量数据。Amorim 等[59]引入 CNN 对 IoUT 中水声信号的调制类型进行自动分类，准确率达到 93%。其训练和测试使用得克萨斯大学奥斯汀分校应用研究实验室收集的数据集进行。

传统的 AMC 利用了信噪比和误码率的高度相关性，但在水下环境中可能并非如此。Byun 等[60]通过创建、分析和验证机器学习模型，综合考虑了多个因素，以预测最合适的通信参数来解决问题。数据集在韩国仁川湾附近真实水下环境中测量获得。与传统方法相比，其网络吞吐量提高了 25%。

动态传输可以通过自适应改变所采用的技术，以适应各种水下环境的瞬时波动。Aziz 等[61]提出了一种新的用于多跳 IoUT 和水下网络的动态传输框架，建立了一个基于决策树的 ML 模型，根据节点位置、链路可靠性和某些水质指标（如水温、深度、湿度），自适应学习每个中继节点的转发方法，以最小化传输错误率和功耗。该模型对训练和测试模式的准确率达到了 99%以上。

水下环境的特点将给 IoUT 的通信覆盖和电力短缺带来严格限制，将协作通信应用于 IoUT 可以获得改善。Su 等[62]研究了功率有限的 IoUT 系统中的协作通信问题，提出了一种基于强化学习的水下中继选择策略。具体来说，首先确定源节点和所选水下中继的最佳发射功率，以最大化系统的端到端信噪比。然后，将水下合作中继过程描述为马尔可夫过程，并应用强化学习来获得有效的水下中继选择策略。仿真结果表明，在相同条件下，该方案的性能优于同等发射功率设置。此外，与基于 Q 学习的策略相比，基于深度 Q 网络的水下中继选择策略提高了通信效率，并且可以有效减少收敛所需的迭代次数。

由于多普勒效应、严重的多径和可变的脉冲响应，水下网络受到了信道条件时变性的影响。在这些场景中，能源效率是一个主要问题，这是因为节点电池无法充电或更换。因此，为了提高网络寿命和水下信道传输的有效性，Shivani 等[63]提出了一种用于多跳水下通信网络的强化学习方法。所提方法采用马尔可夫水下信道模型描述链路状态，该链路状态允许中继设备选择最有效的下一跳节点，将数据转发到远程网关设备以连接地面互联网。仿真结果显示了该方法在能耗和时延性能方面的有效性，从而延长了网络寿命。

在基于 IoUT 的水声通信网络中，大多数水下声设备需要长时间放置在水下。这些设备的能源供应通常非常有限，一旦这些设备失去电源，更换或充电就不可能实现或实现起来极其昂贵。因此，水声信道传输的能量优化对于延长网络寿命和提高网络性能至关重要。在 ML 中，逻辑回归（LR）算法是一种典型的分类算法，它复杂度低、高效、易于实现并行处理，并且能够实现在线学习；LR 算法具有较强的解释能力，即很容易理解该模型所做出的分类决策的原则/原因。在文献[64]中，Chen 等提出了一种基于 ML 的环境感知通信信道质量预测（ML-ECQP）方法。在 ML-ECQP 中，使用 LR 算法，根据感知到的水声信道环境参数，预测发射机和接收机之间根据误码率测量的通信信道质量。根据预测的通信质量，每个发射机都可以优化声学数据传输，最大限度地减少再传输造成的能量浪费，从而显著降低能量消耗。作者进行了大量的实验，证明所提出的 ML-ECQP 方法在可行性、信道条件预测精度和降低能耗方面的优势。

随着人们对海洋资源的重视，物联网已经扩展到水下，并推动了水下物联网的发展。各种引人注目的 IoUT 应用让海事活动步入了一个新时代。然而，一些关键的海洋活动，包括海洋地震预报、水下导航等，对现有的 IoUT 架构和相关技术构成了巨大的威胁。为了赋予这些难以解决的海事活动更多权力，Hou 等[65]构想了任务关键型 IoUT 的概念，并强调了其关键特征和挑战，为了满足任务关键型 IoUT 的严格要求，提出了一种未来的海事网络体系结构和机器学习辅助的信息感知、传输和处理关键技术。

13.4.3　智能海洋应急通信

如前所述，海洋通信可以分为海上部分和水下部分。对于应急通信而言，海上部分可以利用现有海上通信基础设施和技术来实现相关需求，特别是在空天地海一体化架构中可以专门构建应急通信相关功能；水下部分则可以利用水下各种通信技术来实现一体化。

海上应急通信能力是有效应对海上自然灾害和突发事件的基本保障。受海上自然环境制约，海上通信基本上以无线通信为主。海上环境和海上应急场景的多样化，决定了海上应急通信必然包括多种无线通信手段，例如卫星通信、短波/超短波通信、移动通信等。海上应急事件的发生地覆盖全球海域，涉及天、空、岸、海、潜等诸多环境，因此需要充分利用各种通信手段的技术特点，以应对不同条件下的应急通信需求。蒋冰等[66]调研分析了国内外海上应急通信技术的现状和进展。发达国家的应急通信手段发展较早，经过多年建设以及实践检验，目前已颇具规模。美国、日本及欧洲等国家和地区建立了较完善的应急通信体系，在突发事件的应对中发挥了重要作用。国内海上应急通信技术研究紧跟国外的研究步伐，已经初步实现接入通信服务保障。但相较国外的成熟技术，国内海上应急通信技术仍然在覆盖范围、通信质量等方面有所欠缺。随着我国海洋活动日益增加，海洋应急通信的建设需求日趋紧迫。

随着航运业的不断发展，现有的海上应急通信技术资源分散，已经难以应对复杂的海上紧急情况。基于多通信平台融合，空天地海一体化的海上应急通信网络应运而生。林彬等[67]介绍了海上应急通信研究背景、意义及发展现状，阐述了天基、空基、岸基、海基通信手段及其在海上应急通信中的应用，最后对海上应急通信技术的发展前景进行了展望。海上应急通信将成为空天地海一体化通信网络的重要应用领域，实现快速高效的海上救助和通信接入，对建设"海洋强国"发挥重要作用。

目前，关于水下应急通信的文献很少。由于海洋环境的复杂性，水下节点非常容易发生故障，维护费用很高、维护周期很长。因此，研究水下应急通信是重要且必要的。在多跳水声协作网络中，如果遇到停电、自然灾害等意外情况，节点将无法正常工作，这会导致传输失败。因此，水声网络的整个系统应该具有容错率，这意味着系统在一定的水下节点故障率下仍然可以保持成功的数据传输。Tang 等[68]提出了一种基于多跳协同传输的应急传输方案，该方案使系统即使在某些节点失去工作能力时仍能保持工作。该方案包括故障检测和应急通信两个步骤。针对故障节点检测，提出了双节点和三节点的检测方法；测试节点是否能正常工作由参考节点是否能接收 ACK 信号来判断。在节点存在故障的情况下，提出了一种紧急通信方法，使系统即使在部分节点损坏时仍能正常工作，故障节点的预定传输任务将由其相邻的两个节点完成。仿真结果表明，该方法能有效地提高系统的工作性能。

对于海洋应急通信技术和网络的智能化，目前还未见到相关研究。海上部分可以在空天地海一体化架构中进行研究，而水下部分也需在一体化架构中考虑，此外还需进一步考虑水上、水下联合一体化技术，以满足海洋应急通信的需要。

13.5　小结

本章阐述了智能海洋通信技术相关内容，包括技术背景、通信智能的发展、典型的智能算法和智能海洋通信技术，并分析了目前存在的问题。海洋通信技术的智能化发展将为智慧海洋的实现提供重要的信息技术支撑，是我国建设海洋强国的重要内容。

目前智能海洋通信还存在一些问题。水上部分需要在空天地海一体化架构下继续深入研究，将相关智能技术落实；水下部分目前主要是水声通信网络的智能化，还需要构建水下有线通信、无线通信（声、光、电等）的一体化网络架构，并进一步与水上部分融合形成联合一体化。

　　未来智能海洋通信技术将是一个现有各种通信技术的智能融合体。海上部分采用天基/空基/岸基/岛基和船基/浮标基系统结构，提供广域、无缝、移动的通信能力；水下部分综合有线与无线通信方式，利用海底光缆搭建水下信息基础设施并创建水下基站，潜标/机器人等水下智能设备提供中继转发、数据收集、数据处理功能，水下传感器节点采集数据；水面节点可以为海上部分和水下部分的信息交互提供转发，将成为重要的智能网关。各部分各自形成自己的通信智能，并在统一框架下逐步形成整体智能。

参考文献

[1] 张雪薇, 韩震, 周玮辰, 等. 智慧海洋技术研究综述[J]. 遥感信息, 2020, 35(4): 1-7.

[2] 夏明华, 朱又敏, 陈二虎, 等. 海洋通信的发展现状与时代挑战[J]. 中国科学: 信息科学, 2017, 47(6): 677-695.

[3] 韩东, 贺寅, 陈立军, 等. 水下通信技术及其难点[J]. 科技创新与应用, 2021(1): 155-159.

[4] 许克平, 许天增, 许茹, 等. 基于水声的水下无线通信研究[J]. 厦门大学学报(自然科学版), 2001, 40(2): 311-319.

[5] 许肖梅. 水声通信与水声网络的发展与应用[J]. 声学技术, 2009, 28(6): 811-816.

[6] 王海斌, 汪俊, 台玉朋, 等. 水声通信技术研究进展与技术水平现状[J]. 信号处理, 2019, 35(9): 1441-1449.

[7] STOJANOVIC M, CATIPOVIC J A, PROAKIS J G. Phase-coherent digital communications for underwater acoustic channels[J]. IEEE Journal of Oceanic Engineering, 1994, 19(1): 100-111.

[8] 陈友淦, 许肖梅. 人工智能技术在水声通信中的研究进展[J]. 哈尔滨工程大学学报, 2020, 41(10): 1536-1544.

[9] 沈学民, 承楠, 周海波, 等. 空天地一体化网络技术: 探索与展望[J]. 物联网学报, 2020, 4(3): 3-19.

[10] 黄韬, 刘江, 汪硕, 等. 未来网络技术与发展趋势综述[J]. 通信学报, 2021, 42(1): 130-150.

[11] 伏玉笋, 杨根科. 人工智能在移动通信中的应用: 挑战与实践[J]. 通信学报, 2020, 41(9): 190-201.

[12] 屈军锁, 唐晨雪, 蔡星, 等. 人工智能与通信网络融合趋势[J]. 西安邮电大学学报, 2021, 26(5): 15-26.

[13] HINTON G E, OSINDERO S, TEH Y W. A fast learning algorithm for deep belief nets[J].

Neural Computation, 2006, 18(7): 1527-1554.

[14] 胡圣波, 朱满琴, 杨露露, 等. 未来无线通信与大数据、人工智能[J]. 贵州师范大学学报 (自然科学版), 2020, 38(6): 1-10, 132.

[15] 欧阳晔, 王立磊, 杨爱东, 等. 通信人工智能的下一个十年[J]. 电信科学, 2021, 37(3): 1-36.

[16] 张平, 李文璟, 牛凯. 6G 需求与愿景[M]. 北京: 人民邮电出版社, 2021.

[17] 高洪元, 张世铂, 刁鸣. 智能优化算法及其在信息通信技术中的应用[M]. 北京: 科学出版社, 2019.

[18] 周志华. 机器学习[M]. 北京: 清华大学出版社, 2016.

[19] JIANG S M. Fostering marine Internet with advanced maritime radio system using spectrums of cellular networks[C]//Proceedings of 2016 IEEE International Conference on Communication Systems. Piscataway: IEEE Press, 2016: 1-6.

[20] 姜胜明. 海洋互联网的战略战术与挑战[J]. 电信科学, 2018, 34(6): 2-8.

[21] 姜晓轶, 符昱, 康林冲, 等. 海洋物联网技术现状与展望[J]. 海洋信息, 2019, 34(3): 7-11.

[22] 瞿逢重, 来杭亮, 刘建章, 等. 海洋物联网关键技术研究与应用[J]. 电信科学, 2021, 37(7): 25-33.

[23] ZHANG X, SONG K, LI C G, et al. Parameter estimation for multi-scale multi-lag underwater acoustic channels based on modified particle swarm optimization algorithm[J]. IEEE Access, 2017(5): 4808-4820.

[24] ZHANG J, CAO Y, HAN G Y, et al. Deep neural network-based underwater OFDM receiver[J]. IET Communications, 2019, 13(13): 1998-2002.

[25] JIANG R K, WANG X T, CAO S, et al. Deep neural networks for channel estimation in underwater acoustic OFDM systems[J]. IEEE Access, 2019(7): 23579-23594.

[26] 童峰, 许肖梅, 方世良, 等. 改进支持向量机和常数模算法水声信道盲均衡[J]. 声学学报, 2012, 37(2): 143-150.

[27] WANG C F, WANG Z H, SUN W S, et al. Reinforcement learning-based adaptive transmission in time-varying underwater acoustic channels[J]. IEEE Access, 2018(6): 2541-2558.

[28] FU Q, SONG A J. Adaptive modulation for underwater acoustic communications based on reinforcement learning[C]//Proceedings of OCEANS 2018 MTS/IEEE Charleston. Piscataway: IEEE Press, 2018: 1-8.

[29] SU W, LIN J M, CHEN K Y, et al. Reinforcement learning-based adaptive modulation and coding for efficient underwater communications[J]. IEEE Access, 2019(7): 67539-67550.

[30] ALAMGIR M S M, SULTANA M N, CHANG K. Link adaptation on an underwater communications network using machine learning algorithms: boosted regression tree approach[J]. IEEE Access, 2020(8): 73957-73971.

[31] LI Y B, WANG B, SHAO G P, et al. Automatic modulation classification for short burst un-

derwater acoustic communication signals based on hybrid neural networks[J]. IEEE Access, 2020(8): 227793-227809.

[32] WANG H W, WANG B, LI Y B. IAFNet: few-shot learning for modulation recognition in underwater impulsive noise[J]. IEEE Communications Letters, 2022, 26(5): 1047-1051.

[33] ZHANG Y W, LI J X, ZAKHAROV Y V, et al. Deep learning based single carrier communications over time-varying underwater acoustic channel[J]. IEEE Access, 2019(7): 38420-38430.

[34] PARK S H, MITCHELL P D, GRACE D. Reinforcement learning based MAC protocol (UW-ALOHA-Q) for underwater acoustic sensor networks[J]. IEEE Access, 2019(7): 165531-165542.

[35] PARK S H, MITCHELL P D, GRACE D. Reinforcement learning based MAC protocol (UW-ALOHA-QM) for mobile underwater acoustic sensor networks[J]. IEEE Access, 2021(9): 5906-5919.

[36] YE X W, YU Y D, FU L Q. Deep reinforcement learning based MAC protocol for underwater acoustic networks[J]. IEEE Transactions on Mobile Computing, 2022, 21(5): 1625-1638.

[37] HU T S, FEI Y S. QELAR: a machine-learning-based adaptive routing protocol for energy-efficient and lifetime-extended underwater sensor networks[J]. IEEE Transactions on Mobile Computing, 2010, 9(6): 796-809.

[38] PLATE R, WAKAYAMA C. Utilizing kinematics and selective sweeping in reinforcement learning-based routing algorithms for underwater networks[J]. Ad Hoc Networks, 2015, 34: 105-120.

[39] WEI X H, LIU Y Y, GAO S, et al. An RNN-based delay-guaranteed monitoring framework in underwater wireless sensor networks[J]. IEEE Access, 2019(7): 25959-25971.

[40] HARB H, MAKHOUL A, COUTURIER R. An enhanced K-means and ANOVA-based clustering approach for similarity aggregation in underwater wireless sensor networks[J]. IEEE Sensors Journal, 2015, 15(10): 5483-5493.

[41] WANG R N, YADAV A, MAKLED E A, et al. Optimal power allocation for full-duplex underwater relay networks with energy harvesting: a reinforcement learning approach[J]. IEEE Wireless Communications Letters, 2020, 9(2): 223-227.

[42] SUNDARASEKAR R, MOHAMED SHAKEEL P, BASKAR S, et al. Adaptive energy aware quality of service for reliable data transfer in under water acoustic sensor networks[J]. IEEE Access, 2019(7): 80093-80103.

[43] XIAO L, SHENG G Y, WAN X Y, et al. Learning-based PHY-layer authentication for underwater sensor networks[J]. IEEE Communications Letters, 2019, 23(1): 60-63.

[44] XIAO L, DONGHUA, JIANG, et al. Anti-jamming underwater transmission with mobility and learning[J]. IEEE Communications Letters, 2018, 22(3): 542-545.

[45] HAN G J, HE Y, JIANG J F, et al. A synergetic trust model based on SVM in underwater acoustic sensor networks[J]. IEEE Transactions on Vehicular Technology, 2019, 68(11): 11239-11247.

[46] ROBERTS P L D, JAFFE J S, TRIVEDI M M. Multiview, broadband acoustic classification of marine fish: a machine learning framework and comparative analysis[J]. IEEE Journal of Oceanic Engineering, 2011, 36(1): 90-104.

[47] 孟庆昕, 杨士莪, 于盛齐. 基于波形结构特征和支持向量机的水面目标识别[J]. 电子与信息学报, 2015, 37(9): 2117-2123.

[48] 石洋, 胡长青. 基于粒子群最小二乘支持向量机的前视声呐目标识别[J]. 声学技术, 2018, 37(2): 122-128.

[49] JIANG J J, BU L R, WANG X Q, et al. Clicks classification of sperm whale and long-finned pilot whale based on continuous wavelet transform and artificial neural network[J]. Applied Acoustics, 2018, 141: 26-34.

[50] FISCHELL E M, SCHMIDT H. Supervised machine learning for estimation of target aspect angle from bistatic acoustic scattering[J]. IEEE Journal of Oceanic Engineering, 2017, 42(4): 759-769.

[51] PINHEIRO B C, MORENO U F, DE SOUSA J T B, et al. Kernel-function-based models for acoustic localization of underwater vehicles[J]. IEEE Journal of Oceanic Engineering, 2017, 42(3): 603-618.

[52] CHENG E, WU L H, YUAN F, et al. Node selection algorithm for underwater acoustic sensor network based on particle swarm optimization[J]. IEEE Access, 2019(7): 164429-164443.

[53] DUAN R Y, DU J, JIANG C X, et al. Value-based hierarchical information collection for AUV-enabled Internet of underwater things[J]. IEEE Internet of Things Journal, 2020, 7(10): 9870-9883.

[54] WU J H, SONG C X, FAN C L, et al. DENPSO: a distance evolution nonlinear PSO algorithm for energy-efficient path planning in 3D UASNs[J]. IEEE Access, 2019(7): 105514-105530.

[55] HAN G J, TANG Z K, HE Y, et al. District partition-based data collection algorithm with event dynamic competition in underwater acoustic sensor networks[J]. IEEE Transactions on Industrial Informatics, 2019, 15(10): 5755-5764.

[56] QIU T, ZHAO Z, ZHANG T, et al. Underwater Internet of things in smart ocean: system architecture and open issues[J]. IEEE Transactions on Industrial Informatics, 2020, 16(7): 4297-4307.

[57] ISHAQUE N, AZAM M A. Reliable data transmission scheme for perception layer of Internet of underwater things (IoUT)[J]. IEEE Access, 2022(10): 968-980.

[58] LEE J, BALKASHINA S, YUM S H, et al. Channel selection algorithm based on machine

learning for multi- medium/multi- bandwidth communication in underwater Internet of Things[C]//Proceedings of Global Oceans 2020: Singapore – U.S. Gulf Coast. Piscataway: IEEE Press, 2020: 1-5.

[59] AMORIM A, MOREHOUSE T, KASILINGAM D, et al. CNN-based AMC for Internet of underwater things[C]//Proceedings of 2021 IEEE International Midwest Symposium on Circuits and Systems. Piscataway: IEEE Press, 2021: 688-691.

[60] BYUN J, CHO Y H, IM T, et al. Iterative learning for reliable link adaptation in the Internet of underwater things[J]. IEEE Access, 2021(9): 30408-30416.

[61] AZIZ EL-BANNA A A, ZAKY A B, ELHALAWANY B M, et al. Machine learning based dynamic cooperative transmission framework for IoUT networks[C]//Proceedings of 2019 16th Annual IEEE International Conference on Sensing, Communication, and Networking. Piscataway: IEEE Press, 2019: 1-9.

[62] SU Y H, LIWANG M H, GAO Z B, et al. Optimal cooperative relaying and power control for IoUT networks with reinforcement learning[J]. IEEE Internet of Things Journal, 2021, 8(2): 791-801.

[63] SHIVANI S, SURUDHI A, PRABAGARANE N, et al. A Q-learning approach for the support of reliable transmission in the Internet of underwater things[C]//Proceedings of 2020 16th International Conference on Wireless and Mobile Computing, Networking and Communications (WiMob). Piscataway: IEEE Press, 2020: 1-6.

[64] CHEN Y G, YU W J, SUN X, et al. Environment-aware communication channel quality prediction for underwater acoustic transmissions: a machine learning method[J]. Applied Acoustics, 2021, 108128.

[65] HOU X W, WANG J J, FANG Z R, et al. Machine-learning-aided mission-critical Internet of underwater things[J]. IEEE Network, 2021, 35(4): 160-166.

[66] 蒋冰, 郑艺, 华彦宁, 等. 海上应急通信技术研究进展[J]. 科技导报, 2018, 36(6): 28-39.

[67] 林彬, 张治强, 韩晓玲, 等. "空天地海"一体化的海上应急通信网络技术综述[J]. 移动通信, 2020, 44(9): 19-26.

[68] TANG Y Y, CHEN Y G, YU W J, et al. Emergency communication schemes for muliti-hop underwater acoustic cooperartive networks[C]//Proceedings of 2018 IEEE International Conference on Signal Processing, Communications and Computing. Piscataway: IEEE Press, 2018: 1-6.

第14章

边缘计算在海洋中的应用

　　海洋信息化应用的飞速发展进一步凸显了落后的海洋通信网现状与高效数据回传需求之间的矛盾，这种矛盾是制约海洋经济发展的主要瓶颈。边缘计算技术将数据处理任务从云端转移到网络边缘，在大量减少数据回传的同时，提高了任务处理效率，为解决该矛盾提供了技术支持。然而，海洋环境的特殊性给边缘计算技术的应用带来了诸多问题，近年来如何将边缘计算有效应用于海洋互联网得到了重点关注。本章将以海洋物联网服务为背景，系统介绍目前针对海洋边缘计算的相关研究，主要包含海洋边缘计算的体系架构、优势、关键问题以及对相关技术的研究。最后，本章对海洋边缘计算发展面临的挑战及未来的研究方向等进行了梳理和分析。

14.1　引言

　　随着人类的海洋活动不断增加，安防监视、海洋生态环境监测、货物监测、智能船舶航行与入港、海洋牧场、海洋资源开发、海上搜救等应用也在不断增多，越来越多的传感器等通信设备被部署到海洋环境中，各种信息收集及网络接入技术与设备也被运用到数据的传输与管理中，从而形成了海洋物联网。海洋物联网通常通过某些安放于船只、浮标、海上平台等不同位置上的通信设备采集信息，将其简单处理后通过移动通信网络、卫星网络或自动识别系统（Automatic Identification

System，AIS）等（如图 14-1 所示）回传至陆地上的数据中心进行信息的处理，从而获得应用所需的信息以完成远程监测、控制及相应的处理等。目前海洋物联网的信息回传技术主要有以下 4 种：一是卫星通信技术，特别是为海洋物联网应用专门发射的 LEO 物联网卫星；二是传统用于海洋定位、导航等应用的 AIS，传输速率通常为数十 kHz 至数百 kHz，通信性能低；三是无线通信技术，如 5G 移动蜂窝技术、无线网络技术，其覆盖范围小且海上部署困难；四是无线自组网技术，由于节点的移动性，一般用于组成机会网络，作为以上网络的补充。由此可见，海上通信资源极其有限，加上信息传输受到恶劣环境和基础设施缺乏的影响，造成海上通信网络速率低、不稳定，无法支持高带宽的、可靠的信息传输。信息量的激增与海洋信息传输资源匮乏之间的矛盾成为阻碍海洋物联网发展的主要瓶颈。

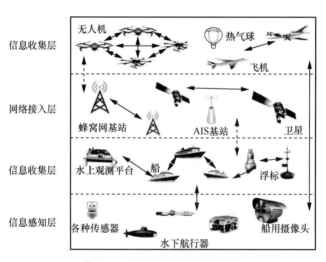

图 14-1　海洋物联网数据传输系统

　　边缘计算将传统的数据任务处理从云端转移到网络边缘，如路由器、交换机、基站或移动设备等，从而使数据处理靠近物联网设备；也可利用边缘节点的缓存来存储热点内容与任务数据，在附近设备检索热点内容时可以就近传输。因此，边缘计算可有效降低服务时延、减少传输带宽、减轻网络传输压力等。进一步地，边缘智能将边缘计算与人工智能（AI）结合，利用边缘节点搜集的大量数据信息训练 AI 算法，而 AI 算法的学习、预测等优势则进一步提升边缘计算的数据处理效率。

因此，将边缘计算用于海洋通信网络，为解决海洋应用需求激增与网络传输瓶颈的矛盾提供了有效方案。

14.2　海洋边缘计算体系架构

14.2.1　体系架构

基于海洋物联网的边缘计算体系架构如图 14-2 所示，其中边缘计算资源提供设备一般包括无人机、浮标、带基站的船只、卫星等，这些资源提供设备可提供的资源为通信资源、计算资源与缓存资源。这些设备从属于不同网络，如蜂窝网、卫星通信网、无线网络等。

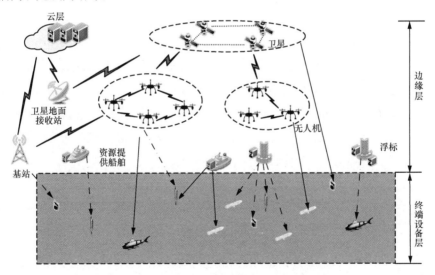

图 14-2　基于海洋物联网的边缘计算体系架构

基于海洋物联网的边缘计算体系架构可分为以下几层。

（1）终端设备层：终端设备层最接近终端用户，它由各种设备组成，如智能手机、无人船舶传感器、水下机器人等。为了降低终端设备提供服务的时间，应该避免在终端设备上运行复杂的计算任务[1]。因此，一般终端设备只负责收集原始数据，并将数据上传至边缘层设备进行计算和存储。

（2）边缘层：边缘层位于网络的边缘，由大量的边缘节点组成，通常包括路由器、网关、交换机、接入点、基站、特定边缘服务器等，这些设备可安装在浮标、船舶、无人机、卫星上，它们能够对终端设备上传的数据进行计算和存储。由于这些边缘节点（除卫星外）距离用户较近，可以运行对时延比较敏感的应用，从而满足用户的实时性要求[2]。边缘节点也可以对收集的数据进行预处理，再把预处理的数据上传至云端，从而减少核心网络的传输流量，降低对回传网络的通信依赖。

（3）云层：云层由多个高性能服务器和存储设备组成。它具有强大的计算和存储功能，可以执行复杂的计算任务。云模块通过控制策略可以有效地管理和调度边缘节点和云计算中心，从而为用户提供更优质的服务。

14.2.2　海洋边缘计算优势

传统的云计算中心处理接收到的大量数据会导致传输的高时延以及核心网络的高负载。特别是海洋通信网络，由于海洋基础设施不足、覆盖面积大、信道差、通信资源紧缺，将大量信息回传至云计算中心的负担更突出，从而制约了网络服务性能的提升。在这种情况下，边缘计算可以发挥重要作用，通过在靠近数据源的地方就近处理，防止数据丢失或降低传感器数据传输时延，为海上通信用户提供安全、可靠的低时延网络。海洋边缘计算体系的优势见表 14-1。

表 14-1　海洋边缘计算体系的优势

优势	具体描述
实时数据处理和分析	将原有云计算中心的计算任务部分或全部迁移到网络边缘，提高了数据传输性能，保证了处理的实时性，降低了云计算中心的计算负载
安全性高	传统的云计算模型是集中式的，易受到分布式拒绝服务攻击和断电的影响。边缘计算模型在边缘设备和云计算中心之间分配处理、存储和应用需求，安全性高
可扩展性	边缘计算提供了更方便的可扩展性路径，允许通过物联网设备和边缘数据中心的组合来扩展其计算能力
位置感知	边缘分布式设备利用低级信令进行信息共享。边缘计算模型从本地接入网络内的边缘设备接收信息以发现设备的位置，并基于现有的数据对边缘节点进行判断和决策
低流量	可以对本地设备收集的数据进行本地计算分析，或者在本地设备上进行数据的预处理，不必把本地设备收集的所有数据上传至云计算中心，可以减少进入核心网的流量

14.3 海洋边缘计算关键问题及技术研究

海洋边缘计算网络作为一种新兴的网络范式，现阶段该网络架构仍处于理论研究阶段，仍面临一些技术挑战及一些开放性的问题。接下来，本节将对一些常用的海洋边缘计算关键问题及技术研究进行分析。

14.3.1 资源提供

海洋应用的发展受制于其落后的信息传输网络，无法像陆地一样，为用户提供可保障的服务质量。考虑到边缘节点通常具有缓存、通信、计算等资源，针对海洋边缘计算网络，需要考虑如何为海洋用户有效提供服务资源，从而更好地保障海洋用户服务质量。

资源提供，即边缘设备的部署，是保障服务的前提。一方面可以选择已有设施，如在浮标、海上漂浮塔等平台上的部署设备，收集物联网设备信息，并进行处理转发；另一方面，可后期部署，如利用无人机、带基站的船只、卫星等提供服务资源。

一些文献研究了海面资源提供方案。文献[3]提出了一种船载边缘节点的网络架构，将海上通信的基站部署在船舶上，并提出一种基于 Hopcroft-Karp 的边缘部署方案，可以最小化传输时延，提高用户体验质量。文献[4]从计算效率的角度出发研究了资源部署，对于无人船艇的资源密集型任务，可以将指挥舰作为其边缘服务器提供计算资源，其中指挥舰在总发射功率约束下，根据信道增益为每个子载波分配发射功率，从而最大化传输速率。由于空中设备具有高流动性，可以为基础设施不足的地区和热点地区提供灵活的连接。无人机部署更加方便灵活，可以作为边缘单元提供服务，为海上部分区域提供及时的、低时延的通信服务。文献[5]针对海洋基础设施的缺乏及覆盖盲区问题，提出将基站部署在无人机上，并通过优化无人机传输功率与时间来减少部署成本。文献[6]也提出将移动基站部署于海上场景的无人机上，并考虑无人机船舶信息传输，提出了一种非静止多移动无人机船舶信道模型，精确表征无人机信道传播特性，以更好地提供服务资源。文献[7]考虑海上大面积分布的多个移动终端的需求，在多个无人机上部署边缘服务器以协同提供边缘计算服务，通过设计无人机部署策略和移动终端的卸载策略，优化无人机的部署数量和系统的能耗。

部署于卫星的资源提供方案相较于部署于海面和空中的方案，时延高，而且频繁的资源调度也会增加卫星能耗。针对此问题，文献[8]考虑不同的卫星边缘计算场景，提出通过优化资源密集型服务的时延加权和，以获取最优的联合计算和通信资源的提供方案，为海上设备提供优质通信服务。对于融合了移动边缘计算的卫星通信网络，将边缘服务器部署在不同的位置，虽可以满足不同的服务和需求，有效地提高用户体验质量和减少网络冗余流量，但仍存在卫星的移动性管理等问题。考虑到卫星的移动性，文献[9]将卫星轨道引起的间歇性通信考虑在内，设计了为海上用户设备提供服务资源的卫星边缘计算系统，以最小化计算时延和能耗。卫星和边缘计算的结合增强了海洋通信网络的性能，但仍存在数据量激增、通信环境复杂、流量和用户密度分布不均、海上业务需求不同等问题。通过空中和地面网络对卫星网络进行补充，可以进一步解决上述问题。

除了单层网络的资源部署，一些研究还考虑了空天地海网络架构中的资源提供方案。文献[10]考虑到海事应用不同的服务质量需求，提出了一种空-天-地-边集成的海事网络，为远程船舶用户提供边缘智能服务，通过多臂老虎机（Multi-Armed Bandit，MAB）学习框架，优化为船舶用户提供的资源，从而降低船舶物联网用户的传输时延和能耗。文献[11]提出将基站部署在无人机和部分移动船舶上，构建混合卫星-无人机-地面-海洋通信网络，部署了基站的船舶可充当边缘服务器，同时对覆盖薄弱地区，利用无人机进行动态覆盖，为其他船舶和海洋用户节点提供服务资源。类似地，由于海上用户节点稀疏、障碍物较少，文献[12]引入海上漂浮塔，部署塔载基站，构建无人机辅助的空天地海混合网络，为海上用户提供通信、计算服务，并引入联合组播波束形成和中继技术，将服务资源提供能力扩展到深海地区。

14.3.2 资源管理

对于复杂而动态的海洋环境，考虑到应用数据的激增以及海洋应用的不同服务质量要求，海洋物联网中的资源管理越来越具有挑战性。得益于 AI 辅助的边缘计算，研究人员开始试图将边缘智能应用于海洋物联网，以解决海量海洋数据与有限的海洋资源之间的矛盾。目前这方面的应用研究处于起步阶段，涉及资源管理问题的研究还很少。早期海洋通信中的资源管理主要是针对通信资源的管理，目的是优化数据传输性能。近年随着边缘计算的引入，针对边缘计算中的计算、缓存以及通信资源的分配也逐渐得到研究。随着智慧航运应用的快速发展，移动船只产生的数据量逐渐增多，资源密集型任务也逐渐增多。因此，面对不断增加的船舶终端及网络能耗和带宽需求，需要将计算卸载技术引入海上网络中。例如，文献[13]研究了近岸船舶的计算任务调度问题。首先判断任务是否需要卸载到云服务器，选择哪个服务器执行计算任务，然后针对需要卸载的任务，提出了一种基于 Hungarian 的优化算法，将多艘船只的计算任务对应分配到多个服务器，以最小化能耗及计算时延。

船舶之间的信息交互需要考虑速率、密度等多种因素，从而保证信息覆盖，但是当资源密集型任务需实现高效计算能力时，一艘船舶的计算资源是有限的，需要充分利用多艘船舶的计算资源，合理分配资源。在支持资源管理的智能框架方面，文献[14]设计了一种基于边缘计算与软件定义网络（Software Defined Network，SDN）的海洋网络框架，其中边缘计算用于实现海洋网络中的超可靠性与低时延，而 SDN 用于支持异构海洋网络的互操作性以及通信资源管理，满足船舶对快速计算和通信能力的需求。

在边缘智能任务调度方面，考虑到海上服务质量的要求，边缘服务的优势可以在海洋环境中得到充分发挥。文献[15]将海洋物联网节点的计算任务卸载到边缘网络中，认为与传统的云计算服务相比，将计算任务卸载到边缘计算网络可提供更好的性能。基于空天地海的海上通信网络架构，文献[16]提出了在海洋环境中为物联网用户卸载计算密集型任务的算法。海上船舶用户本身也具有一定的计算能力，但资源有限，一些简单的计算任务可以在本地处理，因此在处理一些计算密集型服务时，用户可以选择一部分任务在本地处理，一部分任务分流到边缘服务器。考虑到资源约束和其他海洋环境条件（如时延和能耗），一种基于多臂老虎机的方案被提出，其可以更好地选择边缘服务器，满足 QoS 需求。类似地，考虑到海上无人水面艇（Unmanned Surface Vessel，USV）的任务调度问题，文献[17]也利用 MAB 框架，提出一种自适应上限置信算法对其进行优化，使 USV 集群节点可以通过学习其相邻团队节点的潜在计算性能来动态做出任务卸载决策，以最大限度地减少平均计算任务卸载时延。

在边缘智能的资源分配算法方面，为权衡低成本、大规模海事通信中的时延和能耗，文献[18]研究了海洋用户任务的协作问题，在优化任务卸载的基础上，建立了卸载优化方案，提出了一种两阶段联合最优卸载算法，在第一阶段，海上用户根据自己的需求和环境决定是否进行计算卸载。在此基础上，提出了信道分配和功率分配算法，以优化第二阶段与中心云服务器协调的卸载策略，并充分考虑了时延和能耗的动态权衡。文献[19]提出了一种联合边缘和云计算的空天地海混合网络体系架构，以便为海上提供灵活的计算服务。在混合网络中，卫星和无人机为用户提供边缘计算服务和网络访问。基于该架构，将联合通信和计算资源分配问题建模为一个复杂的决策过程，并设计一种基于深度强化学习的解决方案来优化问题，以提高通信和计算效率。

14.3.3 数据处理

随着海事网络的发展，出现了越来越多的资源密集型任务，并产生了大量需要传输和处理的数据。而在海上通信条件的限制下，海上移动节点的计算和处理能力相对较弱[20]，其对数据的处理主要有两种方式：一是少量的数据在本地进行计算；二是将数据卸载到边缘服务器上进行计算，以实现高速、低时延的通信需求。如何通过有限的通信和计算资源来处理海量的数据仍面临巨大的挑战[18]。

由于海洋边缘计算网络的异构性，特别是当设备终端将计算任务卸载到边缘服务器时，网络动态变得难以预测，这给优化卸载策略带来了挑战[21]。面对不同的网络，应根据其相应特点，全面考虑网络可部署边缘节点的每一个部分和其作用，合理地实现高效的数据处理、缓存等功能。文献[22]提出了一种基于移动代码（Mobile Code）的海洋大数据处理软件体系结构，其主要设计思想是：利用统一的网络服务接口与数据交换格式，规范海洋信息应用系统之间的数据访问与共享行为，实现异构海洋信息应用系统间的互操作。通过移动代码将海洋大数据的处理过程移至云端，利用云端处理能力缩短海量数据的处理时间。

文献[23]提出利用 LEO 卫星部署边缘服务器形成边缘计算卫星，使卫星具有计算、内容分发等能力，边缘计算卫星可以在不依赖地面数据中心的情况下实现实时数据处理、缓存等功能，能够处理来自地面移动用户的业务请求。此外，对于没有地面网络通信设施支撑的海洋作业和偏远山区用户，可以直接将数据卸载到 LEO 卫星上进行处理。

对于一些水下应用，水下传感器和 USV 可以实时收集水下环境信息，并将数据转发给浮标或 USV 进行处理。处理后的数据可以通过卫星或沿海基站转发至终端设备，也可以通过云平台进行数据存储或进一步的数据处理，还可以与网络中其他感兴趣的节点共享。对于海上用户节点来说，可根据任务特点和用户体验质量按需使用边缘计算节点，如无人机、USV、浮标等，以满足时延要求。当节点的处理能力有限时，可以进行数据共享，从而利用分布式数据处理能力提高计算能力。文献[24]提出了一种基于边缘计算的无人艇通信数据分发机制（Communication Data Distribution Mechanism，CDDM），设计了一种基于边缘计算的 USV 通信架构，解决了多 USV 与多边缘服务器的接入与匹配问题，通过最优数据分发和最优数据压缩，逐步提高网络实时性，采用贪婪算法对数据压缩率构建的最优数据分发方程进行求解，得到全局最优数据压缩率和最优数据分发矩阵，该方法具有更好的 USV 通信数据分发能力。文献[25]将无人机与边缘计算结合在一起，提出了一种无人机辅助移动边缘计算系统，使无人机飞行能耗和辅助计算能耗以及用户本地计算能耗和数据卸载能耗最小化。

文献[26]提出了边缘智能是边缘计算和人工智能的结合，随着移动边缘计算（Mobile Edge Computing，MEC）技术和海上通信网络（Marine Communication Network，MCN）技术的快速发展，人工智能正逐渐走向网络的边缘，边缘智能具有低时延、高隐私、智能化和高鲁棒性等特点。在未来的研究中，需要考虑如何利用人工智能技术进一步提高海洋边缘计算网络的性能，对于终端设备无法完成的大量计算以及设备电池损耗的问题，考虑在边缘侧完成对这些信息的智能处理和分析，提高海洋边缘计算的执行效率[3]。

14.3.4　安全管理

海洋边缘计算网络集成了多种应用系统，在这些系统中，大量的敏感数据和资源必须是安全、可靠的。然而，由于其开放的链路、移动的节点、动态的网络拓扑、多样化的协作算法等特点，难以提供高安全级别的通信，并且在通信过程中存在干扰、消息篡改、恶意攻击等安全威胁。

1. 物理威胁

由于 MEC 是分布式部署的，单一节点的防护能力减弱，特别是物理层面的安全。物理层面的安全主要针对系统的可用性和机密性等方面，海洋边缘计算网络在这一层面临的威胁主要包括物理损毁、干扰等。文献[27]提出物理损毁主要是指对基础设施的物理破坏，干扰是指传输链路信号受到人为或自然的电磁干扰，从而使网络资源对通信节点不可用。针对上述网络面临的各种攻击不断增强的问题，需在现有抗损毁、抗干扰等技术基础上，研究多源持续攻击容忍与躲避、节点自动失效隔离技术，以及抗毁的安全服务快速部署与迁移等方面的技术。

由于网络环境复杂，原始的安全解决方案已不再适用于融合了边缘计算的海洋通信网络。MEC 的部署具有随机性，其分布与覆盖情况无法预计，可能导致 MEC 服务器分配不均匀。结合位置信息和卸载请求预测智能处理干扰问题是未来 MEC 卸载干扰管理的重要技术点之一。文献[28]提出根据 MEC 网络环境以及终端的卸载请求，做出合理的资源分配是解决干扰问题的途径之一。文献[29]提出在抑制干扰时，需要在抗干扰效率和发射功率等网络指标之间进行复杂的权衡。

2. 数据威胁

海洋与陆地的网络环境和用户构成显著不同，海洋边缘计算网络数据传输的安全问题面临着更多的挑战。由于数据链路的开放性，信息资源在此网络中受到各种威胁。数据层面的安全威胁主要针对数据在传输、处理等过程中的机密性、完整性等，在数据传输过程中容易受到窃听者的攻击。文献[25]提出一旦边缘节点受到攻击，攻击者可以继续入侵其连接的节点，边缘通信链路会受到攻击或意外中断，从而挖掘和窃取用户的隐私数据并造成损失。文献[27]提出攻击者可能假冒合法节点加入网络，使原有合法节点的数据传递失常或数据被泄露；另外，攻击者可能伪造路由消息，在网络中恶意篡改路由，造成无效路由，导致数据传输时延、传输开销等大幅增加，严重降低网络的性能。因此，迫切需要建立保护机制，以确保在网络上传输和交换的数据不被修改、丢失和泄露。文献[30]提出由于 MEC 的分布性和实时性，边缘设备有限，身份认证、隐私保护等是海洋边缘计算安全性的最大挑战。文献[31]提出海上节点是稀疏且可移动的，在有些情况下需要节点的协作组网才能完成数据传输，如何在缺乏可靠数据传输保障的情况下确认协作节点的安全性，需要研究相应的方法。文献[32]提出区块链作为一种分布式架构，以牺牲存储效率为代价来保证链上节点数据难以篡改，是一种对存储资源、计算资源和网络资源有较高要求的技术。可以预见，在海洋边缘计算通信网络中引入区块链技术可为各节点提供一种可靠、高效的网络接口和安全保障机制。

3. 网络威胁

节点的动态变化会对网络性能产生非常不利的影响，容易发生意外中断或恶意破坏。在海洋边缘计算网络中，路由节点缺乏物理保护，节点的脆弱性使其很容易被攻击者控制或捕获。从理论上讲，攻击者可以从网络上的任何位置发起攻击。一旦路由被攻击者破坏，他们就可以在网络中的任意节点上做任何事情。若恶意用户潜入网内，容易利用平台漏洞攻击网络。文献[33]提出攻击者可以通过伪造目标节点的最短路径信息，将消息吸引到目标节点，并按照一定的策略有选择地丢弃部分消息。可靠的路由还可以通过特殊的方式隐藏，使网络通信流向攻击者控制的节点。更严重的是，恶意节点会频繁发送不必要的路由请求信息，造成网络拥塞，使其他节点无法正常访问网络资源。此外，对于水声网络来说，地理路由协议更受欢迎，因为数据包根据节点的位置信息（如深度）进行转发，没有专门的路由发现过程。但考虑到基于广播的信息交换过程很容易受到攻击，这种协议特别容易受到位置或邻居欺骗，因此有必要构建安全有效的路由算法和协议，以保证网络的正常运行。

14.4　海洋边缘计算的挑战与展望

14.4.1　面临的挑战

如今，海洋边缘计算正处于发展阶段。随着对海上通信的需求不断提高，海洋边缘计算得到了广泛的关注。海洋边缘计算有其突出的发展优势，但仍存在许多挑战。

海洋基础设施建设困难且海洋环境动态多变，阻碍了 MCN 的发展，但边缘计算有着降低服务时延、减少传输带宽、减轻网络传输压力等优势。因此，将边缘计算应用于 MCN，使大量数据在网络边缘得到处理，从而解决海洋应用需求激增与网络传输瓶颈的矛盾。然而，海洋互联网广覆盖、高时延、动态链路、基础设施匮乏、大空间时间异构性等问题为边缘计算的有效应用带来了诸多挑战。

对于资源受限的终端用户，为了降低终端用户的能耗，需提升终端用户的处理能力，同样也要为用户提供可保障的服务质量，在时延和能耗约束下提出的计算卸载策略，可以提高海上边缘计算的执行效率。计算卸载主要包含卸载决策和资源分配，利用海洋边缘计算能够满足终端设备随时随地卸载计算任务的需求。另外，在不同的场景下，仅对缓存、通信、计算资源中的一个方面进行研究是不充分的。考虑到边缘节点通常具有缓存、通信、计算等资源，且这些资源之间彼此制约、相互成就，需要对这些资源进行一体化调度管理，从而在实现最大化边缘计算性能的同时保障海洋用户服务质量。

针对海洋基础设施不足的问题，可以将边缘服务器部署在无人机上以缓存用户所需的内容。当船上用户使用对时延具有较高需求的应用程序时，UAV、USV、浮标等边缘计算节点根据任务按需使用，以满足时延需求。船舶、浮标和 USV 节点都具有通信能力，可以提供边缘服务，但这些节点的计算能力远不如云服务器。由于节点的移动性，网络拓扑是动态变化的。船舶的计算和处理能力较弱，无法直接从云端请求和处理数据。因此在有限通信条件（如有限带宽和不稳定的信道质量）下，借助海洋边缘计算的技术，充分利用这些节点的计算资源，可以让时延敏感的任务在 MCN 完成。

水下网络问题更复杂，解决难度更大。水下传感器和无人水下航行器（Unmanned Underwater Vehicle，UUV）可以将收集到的水下信息传输到浮标或 USV 进行数据处理，但将海量的水下数据传输至云层处理和分析更常见。由于水下通信环境恶劣，数据传输需要多种异构设备协助，这会造成传输功耗大、时延高和不能及时响应需求等一系列问题。因此需要利用海洋边缘计算技术，有效减少水下声波通信带来的能耗大、传输速度慢等问题。

虽然 MEC 将计算能力带到了网络边缘，却忽略了边缘计算和云服务器之间的协作。云端的集中处理会带来处理时延的增加和核心网负担的加重，所以需要两者协作。因此，在海洋应用方面，如何在保证低成本的同时，实现时延最小化和能耗最小化，仍需要进一步研究。

14.4.2　未来研究方向

在克服上述挑战的同时，我们也将探讨海洋边缘计算的未来研究方向。近年来，海事服务新应用、新技术不断融合和发展，大数据、人工智能、物联网等新概念不断被提出，并被应用于新一代海上无线网络[18]。海洋物联网是为实现海洋监测和开发等海上应用而设计的，实现了船舶和用户在海洋上的高效通信。

日益畅通的海上通信系统和日益复杂的海况使 MCN 在数据采集与传输、信息存储、实时环境监测等方面发挥着越来越重要的作用。随着 AI 和 IoT 的结合，大量具有计算功能的终端设备将被连接起来，以支持时延敏感和计算密集的应用。由于海上终端设备的功率和计算能力有限，很难支持计算密集型任务，因此如何让终端设备充分利用网络边缘的通信资源和计算资源，使边缘智能成为可能，实现低时延、低能耗地处理数据来满足服务需求，还需要对海洋边缘计算进行深入研究。

应用需求的多样性以及网络边缘的通信资源和缓存资源的可用性，让人们一方面考虑如何将任务卸载到边缘层进行处理，选择最合适的卸载方向和层次，实现更好的卸载性能；另一方面考虑如何实现高可靠、低时延的海上通信，对缓存、通信、计算资源进行有效分配，实现海上信息的高效传输。对于任务卸载局限性和资源分配一体化，需要使有限的边缘资源利用率最大化，使其更加适合海上场景。因此，计算任务卸载和资源分配策略将是一个有吸引力的研究方向。

6G 移动蜂窝网络的空天地海架构能够为海洋用户提供无缝和灵活的网络连接。目前可为海洋信息传输提供服务的网络技术多样、尚未统一且各有缺点，融合各种网络的空天地海一体化技术也才刚刚起步，无法将各种网络技术的优势充分发挥，针对海洋服务应用及其场景的相关研究也不常见。考虑到海上通信场景的特殊性，目前综合考虑空天地海一体化框架的资源部署方案较为缺乏，此方面的研究主要集中在前期的架构设计上，具体的部署方案还有待进一步研究。

14.5 小结

海洋活动的不断增加，海洋物联网设备的爆炸式增长，都对资源有限、环境复杂的海洋通信网络提出了更高的要求，为了以低成本、低能耗的方式处理海量的异构海洋数据，在海洋通信网络中引入边缘计算技术，将繁重的计算任务迁移到边缘服务器执行，提高海事终端的能源效率。本章概述了海洋边缘网络的结构，对将边缘计算技术引入海洋通信网络所面临的关键问题、关键技术进行了总结，并对未来海洋边缘计算的发展进行了展望。

参考文献

[1] 乐光学, 戴亚盛, 杨晓慧, 等. 海上边缘计算云边智能协同服务建模[J]. 电子学报, 2021, 49(12): 2407-2418.

[2] PANG Y, WANG D S, WANG D D, et al. A space-air-ground integrated network assisted maritime communication network based on mobile edge computing[C]//Proceedings of 2020 IEEE World Congress on Services. Piscataway: IEEE Press, 2020: 269-274.

[3] XIAO A L, CHEN H T, WU S, et al. Voyage-based computation offloading for secure maritime edge networks[C]//Proceedings of 2020 IEEE Globecom Workshops. Piscataway: IEEE Press, 2020: 1-6.

[4] WANG H H, WANG Y, MA Y H, et al. Resource allocation for OFDM-based maritime edge computing networks[C]//Proceedings of 2020 13th International Congress on Image and Signal Processing, BioMedical Engineering and Informatics (CISP-BMEI). Piscataway: IEEE Press, 2020: 983-988.

[5] TANG R, FENG W, CHEN Y F, et al. NOMA-based UAV communications for maritime coverage enhancement[J]. China Communications, 2021, 18(4): 230-243.

[6] LIU Y, WANG C X, CHANG H T, et al. A novel non-stationary 6G UAV channel model for maritime communications[J]. IEEE Journal on Selected Areas in Communications, 2021, 39(10): 2992-3005.

[7] WANG Y G, WANG H, WEI X L. Energy-efficient UAV deployment and task scheduling in multi-UAV edge computing[C]//Proceedings of 2020 International Conference on Wireless Communications and Signal Processing (WCSP). Piscataway: IEEE Press, 2020: 1147-1152.

[8] JIA M, ZHANG L, WU J, et al. Joint computing and communication resource allocation for edge computing towards huge LEO networks[J]. China Communications, 2022, 19(8): 73-84.

[9] WANG Y X, YANG J, GUO X Y, et al. A game-theoretic approach to computation offloading in satellite edge computing[J]. IEEE Access, 2020(8): 12510-12520.

[10] YANG T T, GAO S, LI J B, et al. Multi-armed bandits learning for task offloading in maritime edge intelligence networks[J]. IEEE Transactions on Vehicular Technology, 2022, 71(4): 4212-4224.

[11] WANG Y M, FENG W, WANG J, et al. Hybrid satellite-UAV-terrestrial networks for 6G ubiquitous coverage: a maritime communications perspective[J]. IEEE Journal on Selected Areas in Communications, 2021, 39(11): 3475-3490.

[12] GUAN S H, WANG J J, JIANG C X, et al. MagicNet: the maritime giant cellular network[J]. IEEE Communications Magazine, 2021, 59(3): 117-123.

[13] YANG T, FENG H L, YANG C M, et al. Multivessel computation offloading in maritime mobile edge computing network[J]. IEEE Internet of Things Journal, 2019, 6(3): 4063-4073.

[14] SU X, MENG L L, HUANG J. Intelligent maritime networking with edge services and computing capability[J]. IEEE Transactions on Vehicular Technology, 2020, 69(11): 13606-13620.

[15] GAKPO G K, SU X, CHOI C. Moving intelligence of mobile edge computing to maritime network[C]//Proceedings of the 2019 Conference on Research in Adaptive and Convergent Systems. New York: ACM Press, 2019: 189-193.

[16] GAO S, YANG T T, NI H, et al. Multi-armed bandits scheme for tasks offloading in MEC-enabled maritime communication networks[C]//Proceedings of 2020 IEEE/CIC International Conference on Communications in China (ICCC). Piscataway: IEEE Press, 2020: 232-237.

[17] CUI K T, LIN B, SUN W L, et al. Learning-based task offloading for marine fog-cloud computing networks of USV cluster[J]. Electronics, 2019, 8(11): 1287.

[18] YANG T T, FENG H L, GAO S, et al. Two-stage offloading optimization for energy–latency tradeoff with mobile edge computing in maritime Internet of Things[J]. IEEE Internet of Things Journal, 2020, 7(7): 5954-5963.

[19] XU F M, YANG F, ZHAO C L, et al. Deep reinforcement learning based joint edge resource management in maritime network[J]. China Communications, 2020, 17(5): 211-222.

[20] YANG T T, ZHANG Y, DONG J. Collaborative optimization scheduling of maritime communication for mobile edge architecture[C]//Proceedings of 2018 IEEE International Conference on RFID Technology & Application. Piscataway: IEEE Press, 2018: 1-5.

[21] SUN W, ZHANG H B, WANG R, et al. Reducing offloading latency for digital twin edge networks in 6G[J]. IEEE Transactions on Vehicular Technology, 2020, 69(10): 12240-12251.

[22] 孙朝随, 刘青, 胡桐, 等. 海洋大数据处理软件体系结构设计[J]. 中国海洋大学学报(自

然科学版), 2015, 45(2): 134-137.

[23] 施巍松, 孙辉, 曹杰, 等. 边缘计算: 万物互联时代新型计算模型[J]. 计算机研究与发展, 2017, 54(5): 907-924.

[24] 卢明东. 无人机辅助移动边缘计算系统数据卸载优化研究[D]. 南京: 南京邮电大学, 2020.

[25] 梁广俊, 王群, 辛建芳, 等. 移动边缘计算资源分配综述[J]. 信息安全学报, 2021, 6(3): 227-256.

[26] RAUSCH T, DUSTDAR S. Edge intelligence: the convergence of humans, things, and AI[C]//Proceedings of 2019 IEEE International Conference on Cloud Engineering. Piscataway: IEEE Press, 2019: 86-96.

[27] 李凤华, 殷丽华, 吴巍, 等. 天地一体化信息网络安全保障技术研究进展及发展趋势[J]. 通信学报, 2016, 37(11): 156-168.

[28] 谢人超, 廉晓飞, 贾庆民, 等. 移动边缘计算卸载技术综述[J]. 通信学报, 2018, 39(11): 138-155.

[29] LIU J J, SHI Y P, FADLULLAH Z M, et al. Space-air-ground integrated network: a survey[J]. IEEE Communications Surveys & Tutorials, 2018, 20(4): 2714-2741.

[30] 耿小芬. 移动边缘计算技术综述[J]. 山西电子技术, 2020(2): 94-96.

[31] 姜胜明, 葛丽阁, 徐艳丽. 海洋数据传输网络体系结构及挑战[J]. 电信科学, 2021, 37(7): 16-24.

[32] WANG Z, LIN B, SUN L, et al. Intelligent task offloading for 6G-enabled maritime IoT based on reinforcement learning[C]//Proceedings of 2021 International Conference on Security, Pattern Analysis, and Cybernetics (SPAC). Piscataway: IEEE Press, 2021: 566-570.

[33] GUO H Z, LI J Y, LIU J J, et al. A survey on space-air-ground-sea integrated network security in 6G[J]. IEEE Communications Surveys & Tutorials, 2022, 24(1): 53-87.

第15章

海洋互联网概述

海洋中不断增加的人类活动需要方便、可靠且性价比高的通信网络的支持。但是由于陆地环境和海洋环境之间存在巨大差异，陆地互联网不能无缝地延伸到海洋中；而卫星服务的性价比仍然无法与陆地网络相比，其通信质量易受到海洋天气条件影响，无法覆盖水下。2012 年提出的海洋互联网尝试系统性解决这些问题。本章将介绍它的原理、架构和应用，以及面临的挑战。

15.1 引言

人类在海洋中不断增加的活动需要方便、可靠且性价比高的高速网络服务来支撑，不仅在水面需要，在水下也需要。尽管现在人们在陆地上任何时候都可以通过各种类型的终端轻松访问互联网，但是由于陆地和海洋环境之间存在巨大差异，性价比高的泛在通信网络服务在海洋中还无法实现。海洋面积为 $3.62 \times 10^8 \text{km}^2$，约占地球表面积的 71%，平均深度约 3682m，是一个含约 $1.3 \times 10^9 \text{km}^3$ 的咸水体。这些特性使在海洋中部署网络基础设施变得极其困难且成本高昂。虽然在海洋的大部分地区可以使用卫星互联网，但卫星的建设、发射和运营成本高，风险大，这导致其性价比低[1]。目前许多水下传感器/设备已部署在海洋中，但让它们独自构建覆盖大范围的水下物联网非常困难[2]。这是因为无线电介质不适用于水下通信，而现行通信介质声波[3-5]和蓝/绿激光[6]

的物理特性限制了其水下大规模高速组网的能力[7-8]。所以如何为海洋用户提供性价比高的网络服务[9]是一个具有挑战性的问题。人们正努力提高卫星服务的性价比。目前主要的海上卫星通信服务由 Inmarsat 和 Iridium 提供，但它们的性价比无法与陆基网络服务相比[10]。另外，由于卫星通信频率非常高，通信质量易受到海洋中经常出现的潮湿天气的影响[9]，也无法覆盖水下。所以，人们也在探讨其他解决方案，例如利用移动通信系统[11-12]或无线自组网[13-15]，但是它们的覆盖能力和网络可靠性还无法满足应用的要求。尽管人们提出很多方法试图解决上述问题，但它们独自不能提供有效的解决方案。因此，海洋互联网试图综合利用海洋空间中一切可利用的通信资源，进行实时动态组网[1]。本章讨论它的组网策略、结构和应用，以及面临的挑战。

15.2　海洋互联网原理

如第 1 章所述，任何一种现行网络都不能提供一个高性价比、广覆盖和方便使用的海洋通信网络服务，主要原因如下：① 目前还无法找到一个能适应不同海洋通信环境、满足各种应用需求的通信方式，所以电、光、声多模融合通信是其中的一个选项；② 目前卫星网络和海底观测网络的建设和维护成本太高，其他网络，如移动通信网络和无线自组网，在海洋环境中无法单独成气候。在这种情况下，需要将不同网络融合在一起，形成超大规模多模协作的混合网络，且无线网络占主导地位[16-17]。海洋互联网系统如图 15-1 所示，其采用尽力而为的组网（Best-Effort Networking）思想[16,18]，即利用海洋空间中所有可能的通信网络资源，尽最大努力为用户提供性价比高的网络服务[1,17-18]；并采用开放式网络架构，以融合未来新出现的通信系统。这些资源可以是预先建立的网络，也可以是临时性的网络。网络的自适应性要求它能实时选择和调整通信资源进行动态组网，即尽力而为组网，以便为用户找到更高性价比、更可靠的网络服务。这使海洋互联网的运行不依赖任何特定的网络资源，即使在恶劣的海洋环境中也具有很强的生存能力。

图 15-1　海洋互联网系统[18]

15.3　网络组成

如图 15-2 所示，海洋互联网主要由岸基网络、无线自组网（包括航空自组网、航海自组网、水声自组网等）、卫星系统以及水下网络组成，它们在必要时尽可能地相互连接。

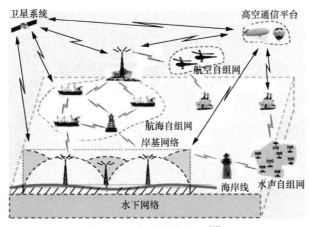

图 15-2　海洋互联网组成[19]

15.3.1　岸基网络

岸基网络不仅要将性价比高的陆地互联网服务扩展到近海水域，而且要提高陆基无线电系统所占频谱在海上的利用率,以提高对海洋通信服务的容量。海洋虽大,但大部分人类活动发生在靠近海岸线的水域。例如,很多国内海上航线设置在距海岸线 2～20n mile(1n mile≈1.852km)范围内。这种现象进一步体现在:海岸线附近的船舶密度远高于其他水域,即大部分海洋互联网用户分布在那里。另外,海洋中也密布了许多气象站和潮汐站,那些配备了无线通信功能的设施可以用来构建岸基网络。

岸基网络尝试整合陆基移动通信和水上无线电系统以实现下列目标[16]。

(1)利用陆基移动蜂窝系统丰富的无线电频谱资源,突破海上无线电系统的带宽瓶颈,提供增强型海事服务,提高稀缺昂贵无线电频谱的利用率,同时将陆地互联网服务扩展到近海地区。海上现有无线电系统的频谱带宽已经无法满足其不断增长的海洋通信需求。陆基移动通信系统频谱资源见表 15-1,陆基移动通信系统有许多昂贵的频谱可被海洋通信系统共享,在共享过程中保持原移动蜂窝系统对共享频谱的使用特权[20]。

表 15-1　陆基移动通信系统频谱资源

代	系统	带宽/MHz	频段/MHz(因不同国家和地区而异)
1G	AMPS	50	824～849(上行),869～894(下行)
2G	GSM	50	935～960(上行),890～915(下行)
3G	LTE-2000	145	1900～1980,2010～2015,2110～2170
4G	LTE-Advanced	140	2500～2570(上行),2620～2690(下行)

(2)充分利用现有成熟的陆基无线通信技术来提升岸基网络的能力、协助海洋空间组网。经过近 40 年的发展,陆基移动通信系统已经成为能随时随地提供移动互联功能的关键技术,如 4G 和 5G 的快速部署。将这些技术扩展应用到近海洋水域或船上,能满足许多海洋用户的需求。海上作业要求通信系统的服务必须可靠、及时和准确,尤其是在实时导航、遇险救援信号的传输以及安全操作等方面。现行海上无线电系统已经提供了这些服务,它的一些功能也可用于协助海洋空间组网,例如,远程低速率通信可以传输网络信令。集成包括 AIS 在内的系统基础设施,降低岸基网络部署成本[20]。

(3)利用新开发的通信技术进一步提高了岸基网络的海洋服务的能力[17]。例如,光纤无线电（RoF）和分布式天线系统的组合被认为是提高未来移动蜂窝系统容量的关键技术，该技术可以将岸基基站简化为配备发送（tx）/接收（rx）模块和天线的通信中继点，降低设备成本。多个系统通过光纤连接到中央处理单元，进行信号、通信和网络方面的处理[17]。海上波导通信也可实现海洋中的高速远程通信[21]。

15.3.2　无线自组网

海洋中可能存在多种类型的无线自组网，它们可以与岸基网络联合使用，以加强服务密度和扩大服务覆盖范围，并提供机会网络服务，具体功能如下。

（1）用于提供在同一个 WANET 内节点间的通信，例如，由海洋船舶组成的 WANET 可实现船舶间的通信，有利于船舶间相互协作。

（2）在岸基网络覆盖范围内无法直接连接岸基基站的小船，可将周围能够连接岸基基站的船作为中继节点。同样，岸基基站可以通过船舶自组网连接远离岸边的船只；高空通信平台可以作为 WANET 的节点临时部署以支持偶发性通信需求。

（3）WANET 也提供机会网络服务，例如，第 1 章提到的航空自组网，空中单元向海洋互联网用户收集数据，然后寻找机会向目的地传送或中继所收集到的数据；当岸基网络和船舶自组网都不可用时，这种网络可能成为节点与外界通信的唯一媒介。

15.3.3　卫星系统

岸基网络和无线自组网在近海岸水域具有较好的运行条件，但这些水域只占海洋的小部分。文献[22]指出，距海岸线 100km 的水域仅占海洋表面的 9.6%左右。分散在偏远海域的通信网络用户也需要保障安全、遇险救援和海上生产等方面的基本通信服务。在这种情况下，卫星通信技术是目前唯一可用的技术，即没有其他网络可用时，卫星通信用作应急备用通信。对于有实力的用户，卫星通信可以成为他们泛在的通信手段；而对于一般用户来说，这往往是最后选项。

15.3.4　水下网络

单个水声网络的高速率覆盖范围很小，在这种情况下，需要在不同地方部署多个水声网络才能实现大范围高速覆盖。将这些分隔的网络连接起来的可实施方法如下。

水下互联：通过使用已部署的海底电缆连接水下网络（如有缆水下观测系统），它可以提供高速可靠的网络连接以及持续性的能源供应。然而，大规模部署这类设施以实现广泛的水下覆盖既困难又昂贵。另一种水下互联的方法是使用水声链路连接这些网络，比使用上述有线系统更简单、便宜和灵活，但它的通信和供电能力均很弱。另外，由于水声传播速度慢和传输速率低，随着链路数量的增加，端到端网络性能会迅速下降。

水面及以上互联：通过联合使用无线电、声波或蓝/绿激光来实现，即通过水下的水声自组网（UANWT）或无线光网连接水面网关，该网关从这些网络收集数据并转发到收集节点，也可以向与其连接的水下网络传输数据。水面上的网关本身可以形成 WANET 或连接其他骨干网络，如卫星或 NANET。这种方法可以避免上述通过水声互联造成的性能下降，且更加灵活、更加容易和更加低成本，但无法为水下设备供电。

15.3.5 通信链路和方式

通常水域中有两种类型的节点：一个是终端（T），如移动电话；另一个是基站。终端不能中继来自其他节点的信号，但基站可以。基于多链路协作的海洋互联网结构如图 15-3 所示，以下通信链路可能共存于海洋互联网中。

终端到终端（T-T）：两个终端直接相互通信，例如，在没有基站的小型船之间，船上的用户可以使用手机直接相互通信。

基站到终端（B-T）：基站到终端通信是主要通信方式，如手机和蜂窝基站或 AP 之间。BS 可以安装在海岸、岛屿（称为陆地 BS，即 TBS）或船舶上，甚至可以安装在 HAP（称为机载 BS，即 VBS）上。

基站到基站（B-B）：这种链路用于在具有以下组合的 BS 之间中继信号：TBS-TBS、TBS-VBS 和 VBS-VBS。TBS-TBS 可以是有线或无线链路，这取决于地理条件和部署成本；TBS-VBS 和 VBS-VBS 都是无线链路，用于各种类型的运载工具（如船舶和汽车）间的通信。

卫星到基站（S-B）：这种链路用于连接卫星和基站以访问陆地互联网，或与海洋中的船舶、浮动平台进行通信。

水听器到水听器（H-H）：这种链路用于连接水声通信节点，电声信号转换在水面的水声节点和无线电节点间进行。

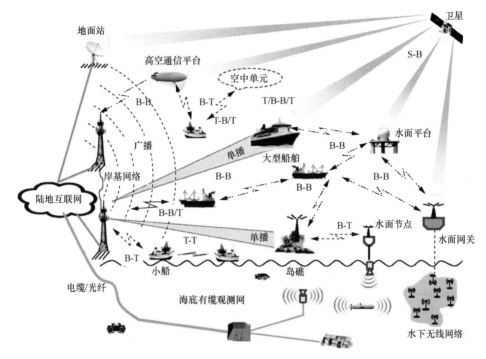

图 15-3 基于多链路协作的海洋互联网结构[17]

如图 15-3 所示，多种类型的链路可能共存，例如基站到基站/终端（B-B/T）和终端/基站到基站/终端（T/B-B/T）。当船舶靠近海岸线时，船上的用户可以直接连接 TBS，而船上的 VBS 也可以与其通信。图 15-3 中的空中单元是飞机、直升机、气球和无人机的总称，其中一些可能安装了 BS。在这种情况下，可能存在 T-T、T-B 和 B-B 链路。

根据海洋通信网络用户的分布密度，广播和点对点通信可以联合应用以提供性价比高的服务。通常，靠近海岸线或繁忙水道的用户分布较多，广播通信比较合适。在偏远海域，用户分布稀少，而且通常聚集在移动的船舶中，在这种情况下，使用定向天线的点对点通信可以将信号集中到相应的水域，同时减少对其他区域的通信干扰，如图 15-3 所示。

对于岸船通信，可以建立一条能自动跟踪船舶的点对点通信链路，实现远距离高速通信，即 TBS 和 VBS 使用定向天线建立点对点链路。随着船舶的移动，天线的方向和发射功率会自动调整，以保持最佳的点对点通信质量。如果船舶正在离开当前 TBS 的覆盖范围，将触发切换以寻找另一个 TBS 来维持通信。这种做法是可行的，因为 TBS 可以通过 AIS 或船舶报告来获得船舶的位置信息，而船舶通常以较慢的速度移动，正在与 TBS 通信的船舶也可以为相邻的船舶中继信号。

终端或 VBS 可以通过以下策略来选择通信链路。

终端选择具有最佳信道质量和可接受的通信成本的通信链路。如果终端（例如小船上的通信设备）处于配备了 VBS 的船舶上或附近，则终端可在以下情况下连接 VBS：① 它无法与任何其他 TBS 通信；② 链路质量远好于其他 TBS 链路，并且不会产生额外费用。

VBS 选择具有足够好的信道质量和可接受的服务质量的 TBS 链路，以避免通过其他 VBS 中继造成的额外时延，因为 TBS 通常比 VBS 能力强大。

为了有效地支持基站间通信，形成海洋中的无线骨干网，应该分配一定的频谱以创建专用信道，通过该信道将基站组织成网状网络，且可使用定向天线来提高通信质量。

15.4　网络互联

图 15-4 描述了海洋互联网的互联架构，其中岸基网络和航海自组网形成骨干网，将海洋互联网用户直接连接到陆地互联网上。该骨干网可以进一步连接高空通信平台或航空自组网，以提高其服务密度，扩大其覆盖范围。这些网络也可以连接卫星以提供可靠的服务。骨干网还可以将各种类型的水下网络互联起来，并连接到其他水面或陆地网络，如陆地互联网。如果把上述每一种网络看作一个特殊的网络节点，那么海洋互联网就是一个超大规模的混合无线自组网。

海洋互联网试图根据应用需求，尽可能利用任何组网机会，提供性价比更高的网络服务。网络选择的顺序大致如下。

（1）当一个节点被岸基网络覆盖时，最好先使用它进行网络通信，以获得性价比高的网络服务。

（2）当一个节点不在岸基网络的覆盖范围内时，如果周围有 NANET，就尝试使用它进行网络通信。

（3）在其他情况下，如有 HAP 能够快速满足需求，则节点也应尝试连接它。

（4）如果上述尝试均失败，且要传输的数据可以容忍时延，则节点可以通过 AANET 来尝试机会性传输。

（5）如果数据非常重要且时效性要求高，或节点处于紧急情况，则尝试连接卫星通信。

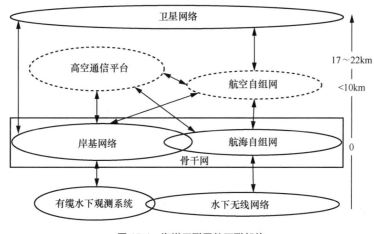

图 15-4　海洋互联网的互联架构

15.5　仿真试验

我们用 Exata[23]搭建了一个仿真平台，以简单测试尽力而为组网的效果[22]。如图 15-5 所示，仿真针对某港的一个 85km×85km 的区域，模拟一个由岸基网络、NANET 和卫星组成的混合网络。CLN 有两个 IEEE 802.16 基站，分别位于图 15-5 中 A 点和 D 点，最大传输距离约为 50km。网络由 105 艘船舶随机组成，按照实际船舶航行统计进行分布，并按 Random Way Point 模型以均匀分布的速度沿一个方向运动。船舶试图以恒定传输率通过网关（图 15-5 中 C 点），并与位于陆地上的服务器（图 15-5 中 B 点）进行通信。

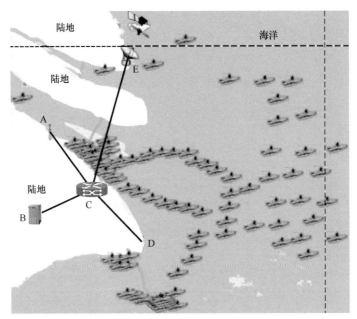

图 15-5 仿真场景：虚线与边之间区域的节点为边缘节点

表 15-2 列出了有效吞吐量的仿真结果，即接收到数据包的总量与时间的比值。第一个性能指标是边缘节点的有效吞吐量。可以发现，由于这些节点远离海岸线，CLN 无法覆盖它们，导致它们无法与陆地上的服务器进行通信。当 NANET 打开后，这些节点的吞吐量有所提高，当卫星也加入时，性能得到进一步改善。

表 15-2 有效吞吐量的仿真结果

船舶行驶速度范围	0～6km/s		6～13km/s	
依次打开的网络	边缘节点有效 吞吐量/(kbit·s⁻¹)	总有效 吞吐量/(kbit·s⁻¹)	边缘节点有效 吞吐量/(kbit·s⁻¹)	总有效 吞吐量/(kbit·s⁻¹)
只有 CLN	0	896.6	0	97.153
CLN、NANET	3.741	872.531	2.914	99.196
CLN、NANET、卫星	7.851	876.641	7.024	103.306

15.6　主要应用

本节介绍海洋互联网的一些应用[18]。

15.6.1　陆地互联网的延伸

这是发展海洋互联网的初衷[1,19]，即将现有陆地互联网服务无缝地扩展到近海水域中，为该区域的海洋互联网用户，如海员、渔民、离岸作业平台用户、海洋研究和探测的科学家，甚至守岛军民，提供性价比高的互联网服务。目前卫星互联网服务的价格还不是普通用户能承受的[19]。我国的天通一号正努力改变这一局面，提供了堪称"白菜价"的服务，其价格是目前国际移动卫星公司价格的1/10。但是该服务所用智能机的零售价格在万元以上，通信费用在每分钟1元以上。

15.6.2　海事通信系统的提升

海事通信系统发展历史悠久，是海上运输的重要通信平台，对海运作业、安全和效益起到关键作用。现行海事通信系统主要由岸基海事无线电系统和海事卫星系统组成，而目前海事卫星服务价格还很高[8]，提高了海上运输成本。虽然岸基海事无线电发展很成熟，但是由于其带宽的限制（VHF 6.025MHz，UHF 20MHz），它已无法满足海运日益增长的通信需求，例如 AIS 的普及和应用的推广[20]，也无法支持以无人化为标志的智慧航运发展的需求。海事通信系统的发展将大大提高海运的效率和安全性，降低海上物流成本。这将对整个物流成本的降低起到重要作用，因为全球超过80%物流由海运完成。

实现上述目标需要发展性能更好、性价比更高的海事通信系统。海洋互联网能尽最大努力综合利用各种通信网络资源，从而提升甚至改变现行海事通信系统。例如，可以将海洋互联的岸基系统与海事无线电的岸基系统进行融合[20]，不仅共享基础设施，更可以让海事无线电系统共享移动通信系统丰富的通信带宽，以解决其发展瓶颈问题。这种融合不仅能提升现行海事通信系统的性能和性价比，还能催生出基于海洋互联的新型海事通信系统，形成新的通信设备产业。这对我国相关产业尤其重要，因为目前大多数现行海事通信设备是国外制造的。

15.6.3　海洋物联网的桥梁

陆地物联网是由无线传感器网络和陆地互联网组成的，前者是实现物体与网络相连的手段，后者是把分布在不同区域的无线传感器网络相连的平台，实现万物互联互通。同样，海洋物联网也需要海洋互联网将分布在不同区域的水面和水下传感器网络连接起来。

海洋物联网大致分为海面物联网和水下物联网。海面物联网主要由安装在水面船舶、浮标以及其他平台上的各种传感器组成，如温度、湿度、风速、风向、雨量和定位传感器等[24-25]；无人驾驶船舶还需要配备其他传感器以收集船内外影响航行的数据，实现无人驾驶。虽然多艘船舶可形成船舶自组网，但无法满足大范围数据收集和传输的需求。

水下物联网由各种水下传感器网络组成，应用于环境监测、水下探测、灾难预测、港口安全和国防等方面。这些传感器有水温、盐度、流速、声纳以及各类生物和化学传感器等。但是由于物理特性的限制，目前水下传感器网络主要指水声网络。而水声通信的一些特点（如无法长距离高速传输、传播速度慢以及信道质量不稳定等）使得单个水声传感器网络无法高速覆盖大范围的水下区域，所以，需要用海洋互联网将分布在不同水下区域的无线传感器网络连接起来，形成大范围的有效覆盖。

15.6.4　海洋通信网络资源分配优化

目前海洋空间中用户遇到的数据传输问题可分成两个方面：① 网络内部数据传输，即用户自己网络内节点之间的数据传输，目前这个问题绝大多数由用户自己想办法解决，形成了各种组网方式；② 网络外部数据传输，即用户将数据传输到外部节点，如陆上服务器，目前绝大多数用户只能购买第三方服务，如近岸的移动通信服务，远离海岸的节点只能租用卫星服务。

目前每个用户单独购买这些服务，所购服务无法通过共享来分担成本。前文已经提到相对于移动通信服务，目前卫星服务的性价比较低。当一个用户经常在不同水域间移动时，如果靠近岸边，最好使用移动通信服务，在不得已时再用卫星服务。卫星服务套餐中往往有预付费和后付费之分，前者是一次购买一定的数据流量，后者按照实际消费支付。前者往往会比较便宜，但是一旦用不完就会浪费。海洋互联网可以提供一个通信网络资源的共享平台，可根据用户的位置和应用需求实时地调整通信网络资源的分配，以降低用户的通信成本。可参照以下要点运作：① 由 A 统一购买一定数量的移动通信服务和卫星服务，并尽量利用其他网络资源，如船舶自组网；② 用户向 A 购买服务，而不是直接与通信服务提供商购买服务；③ A 根据用户的应用要求及其位置变化，实时地为用户选择性价比最好的服务，以降低用户的通信成本。

15.6.5　海洋作业的协作平台

海洋空间中一直有大量的人类活动，除了人们熟知的捕捞、海运、旅游和油气生产等活动，还有海洋环境观测、探测、自然灾害预警和科研等活动，如海洋气候、潮汐和赤潮观测以及水文数据的收集，地震、海啸等自然灾害的预警，海洋资源的勘探、开采和运输，海洋大气、生物、物理、化学和地理等方面的科学研究等。但是目前这些活动绝大多数各自为政，彼此之间没有沟通，更谈不上协作。

海洋中的活动成本巨大，人们也希望通过相互协作来降低成本。但是，目前缺乏统一便捷和性价比高的通信网络平台来共享信息，也无法将部署在海洋中的各种设备连接起来，以进行有效地远程控制。总之，缺乏高性价比的海洋物联网来支撑这些活动。前文已经讨论过海洋互联网对海洋物联网建设以及支持信息共享方面的潜在作用，所以，它也能对建设海洋作业的协作平台发挥积极的作用。

15.6.6　智慧海洋的发展之路

智慧海洋是以完善的海洋信息采集与传输体系为基础，将海洋权益、管控、开发三大领域的装备和活动进行体系性整合，以实现海洋资源共享、海洋活动协同[26]。

目前，智慧海洋不仅是相关行业关注的热门话题，更成为国家发展海洋强国的战略组成部分。虽然目前对智慧海洋的具体内涵尚需完善，但实现智慧海洋的几个要素是可以预见的。首先，收集分布在海洋空间中的大量原始数据，这些数据往往是多维度、多粒度和跨时空的；这些海量数据需要有效地处理、融合及分享。如此规模的数据收集、处理和分享需要海洋互联网的支持。同样，分布在海洋中的各种仪器设备需要远程控制，不同涉海单位间也需要有效协作，这些实践活动都离不开有效的数据传输，也需要海洋互联网的支持。

15.6.7 近海联防辅助通信系统

近海防御是国防安全的重要组成部分。我国是一个海洋大国，海洋面积约 $3 \times 10^6 \mathrm{km}^2$，海岸线达 $1.8 \times 10^4 \mathrm{km}$，所以防御工程相当巨大。任何防御系统都离不开情报收集和目标侦测、通信和反制等系统。在岸基、水面、水下和空中部署由各种传感器设备构成的情报收集和侦测系统，并通过特定通信网络将其与指挥中心和反制系统联系起来。但是这个系统中的很多设施是固定的或者其运动轨迹是可以预测的，这导致它们容易被发现和破坏，最终会影响整个防御系统的功能。另外，在海洋空间的水域和空域中及时准确地识别目标是相当困难的。在海洋环境中，有大量的民用、商用以及科研用船舶、飞行器和水下航行器等，海洋互联网能够把它们连接起来，并与近海防御系统相连，协助情报收集和目标识别。

上述民用、商用和科研用设施不仅可以装载各类传感设备，也可成为海洋互联网的网络节点。海洋互联网能尽最大努力地综合利用各种通信网络资源，有较强的生存能力，所以近海防御通信系统可以利用海洋互联网提高其鲁棒性。另外，通过海洋互联网可以为进入我国领海的船只提供互联网服务，以网络服务形式不断宣示领海主权。例如，我们可以在远海的荒岛上或者大型水面浮标平台（如中国电子科技集团有限公司制造的综合信息浮台[27]）上安装基站或接入点等通信设备，构成海洋 Wi-Fi。

15.6.8 国家应急通信网络的组成部分

现行陆地互联网设施的位置是固定的，如路由器、光纤和基站及接入点等。同样，国防通信网络除了使用固定的有线网络，还使用卫星网络及其他无线网络。这些固定设施比较容易被发现，卫星虽然是移动的，但其运动轨迹是可以被探测和预测的。应急通信系统往往是无线的，但任何主动发射大功率无线信号的设施均可以被锁定。这些重要通信设施在关键时刻往往是首选的攻击目标，一旦被攻击者摧毁，网络就会被破坏，在这种情况下，如何进行应急和指挥是必须要面对的问题。

随着国民经济快速稳定地发展，现在我国的很多民用和商用设施可以作为通信网络节点，如各类交通工具（如小汽车、货运车、船舶、摩托车和电动车等）、路灯架、建筑物，甚至手机等。这些节点的数量庞大，运动轨迹无法预测。它们均可以通过海洋互联网的组网方式来构建一个无处不在又无法彻底摧毁的网络。虽然它在性能和可靠性方面无法与基于固定设施的网络相媲美，但当这些网络被摧毁后，它就成为应急通信网络。

所以，通过把海洋互联网的组网概念扩展到陆地环境中，形成一个全民可参与的"人民网络"，并使它成为国家应急通信网络系统的一部分，以提高后者的生存能力；同时也从技术、产品、资本等方面上升到应用系统的融合，实现一体化的应急通信体系。

15.7　面临的挑战

海洋互联网的研发还处在起步阶段，面临一些挑战性的问题，主要来源于组成海洋互联网的节点的通信组网能力、空中接口的异构性和动态性。这些因素使网络的端到端可靠性和 QoS 等方面的性能很难得到保证。移动互联网用户和移动基站（如船载基站）使网络安全和移动性管理变得非常困难。水下网络也存在许多挑战，如 MAC 协议[28]、路由协议[29]、端到端可靠性控制[30]和网络安全等[31]。

15.7.1　动态、含糊的网络边界

目前需要一个开放的、支持多模通信的网络结构，以支持不同类型的网络，实现尽力而为地组网。陆基互联网或卫星互联网的网络边界几乎是固定的或可以预测踪迹的。在这种情况下，可以通过预先设置网络配置和接口实现联通。然而在海洋

互联网中，许多网络节点安装在移动船舶上，它们相对于岸基网络、船舶和水面上其他物体、卫星以及水下网络等都是移动的，这导致网络边界的不确定性。在大规模异构网络中，这种不确定性给实现互联互通带来挑战。

另外，动态网络边界也导致传统的基于结构化网络地址的寻址方法不适用于海洋互联网，因为这类地址（如 IP 地址）通常包含一些与网络节点地理位置相关的信息。该信息对于网络互联来说非常重要，尤其是对于层次化网络结构的快速路由。而在海洋互联网中，许多网络节点位于配备了基站或接入点的移动船舶上，经常大范围改变其位置，如从一个大洋到另一个大洋，这导致上述寻址方法无法适用。

15.7.2　实时变化的超大规模 WANET

海洋互联网是一种超大规模的机会性 WANET，需要能够适应各种类型的网络，并在动态网络环境中根据应用需求提供性价比更高的网络服务。这也要求 WANET 在网络条件发生变化时能够快速做出智能实时的决策，因此需要解决以下问题。

（1）适应动态用户分布的传输控制。岸基网络是为海洋互联网用户提供高性价比网络服务的关键技术之一。如图 15-3 所示，TBS 可以根据用户分布选择采用广播或单播通信方式连接船舶。广播有利于在近海水域密集分布的船舶，当船舶上的用户在 TBS 覆盖范围内时，可以直接与其通信；单播则适用于把 TBS 连接到位于远海水域的船舶，而远程高速通信需要大传输功率。移动船舶能改变用户分布，因此这些传输安排也需要实时调整，以保持较高的通信质量。

（2）可预测性能的实时网络选择。海洋互联网中的网络节点需要实时选择网络，以便为用户提供性价比更高的服务。关键在于网络节点如何感知候选网络可能发生的变化，从而使所选网络能够在可预测的时间内提供令人满意的服务；否则，节点可能会频繁更换网络，影响网络性能。当候选网络为 NANET 或 AANET 时，其动态性将使该问题变得更具挑战性，这将影响后文所讨论的端到端网络的性能。

15.7.3　端到端可靠性和安全性

海洋互联网中网络路径可能经过异构和移动节点，如各种类型的船舶、平台和卫星。如何在网络资源分配方面尽量保证端到端的传输可靠性是一个具有挑战性的问题。尽管传统的移动自组网和机会网络[32]存在类似的问题，但它们在网络规模、通信网络能力等方面的差异性和网络节点的异构性等方面无法与海洋互联网相提并论。与陆地环境中存在的许多非 MANET 的高性价比网络不同，目前在海洋中，除了海洋互联网，还没有其他方法能提供高性价比的网络服务。

如何保证端到端网络的安全性是另一个既重要又困难的问题。在海洋中，一方面要鼓励不同网络节点之间进行更多的协作，以低成本获得最大化网络性能；另一方面，海洋是不安全的合作环境，友好和敌对节点并存，而大多数海洋互联网用户又是通过船舶从不同地方临时聚集到某一海域的。在这种情况下，如何对用户和网络节点进行认证，以及如何保护海洋互联网免受攻击是两个具有挑战性的问题，尤其是在无法保证与陆基认证或管理中心正常通信的情况下。

15.7.4　海洋互联移动性管理

在陆基移动通信系统中，移动性管理包括用户的位置管理和切换支持。前者旨在用户大尺度改变其位置（例如从一个城市移动到另一个城市）时保证连通性；后者旨当用户在通信过程中发生移动而切换接入点（即 BS/AP[33]）时，能保证正在进行的通信的连续性。用户通过固定的 BS/AP（卫星除外，但其运动轨迹是可预测的）与其他网络（如 Internet）连接。保证移动用户连通性方法的基本思想是：当用户从本地网移到外网时，后者为其分配一个临时网络标识，该标识对应于当前外来用户所连接的 BS/AP 网络，通过它连接该移动用户。

在大多数情况下，海洋互联网用户由配备 BS/AP 的移动船舶承载，用户可通过它与其他网络连接。如果为这类用户分配类似于陆基移动用户的临时网络标识，则无法维持其连通性。这是因为船上 BS/AP 必须连接其他网络，如岸基网络，但这些网络会随着船舶的运动而变化。在这种情况下，只有船上的 BS/AP 可以连接具有临时网络标识的用户，但其他网络不能。当船舶无法联系岸基网络或卫星而需要其他船舶中继时，这个问题变得更加复杂。

当船舶移动时，船载 BS/AP 与其他网络接入点之间的切换会导致批量切换，即船上用户的所有正在进行的通信会话都要同时进行切换。这与陆基移动网络中的按呼叫切换不同，导致切换处理更具挑战性，尤其是在同一批次切换中存在不同类型的会话（如语音、数据和视频）时。前面提到可根据船舶的位置不同，岸基网络可选择使用广播或单播方式与船舶进行通信，以优化通信性能；但船舶的移动可能导致这两种通信方式的转换，这会进一步使切换过程复杂化。

15.8　小结

针对海洋，目前虽然有许多可用的通信系统和正在研发的新技术，但由于海洋通信网络规模庞大，且具有混合性和复杂性，没有能够单独为海洋通信网络用户提供成本效益高的网络服务的解决方案。在此情况下，最好的解决方案应该是最大限度地利用海洋中任何可用的通信网络资源，这就是在海洋互联网中提出的尽力而为的组网思想。海洋互联网是大规模协作的异构动态无线网络，其中岸基网络和水面及以上网络构成骨干网，有效支持海岸线附近水域的网络用户；该骨干网与地面互联网连接，也可支持与水下网络互联。但海洋互联网的研发还处在起步阶段，有许多挑战性问题需要深入研究。

参考文献

[1] JIANG S M. On marine Internet and its potential applications for underwater internetworking[C]//Proceedings of 8th ACM International Conference on Underwater Networks and Systems. New York: ACM Press, 2013: 57-58.

[2] DOMINGO M C. An overview of the internet of underwater things[J]. Journal of Network and Computer Applications, 2012, 35(1): 1879-1890.

[3] PREISIG J. Acoustic propagation considerations for underwater acoustic communications network development[C]//Proceedings of the 1st ACM International Workshop on Underwater Networks. New York: ACM Press, 2006: 1-5.

[4] CHITRE M, SHAHABUDEEN S, STOJANOVIC M. Underwater acoustic communications and networking: recent advances and future challenges[J]. Marine Technology Society Journal, 2008, 42(1): 103-116.

[5] STOJANOVIC M. Underwater acoustic communications: design considerations on the physical layer[C]//Proceedings of 2008 5th Annual Conference on Wireless on Demand Network

Systems and Services. Piscataway: IEEE Press, 2008: 1-10.

[6]　LANZAGORTA M. Underwater communications[Z]. 2012.

[7]　AKYILDIZ I F, POMPILI D, MELODIA T. Challenges for efficient communication in underwater acoustic sensor networks[J]. ACM SIGBED Review, 2004, 1(2): 3-8.

[8]　PARTAN J, KUROSE J, LEVINE B N. A survey of practical issues in underwater networks[C]//Proceedings of the 1st ACM International Workshop on Underwater Networks. New York: ACM Press, 2006: 17-24.

[9]　CHINI P, GIAMBENE G, KOTA S. A survey on mobile satellite systems[J]. International Journal of Satellite Communications & Networking, 2010, 28(1): 29-57.

[10]　YAU K L A, SYED A R, HASHIM W, et al. Maritime networking: bringing Internet to the sea[J]. IEEE Access, 2019(7): 48236-48255.

[11]　BEKKADAL F. Emerging maritime communications technologies[C]//Proceedings of 2009 9th International Conference on Intelligent Transport Systems Telecommunications. Piscataway: IEEE Press, 2009.

[12]　CAMPOS R, OLIVEIRA T, CRUZ N, et al. BLUECOM+: cost-effective broadband communications at remote ocean areas[C]//Proceedings of OCEANS 2016 - Shanghai. Piscataway: IEEE Press, 2016: 1-6.

[13]　PATHMASUNTHARAM J S, KONG P Y, ZHOU M T, et al. TRITON: high speed maritime mesh networks[C]//Proceedings of 2008 IEEE 19th International Symposium on Personal, Indoor and Mobile Radio Communications. Piscataway: IEEE Press, 2008 1-5.

[14]　KIM Y, KIM J, WANG Y P, et al. Application scenarios of nautical ad-hoc network for maritime communications[C]//Proceedings of OCEANS 2009. Piscataway: IEEE Press, 2009: 1-4.

[15]　LAMBRINOS L, DJOUVAS C. Creating a maritime wireless mesh infrastructure for real-time applications[C]//Proceedings of 2011 IEEE GLOBECOM Workshops. Piscataway: IEEE Press, 2011: 529-532.

[16]　JIANG S M. Marine Internet for internetworking in oceans: a tutorial[J]. Future Internet, 2019, 11(7): 146.

[17]　JIANG S M. A possible development of marine Internet: a large scale heterogeneous wireless network[C]//Proceedings of the International Conference on Next Generation Wired/Wireless Networking. Heidelberg: Springer, 2015.

[18]　姜胜明, 单翔. 海洋互联网的应用前景[J]. 电信科学, 2019, 35(3): 62-68.

[19]　姜胜明. 海洋互联网的战略战术与挑战[J]. 电信科学, 2018, 34(6): 2-8.

[20]　JIANG S M. Fostering marine Internet with advanced maritime radio system using spectrums of cellular networks[C]//Proceedings of 2016 IEEE International Conference on Communication Systems. Piscataway: IEEE Press, 2016: 1-6.

[21]　WOODS G S, RUXTON A, HUDDLESTONE-HOLMES C, et al. High-capacity, long-range,

over ocean microwave link using the evaporation duct[J]. IEEE Journal of Oceanic Engineering, 2009, 34(3): 323-330.

[22] JIANG S M, CHEN H H. A possible development of marine Internet: a large scale cooperative heterogeneous wireless network[J]. Journal of Communication and Computer, 2015, 12(4): 199-211.

[23] Scalable Networks Technologics. Exata communications simulation platform[Z]. 2008.

[24] AL-ZAIDI R, WOODS J, AL-KHALIDI M, et al. Next generation marine data networks in an IoT environment[C]//Proceedings of 2017 Second International Conference on Fog and Mobile Edge Computing (FMEC). Piscataway: IEEE Press, 2017: 50-55.

[25] NYBOM K, LUND W, LAFOND S, et al. IoT at sea[C]//Proceedings of 2018 IEEE International Symposium on Broadband Multimedia Systems and Broadcasting (BMSB). Piscataway: IEEE Press, 2017.

[26] 百度百科. 智慧海洋[EB]. 2021.

[27] 中电科. "蓝海信息网络"九大"海洋神器"[EB]. 2017.

[28] JIANG S M. State-of-the-art medium access control (MAC) protocols for underwater acoustic networks: a survey based on a MAC reference model[J]. IEEE Communications Surveys & Tutorials, 2018, 20(1): 96-131.

[29] LU Q, LIU F, ZHANG Y, et al. Routing protocols for underwater acoustic sensor networks: a survey from an application perspective[M]//Advances in underwater acoustics. [S.l.:s.n.], 2017.

[30] JIANG S M. On reliable data transfer in underwater acoustic networks: a survey from networking perspective[J]. IEEE Communications Surveys & Tutorials, 2018, 20(2): 1036-1055.

[31] JIANG S M. On securing underwater acoustic networks: a survey[J]. IEEE Communications Surveys & Tutorials, 2019, 21(1): 729-752.

[32] PATEL B H, SHAH P D, JETHVA H B, et al. Issues and imperatives of adhoc networks[J]. International Journal of Computer Applications, 2013, 62(13): 16-21.

[33] JIANG S M. Wireless networking principles: from terrestrial to underwater acoustic[M]. Heidelberg: Springer, 2018.

第16章

海洋互联网安全

本章将介绍我国海洋信息安全的现状和海洋互联网中的无线网络入侵检测技术。在此基础上，重点介绍可以用于海洋互联网络的入侵检测系统（Intrusion Detection System，IDS），即基于 MK-ELM 算法的无线网络入侵检测系统的设计和仿真实验情况。本章的研究内容可为我国海洋互联网安全系统的研究和设计提供参考。

16.1　引言

海洋互联网试图将陆地互联网无缝地延伸到海洋中，覆盖水下、水面和空中，以实现空天地海一体化通信。由于海洋非常宽广、深奥和复杂，而且陆地与海洋在地理环境、气候条件和用户分布特征等方面存在巨大差异。目前还无法找到能适应海洋环境且满足各种通信需求的单个通信方式，也不存在单个网络技术能满足海洋中不同用户的互联互通的需求，海洋互联网的特殊结构决定了保证海洋信息安全具有一定的难度和复杂性。但是，海洋信息安全是实现海洋强国战略目标的有力保障，并且是打造"数字海洋、生态海洋、安全海洋、和谐海洋"的重要基础，保障海洋信息安全能有效地推动海洋管理的科学化和现代化进程。目前，海洋信息安全问题已上升到国家安全保障的战略高度。海洋互联网技术和信息安全发展程度的不匹配、信息交流效率和信息安全控制成本的不均衡、信息共享价值和保密控制难度的矛盾性，都会造成海洋互联网信息安全问题，也严重影响了我国海洋信息化的深度发展[1-3]。如何在保障信息交流效率的前提下，实现通信信息的保密性、完整性与不可否认性的统一，是目前整个海洋互联网研究领域里的重点和难点。加密技术、防火墙技术、入侵检测技术、数字签名技术、身份识别技术和节点定位技术等，通过建立严格的认证和访问控制机制来保证海洋互联网的正常运行和阻止海洋互联网信息泄露[4]。因海洋数据资料获取的困难性和国家安全的敏感性，海洋互联网信息安全也有其特殊性，本章对海洋互联网信息安全的问题进行梳理和分析，明确影响我国海洋互联网信息安全的主要因素，并探讨和研究可用于海洋互联网信息安全领域的入侵检测技术、无线网络节点定位技术等。

16.2　海洋信息安全现状与问题

我国海洋互联网信息安全的相关软硬件设备基本以进口为主，具有自主知识产权的产品比较少。目前，我国操作系统、数据库、服务器和网络存储设备的自主率比较低，软硬件关键核心不能自主可控，操作系统、数据库、软硬件等大多依赖国外进口，存在重大安全保密隐患。海洋互联网信息设施的老化或者故障，都可能会直接造成信息丢失或泄密。病毒和网络攻击等是影响网络安全的主要因素，同样也是威胁海洋互联网运行安全的主要因素。我国海洋互联网系统，尤其是国家海洋局等直属部门的海洋系统，大多使用了防火墙等相关安全产品以及 Web 安全防护系统，能在网络进出端口有效防止计算机病毒的恶意入侵，降低了重要数据泄露事件发生的概率。相关海洋部门基本已经实现内外网管理，内外网两套网络分别进行安全管控。但目前一般采取被动防御措施，杀毒软件的更新速度往往低于病毒繁衍速度，互联网计算机管控基本以物理隔离的方式为主，通过减少与互联网的接触来保障海洋信息安全。但是，海洋互联网由海洋、水下和近海陆地多个大小不一的无线网络组成，如果不能保证这些无线网络的安全，就不能充分保证整个海洋互联网的安全。

16.3　无线网络入侵检测技术

在网络或系统中，试图破坏资源的完整性、机密性或可用性的动作以及任何未经授权或未经批准的活动都称为入侵。针对入侵的各种抵御措施可以归结为 3 类：防御、检测、响应。入侵防御技术，如加密、身份验证、访问控制、安全路由等，是抵御入侵的第一道防线。但是，在任何类型的安全系统中，仅通过防御技术无法完全防止入侵，节点的入侵和破坏会导致安全密钥之类的机密信息被泄露给入侵者。预防性安全机制的失败促使第二道防线的入侵检测的出现。因此，入侵检测旨在揭示入侵，保证系统资源的安全。

入侵检测系统通常是安装在设备内部或者周围的整个保护系统的一部分，它不是独立的保护措施。一个好的入侵检测系统必须具有较低的误报率和较高的检测率。目前，从功能上将入侵检测系统分为 3 类：基于异常的检测、基于滥用的检测和基于规范的检测[5]。

（1）基于异常的检测

该方法基于统计行为进行建模，不是搜索特定的攻击模式，而是通过剖析节点的操作来检查各个节点的行为是正常的还是异常的。主要流程是：首先描述"正常行为"的实际特征，这些特征是通过自动训练建立的；之后，将所有与正常行为有一定偏差的行为标记为入侵，一旦传感器节点未根据特定协议的定义规范进行了操作，则入侵检测系统将确定该节点是恶意的。

这种检测类型也具有一些缺点：由于网络行为可能会迅速变化，因此必须定期更新常规配置文件，这可能会使原本就资源受限的传感器节点的负载增加；另外，系统中可能存在表现合法实际不合法的行为，这会导致相当高的误报率。

（2）基于滥用的检测

基于滥用的检测又被称为基于误用的检测。其主要流程是：生成已知攻击的签名或者配置文件，并用作检测未来攻击的参考，将节点的动作或行为与其进行比较。在这种情况下，必须定义这些数据并将其提供给系统，例如滥用检测的典型示例是"用户在 5min 内发生 3 次失败的登录尝试"，这属于暴力密码攻击。这种检测的优点是可以准确有效地检测已知攻击，因此它们的假阳性率很低。

这种检测类型的缺点是该技术需要知识来构建，也就是说，如果攻击是新型攻击（之前未进行过分析），则滥用检测无法检测它。另外，需要攻击模式定期更新的数据库。这些缺点大大降低了该技术在系统管理方面的效率，因为网络管理员必须向入侵检测系统代理提供最新的数据库。在当前阶段，大多数已知的攻击仅仅是某些假设的结果或者模仿其他经典网络，对于传感器网络来说，这些众所周知的攻击还是未知的安全性攻击，这是一个严重的问题。

（3）基于规范的检测

它是一种融合了异常和滥用检测技术的混合技术，它专注于识别与正常行为的偏差，首先需要定义一组描述程序或协议正确操作的规范和约束。然后根据定义的规范和约束来监视程序的执行过程。

而实际上，描述正常行为的规范既不是由机器学习技术定义的，也不是由训练数据定义的，而是手动定义的。所以，这种方法就存在需要手动开发所有规范的缺点，这是一个非常耗时的过程。另外，该技术还存在另一个缺点，它无法检测到不违反入侵检测系统协议定义规范的恶意行为。入侵检测技术对比见表 16-1。

表 16-1　入侵检测技术对比

特征	基于异常的检测	基于滥用的检测	基于规范的检测
内存利用	低	低	中等
能源消耗	低	低	中等
检测率	中等	中等	高
误报率	中等	中等	低
优点	能够发现新攻击	可以准确有效地检测已知攻击	可以检测现有攻击和新攻击
缺点	容易错过已知攻击	无法检测新型攻击	需要更高的计算能力和更多的资源

WSN 的实际应用中，基于规范或滥用的检测是一项复杂的任务，因为防御者很难准确地思考或明确知道攻击者的动机，此外，WSN 的严格内存约束使得基于滥用检测的 IDS 相对难以实现，并且无法有效地存储攻击特征。目前 WSN 中常用的检测方法主要集中在基于异常的检测上，大致可以分为基于统计、基于机器学习、基于聚类、基于博弈论和基于人工免疫 5 类，对这 5 种类型的检测的详细介绍可参阅文献[5-10]，入侵检测方法对比见表 16-2。可以看出，在检测异常所需的资源与检测技术的准确性之间始终存在权衡，并没有极其优越的检测机制。

表 16-2　入侵检测方法对比

IDS	基于统计	基于机器学习	基于聚类	基于博弈论	基于人工免疫
精度	中	高	高	高	高
影响能源	—	是	是	否	—
内存需求	—	高	高	高	—
网络结构	树、分层	树、分层	分簇	树、分层	树、分层

16.4　基于 MK-ELM 的 WSN 入侵检测系统设计

本节提出基于 MK-ELM 的 WSN 入侵检测系统，并对其进行分析。

16.4.1　ELM 算法原理

单隐层前馈神经网络（Single-Hidden Layer Feedforward Nerual Network，SLFN）采用梯度下降的迭代算法来调整权重参数，这有明显的缺陷：① 学习速度缓慢，增加了时间开销；② 学习速率难以确定且易陷入局部最小值；③ 易出现过度训练，导致泛化性能下降[11]。以上缺陷成为制约使用前馈神经网络迭代算法的应用瓶颈，针对这些问题，新加坡南洋理工大学的 Huang 等[12]于 2004 年提出极限学习机（Extreme Learning Machine，ELM）算法，该算法使用 SLFN 训练算法，随机生成输入层的网络权值和隐含层阈值，并且在算法训练过程中不需要再次进行调整，只需设定隐含层神经元数目，就可以得到算法的唯一解。与其他机器学习算法相比，ELM 算法学习速度快且泛化能力强，在医学诊断、预测和识别等多个实际工程中均取得了较好的应用效果[13]。

1. ELM 算法

极限学习机是基于单隐层前馈神经网络的简单学习算法，它的学习速度比传统的反馈网络快得多，而且能获得很好的泛化能力。该算法的基本思想是：训练前设置好隐藏层节点个数，随机产生输入层与隐藏层之间的权值参数和隐藏层上的偏置向量参数，整个训练过程无需迭代，只需要求解输出权值的最小参数，即最小二乘解，从而完成网络的训练[14]。相比传统的梯度下降算法，ELM 具有以下优点：① 极限学习机的参数设置简单，只需要设置合适的隐藏层节点就能取得良好的性能；② 极限学习机的运算复杂度低，计算速度快，不需要迭代求解且不用求解复杂的二次优化问题；③ 极限学习机具有良好的泛化能力，因为它求解的是凸优化过程，不会像 BP 神经网络那样陷入局部最优解；④ ELM 算法采用了神经网络框架，可容易地应用于模式分类、控制器设计和建模预测等领域[15]。

极限学习机算法结构[16]如图 16-1 所示。给定 m 个不同样本的集合 $\{x_1, x_2, \cdots, x_m\}$，其对应的标签集合为 $\{t_1, t_2, \cdots, t_n\}$ 且有 $x_i = [x_{i1}, x_{i2}, \cdots, x_{im}]^{\mathrm{T}} \in R^m$，$t_i = [t_{i1}, t_{i2}, \cdots, t_{in}]^{\mathrm{T}} \in R^n$。其中，$g(x)$ 表示隐藏层的激活函数，w 是大小为 $m \times L$ 的权重矩阵，w_i 表示第 i 个隐藏层节点和输入层的权重向量，b_i 是第 i 个隐藏层节点的偏置。β 是隐藏层和输出层之间大小为 $L \times n$ 的权重矩阵，β_i 表示第 i 个隐藏层节点和输出层的权重向量。w_i 和 b_i 是随机产生的，结果被转换成计算 Moore-Penrose 的广义逆。因此，ELM 算法能够直接产生一个全局最优解，且求解的速度很快。

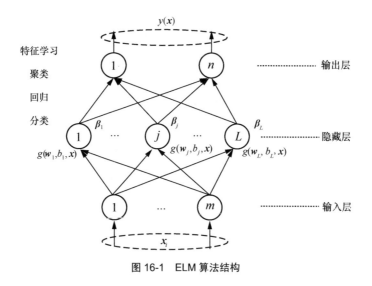

图 16-1　ELM 算法结构

具有 L 个隐藏神经元的 ELM 网络的输出如式（16-1）所示。

$$y = \sum_{i=1}^{L} \beta_i g(w_i^{\mathrm{T}} \cdot x + b_i) \tag{16-1}$$

而且，隐藏层输出矩阵 H 如式（16-2）所示。

$$H = \begin{bmatrix} g(\boldsymbol{w}_1^{\mathrm{T}} \cdot \boldsymbol{x}_1 + b_1) \cdots & g(\boldsymbol{w}_L^{\mathrm{T}} \cdot \boldsymbol{x}_1 + b_L) \\ \vdots & \cdots & \vdots \\ g(\boldsymbol{w}_1^{\mathrm{T}} \cdot \boldsymbol{x}_m + b_1) \cdots & g(\boldsymbol{w}_L^{\mathrm{T}} \cdot \boldsymbol{x}_m + b_L) \end{bmatrix} \tag{16-2}$$

其中，$h(\boldsymbol{x}_i) = g(\boldsymbol{w}_1^{\mathrm{T}} \cdot \boldsymbol{x}_i + b_1)$ 是隐藏层节点映射函数，由于 $\boldsymbol{w}_i$ 和 b_i 是随机产生的，所以映射函数仅和样本 $\boldsymbol{x}_i$ 有关。$\boldsymbol{w}_i^{\mathrm{T}} \cdot \boldsymbol{x}_j$ 表示 $\boldsymbol{w}_i^{\mathrm{T}}$ 和 $\boldsymbol{x}_j$ 的内积。

ELM 的优化目标如式（16-3）所示。

$$\min_{\boldsymbol{\beta}} \| H\boldsymbol{\beta} - T \|^2 + \frac{C}{2} \| \boldsymbol{\beta} \|^2 \tag{16-3}$$

其中，C 是正则化参数，该式子可进一步表示为式（16-4）。

$$\boldsymbol{\beta} = (H^{\mathrm{T}} H + CI)^{\dagger} H^{\mathrm{T}} T \tag{16-4}$$

其中，$(H^{\mathrm{T}} H + CI)^{\dagger}$ 是 $H^{\mathrm{T}} H + CI$ 的广义逆形式。

相应地，ELM 算法的分类函数如式（16-5）所示。

$$f(x) = \operatorname{sign} \left(h(x) H^{\mathrm{T}} \left(\frac{I}{C} + H H^{\mathrm{T}} \right)^{-1} T \right) \tag{16-5}$$

隐藏层输出矩阵 H 的激活函数是未知的，如果具有 L 个隐藏神经元的激活函数为 $g(\boldsymbol{x})$，ELM 可以零误差地逼近这 m 个样本，零误差意味着 $\sum\limits_{j=1}^{L} \| \boldsymbol{o}_j - \boldsymbol{t}_j \| = 0$，即存在 $\boldsymbol{\beta}_i$、$\boldsymbol{w}_i$ 和 b_i，使式（16-6）成立。

$$\sum_{i=1}^{L} \boldsymbol{\beta}_i g(\boldsymbol{w}_i \cdot \boldsymbol{x}_j + b_i) = \boldsymbol{t}_j, j = 1, \cdots, m \tag{16-6}$$

上述方程可以表示为式（16-7）。

$$H\boldsymbol{\beta} = T \tag{16-7}$$

其中

$$H(\boldsymbol{w}_1, \cdots, \boldsymbol{w}_L, b_1, \cdots, b_L, \boldsymbol{x}_1, \cdots, \boldsymbol{x}_L) = \begin{bmatrix} g(\boldsymbol{w}_1 \cdot \boldsymbol{x}_1 + b_1) & \cdots & g(\boldsymbol{w}_L \cdot \boldsymbol{x}_1 + b_L) \\ \vdots & \cdots & \vdots \\ g(\boldsymbol{w}_1 \cdot \boldsymbol{x}_N + b_1) & \cdots & g(\boldsymbol{w}_L \cdot \boldsymbol{x}_N + b_L) \end{bmatrix}_{m \times L} \tag{16-8}$$

$$\boldsymbol{\beta} = \begin{bmatrix} \boldsymbol{\beta}_1^{\mathrm{T}} \\ \vdots \\ \boldsymbol{\beta}_L^{\mathrm{T}} \end{bmatrix}_{L \times n}, \boldsymbol{T} = \begin{bmatrix} \boldsymbol{t}_1^{\mathrm{T}} \\ \vdots \\ \boldsymbol{t}_N^{\mathrm{T}} \end{bmatrix}_{m \times n} \tag{16-9}$$

因此，隐藏层的权重矩阵 $\boldsymbol{\beta}$ 可通过 $\boldsymbol{\beta} = \boldsymbol{H}^{\dagger}\boldsymbol{T}$ 计算，其中 $\boldsymbol{H}^{\dagger}$ 是矩阵 $\boldsymbol{H}$ 的 Moore-Penrose 的广义逆矩阵。

本书将矩阵 $\boldsymbol{H}$ 称为极限学习机网络的隐藏层输出矩阵，$\boldsymbol{H}$ 的第 i 列是关于输入 $\boldsymbol{x}_1, \boldsymbol{x}_2, \cdots, \boldsymbol{x}_m$ 的第 i 个隐藏层节点的输出。Huang 等[17]证明了前馈神经网络可以逼近任意连续函数，当输入紧密的样本集且有一个连续可微的激活函数时，ELM 网络可以逼近任意连续的函数，也就是当随机设置好网络的输入权值和偏置时，训练时不需要迭代调整就可以一次性得到结果。

根据上述过程，Huang 等给定一个训练集 $S = \{(\boldsymbol{x}_i, \boldsymbol{t}_i) \mid \boldsymbol{x}_i \in R^m, \boldsymbol{t}_i \in R^n, i = 1, \cdots, N\}$、激活函数 $g(\boldsymbol{x})$ 和隐含层节点个数 L，算法的实现步骤如下。

步骤 1：对输入层到隐含层的权值 $\boldsymbol{w}_i$ 和隐含层的偏置 b_i 随机赋值，$i = 1, \cdots, L$。

步骤 2：计算隐含层的输出矩阵 $\boldsymbol{H}$。

步骤 3：计算隐含层到输出层的权值 $\boldsymbol{\beta}$，$\boldsymbol{\beta} = \boldsymbol{H}^{\dagger}\boldsymbol{T}$。

2. 核极限学习机

当模型应用于多个未知测试数据集时，ELM 模型的预测精度可能较低。因此，Huang 等[18]在 $\boldsymbol{H}\boldsymbol{H}^{\mathrm{T}}$ 中引入了核参数 $\boldsymbol{I}$、C，目的是提高 ELM 模型的泛化能力，将其称为核极限学习机（Kernel Extreme Learning Machine，KELM）。KELM 的输出函数如式（16-10）所示。

$$f(\boldsymbol{x}) = h(\boldsymbol{x})\boldsymbol{\beta} = h(\boldsymbol{x})\boldsymbol{H}^{\mathrm{T}}\left(\frac{\boldsymbol{I}}{C} + \boldsymbol{H}\boldsymbol{H}^{\mathrm{T}}\right)^{-1}\boldsymbol{T} \tag{16-10}$$

其中，正常数 C 是惩罚参数，$\boldsymbol{I}$ 是单位矩阵。

KELM 的核函数如式（16-11）所示。

$$\Omega_{\mathrm{KELM}} = \boldsymbol{H}\boldsymbol{H}^{\mathrm{T}}, \ \Omega_{\mathrm{KELM}_{i,j}} = h(\boldsymbol{x}_i)h(\boldsymbol{x}_j) = K(\boldsymbol{x}_i, \boldsymbol{x}_j) \tag{16-11}$$

因此，KELM 的输出函数可以表示为式（16-12）。

$$f(\boldsymbol{x}) = \begin{bmatrix} K(\boldsymbol{x}, \boldsymbol{x}_j) \\ \vdots \\ K(\boldsymbol{x}, \boldsymbol{x}_j) \end{bmatrix}\left(\frac{\boldsymbol{I}}{C} + \Omega_{\mathrm{KELM}}\right)^{-1}\boldsymbol{T} \tag{16-12}$$

内核函数的选择会极大地影响 KELM 模型的性能，同 ELM 相比，KELM 鲁棒性更高，对线性不可分离的样本表现更好。此外，KELM 更适用于解决回归预测及分类问题，因此，为 KELM 模型找到合适的内核函数显得极为重要。

3. 多核学习理论

将具有不同特性的内核函数组合在一起，可以获得多核函数的优势，比如更好的映射性能等。2002 年 Girolamim[19]提出 Mercer 理论是构造核函数的充分条件，指的是任何半正定对称函数都可以用作核函数，不同的内核函数对构造的 MK-ELM 的性能有不同的影响。因此，选择合适的核函数及参数是构建多核函数的一个重要问题，通常可以通过在参数空间中搜索最优参数来实现，但是如果有其他结构参数需要优化，这一过程将变得非常困难。多核学习（Multiple Kernel Learning，MKL）理论为我们使用多个核函数提供了几种不错的选择，因此不必选择特定的函数及其参数[20]。多核函数的线性组合示意图如图 16-2 所示。

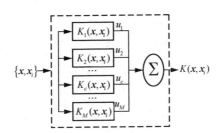

图 16-2　多核函数线性组合示意图

将多核函数的线性组合用数学表达式进行描述。假设 $K(\boldsymbol{x}, \boldsymbol{x}_i)$ 是已知的核函数，$\hat{K}(\boldsymbol{x}, \boldsymbol{x}_i)$ 是该核函数的规范化形式，且有 $\hat{K}(\boldsymbol{x}, \boldsymbol{x}_i) = \sqrt{K(\boldsymbol{x}, \boldsymbol{x}_i)K(\boldsymbol{x}_1, \boldsymbol{x}_i)}$。采用上述符号，可以定义下面几种合成核。

直接求和核（Direct Summation Kernel）

$$K(\boldsymbol{x}, \boldsymbol{x}_i) = \sum_{j=1}^{M} \hat{K}_j(\boldsymbol{x}, \boldsymbol{x}_i) \qquad (16\text{-}13)$$

加权求和核（Weighted Summation Kernel）

$$K(\boldsymbol{x}, \boldsymbol{x}_i) = \sum_{j=1}^{M} \beta_j \hat{K}_j(\boldsymbol{x}, \boldsymbol{x}_i)$$

$$\text{s.t. } \boldsymbol{\beta}_j \geqslant 0, \sum_{j=1}^{M} \boldsymbol{\beta}_j = 1 \tag{16-14}$$

加权多项式扩展核（Weighted Polynomial Extended Kernel）

$$K(\boldsymbol{x}, \boldsymbol{x}_i) = \mu \hat{K}_1^p(\boldsymbol{x}, \boldsymbol{x}_i) + (1-\mu)\hat{K}_2^p(\boldsymbol{x}, \boldsymbol{x}_i) \tag{16-15}$$

其中，$K^p(\boldsymbol{x}, \boldsymbol{x}_i)$ 是 $K(\boldsymbol{x}, \boldsymbol{x}_i)$ 的多项式扩展。

16.4.2　构造多核极限学习机算法

考虑到 KELM 是由单一核函数组成的，具有鲁棒性差、检测精度低等缺点。根据核函数的 Mercer 性质，将 MKL 方法与 ELM 结合，提出了多核极限学习机（MK-ELM）模型，并推导了算法。在 MK-ELM 中，假设最优核函数是一组基核的线性组合，并在学习过程中优化基核的组合权值和 ELM 的结构参数。虽然最优核是基核的线性组合这一假设是一致的，但 MK-ELM 算法与广泛研究的基于支持向量机（Support Vector Machine，SVM）的 MKL 算法有很大的区别[21]。① MK-ELM 将二分类和多类分类问题统一为一个通用表达式，而基于支持向量机的 MKL 算法通常采用一对一（One Against One，OAO）和一对全（One Against All，OAA）策略[22]来处理多分类问题，前者需要 $K(K-1)/2$ 个分类器，后者需要构造 K 个分类器，二者只适用于样本类别较少的情况，当样本类别较大时，分类效果较差。② 与基于支持向量机的 MKL 算法相比，MK-ELM 的优化问题要简单得多，该算法的结构参数可以通过矩阵逆运算解析得到，而求解基于 SVM 的 MKL 算法的优化问题需要一个约束二次规划（QP）求解器。

多核函数的线性组合通常采用几种基核，如线性核函数 $K(\boldsymbol{x}, \boldsymbol{x}_i) = \boldsymbol{x} \cdot \boldsymbol{x}_i$、高斯核函数 $K(\boldsymbol{x}, \boldsymbol{x}_i) = \exp(-\|\boldsymbol{x} - \boldsymbol{x}_i\|^2 / \delta^2)$、多项式核函数 $K(\boldsymbol{x}, \boldsymbol{x}_i) = (\boldsymbol{x} \cdot \boldsymbol{x}_i + 1)^d$。得到的多核函数弥补了单核函数的不足，其形式如式（16-16）所示。

$$K(\boldsymbol{x}, \boldsymbol{x}_i) = \mu_1 K_1(\boldsymbol{x}, \boldsymbol{x}_i) + \mu_2 K_2(\boldsymbol{x}, \boldsymbol{x}_i) + \cdots + \mu_m K_m(\boldsymbol{x}, \boldsymbol{x}_i)$$
$$\text{s.t. } \sum_{k=1}^{m} \mu_k = 1, \ \forall \mu_k \geqslant 0 \tag{16-16}$$

式（16-16）中的每个核函数可以是不同类型的核函数，如高斯核和多项式核，也可以是具有不同核参数的同一类型核函数。

多核极限学习机的优化问题可描述为式（16-17）。

$$\min L_{\text{MK-ELM}} = \frac{1}{2}\sum_k \frac{1}{u_k}\parallel \boldsymbol{w}_k \parallel^2 + C\frac{1}{2}\sum_{i=1}^{N}\xi_i^2$$

$$\text{s.t. } \sum_k K(\boldsymbol{x},\boldsymbol{x}_i)\,\boldsymbol{w}_k = t_i - \xi_i, i = 1,\cdots,N, \sum_k \frac{1}{\mu_k} = 1$$

（16-17）

其中，$\boldsymbol{w}_k$ 为核函数 $K(\boldsymbol{x},\boldsymbol{x}_i)$ 所对应的特征权值向量，ξ_i 为松弛因子，C 为平衡模型复杂度的正则化参数。

Mercer 定理是指任何半正定的函数都可以作为核函数。但是，Mercer 定理仅仅是核函数的充分条件，该定理存在以下局限性：首先，对于研究人员而言，验证一个给定的核函数是否满足 Mercer 定理不是一件容易的事情；其次，研究表明，虽然一些核函数不满足 Mercer 定理，但由于其自身的特点常被选作核函数，如神经网络中常用的 Sigmoid 核函数 $K(\boldsymbol{x},\boldsymbol{x}_i) = \tanh(v(\boldsymbol{x}\cdot\boldsymbol{x}_i) + c)$，它并不是正定的。因此，在常见的数据集分类操作中，仅使用正定核函数往往不能取得较好的分类效果[23]，这就迫切希望研究人员寻找新的核函数，Moser 等[24]表明，在一些具体的问题中，使用非正定的核函数能产生特别好的分类效果。故本书选定径向基核函数（RBF Kernel）和多元二次核（Multiquadric Kernel）函数，将新构建的多核函数 $K(\boldsymbol{x},\boldsymbol{x}_i)$ 替换为式（16-11）中的核矩阵，可得到多核极限学习机模型，其算法流程如图 16-3 所示。

步骤 1：初始化数据样本集 N，$N = \{(\boldsymbol{x}_i,t_i)\,|\,\boldsymbol{x}_i \in R^m, t_i \in R^m, i = 1,2,\cdots,n\}$。

步骤 2：通过式（16-17），用不同的单核函数，选定 MK-ELM 的核函数 $K(\boldsymbol{x},\boldsymbol{x}_i)$，并确定正则化因子 C 和各个核参数。

步骤 3：由 MK-ELM 算法随机生成输入层和隐藏层之间的权值向量 $\boldsymbol{w}$、偏置 b。

步骤 4：输入训练集，通过式（16-2）、式（16-4）计算隐藏层输出矩阵 $\boldsymbol{H}$ 和权重矩阵 $\boldsymbol{\beta}$。

步骤 5：输入测试样本，选用不同的样本量，测试 MK-ELM 性能，比较不同单核函数组成的 MK-ELM 性能，重复步骤 2。

步骤 6：输出分类结果，得到性能最优的 MK-ELM 分类器。

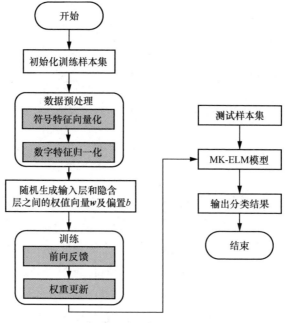

图 16-3　MK-ELM 算法流程

16.4.3　基于 MK-ELM 的 WSN 入侵检测系统

本文提出的基于 MK-ELM 的 WSN 入侵检测系统的假设条件如下。

（1）无线传感器网络是分簇网络，簇内普通节点与簇头节点可直接通信，簇头可直接或通过中继节点 Relay 与基站通信。

（2）每个节点静止，有唯一的标识符 ID 且每轮只属于一个分簇，簇头节点与簇内普通节点本质上一致，基站具有很强的计算和存储能力以及无限的能量。

（3）网络的数据传输模型是混合型的，包括可持续性模型和事件驱动传输模型。

（4）节点的状态包括休眠状态、监控状态和活跃状态[25]。

在无线传感器网络中，针对每种设备的特点将其划分为 3 层，如图 16-4 所示。基于 MK-ELM 的 WSN 入侵检测的模型采用异常检测的方法，根据核函数的特点构造了多核极限学习机，解决了单核处理入侵检测的局限性，然后针对入侵数据集庞大且分布不均的特征，进行数据预处理，将处理后的数据作为训练和测试数据对

MK-ELM 网络模型进行训练，并对 MK-ELM 分类器进行测试。层次式入侵检测系统结构的数据流是从感知层逐层传送的，之后由核心控制层进行分析判断。

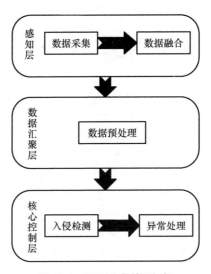

图 16-4　WSN 入侵检测框架

感知层：包含普通传感器节点和簇头节点，在监测区域内传感器节点用于感知和采集数据，然后将数据发送到由分簇路由协议选举的簇头节点进行汇总。该层采集网络数据包、TCP/IP 流量包等信息[26]。

数据汇聚层：该层由基站构成，收集网络中簇头节点发送来的数据，进行数据融合并提取入侵检测特征。由于采集的网络数据格式不统一，且存在分类器识别不出的数据信息，因此需要预先对数据进行数值化或向量化处理，使每一维特征值都有相应数值与之对应，之后进行归一化处理，使每一维特征值分布在[0,1]，接下来进行特征提取，最终将预处理后的数据发送给核心控制层进行分析判断。

核心控制层：该层由任务管理节点构成，负责接收基站发送来的数据信息并进行入侵检测算法的实现与入侵判断，若检测到异常则进行异常处理。作为入侵检测系统的核心部分，该层对数据信息分析的准确性与时效性影响着整个入侵检测系统的性能。该层将 MK-ELM 作为分类器对需测试的数据进行预测分类和识别。分层的 WSN 入侵检测框架如图 16-5 所示。

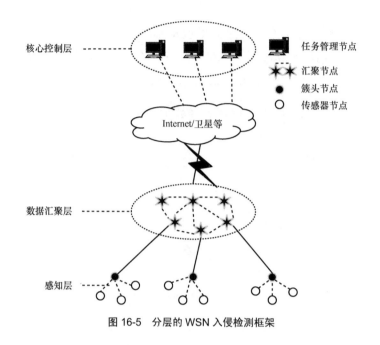

任务管理节点

汇聚节点

簇头节点

传感器节点

Internet/卫星等

数据汇聚层

感知层

图 16-5　分层的 WSN 入侵检测框架

16.4.4　仿真实验及结果分析

下面通过实验验证所提方法的可行性和有效性。

1.　实验环境

本章的实验环境仍是 Windows 10 操作系统，软件环境是 MATLAB R2017b，此外还使用了 NumPy/Pandas 等第三方库进行数据预处理操作。NumPy 是 Python 处理数组和矢量运算的工具包，主要用于数据计算，包含一个强大的 N 维数组对象 ndarray，具有线性代数、傅里叶变换、随机数生成等功能；Pandas 提供了 Series 和 DataFrame 两种主要的数据结构，两者分别适用于一维和多维数据，Pandas 在 NumPy 的基础上加入了索引形成的高级数据结构。Series 是 Pandas 中重要的数据结构，类似于一维数组与字典的结合，是一个有标签的一维数组，标签的数据类型为 Index。

2.　性能评价指标

Koren 等[27]于 1977 年提出了混淆矩阵（Confusion Matrix）的概念。该矩阵每一列代表预测类别，每一列的总数表示预测为该类别的数目，每一行代表数据的真实归属类别，每一行的数据总数表示该类别的实际数目。表 16-3 展示了适用于二分类问题的混淆矩阵。

表 16-3　适用于二分类问题的混淆矩阵

对比项	Positive（真实值）	Negative（真实值）
Positive（预测值）	真正类（TP）	假正类（FP）
Negative（预测值）	假负类（FN）	真负类（TN）

测试集总数=TP+TN+FP+FN。其中，TP 表示被模型预测为正的正样本，TN 表示被模型预测为负的负样本，FP 表示被模型预测为正的负样本（误报），FN 表示被模型预测为负的正样本（漏报）。根据这 4 种检测结果来衡量准确率、检测率、误报率和漏报率，它们的计算方法如下。

准确率

$$AC=\frac{TP+TN}{TP+TN+FP+FN} \tag{16-18}$$

检测率

$$TPR=\frac{TP}{TP+FN} \tag{16-19}$$

误报率

$$FPR=\frac{FP}{FP+TN} \tag{16-20}$$

漏报率

$$FNR=\frac{FN}{FN+TP} \tag{16-21}$$

准确率用于衡量提出的基于 MK-ELM 的 WSN 入侵检测算法的性能，作为正确判定攻击事件是否发生的总检测率。当样本类别平衡时，这是一个很好的指标，然而当样本类别不平衡（例如 97%的样本属于 X 类、3%属于 Y 类，如果将所有样本都归类为 X 类，则准确率为 97%，但 Y 类的所有样本都被错误分类）时，从数值上来看该算法分类效果不错，但实际该算法不具有预测能力，这个指标不是很有效。因此，使用检测率、误报率、漏报率，并使用接受者操作特征（Receiver-Operating Characterstic，ROC）曲线等综合评价指标对算法进行评估。

ROC 曲线下面积（Area Under the Curve，AUC）越大，性能越好。

3. 入侵检测数据集

常用于入侵检测的数据集有 KDD CUP99、NSL-KDD、DARPA1999[28]、UNSW-NB15[29]、CICIDS2017[30]、Kyoto[31]和 WSN-DS[32]，其中 KDD CUP99 数据集是使用最广泛的数据集[33]。但该数据集中有大量的冗余记录且随机选取训练集中的小部分用作测试集，使其无法准确评估入侵检测系统的性能。本文使用 NSL-KDD 和 UNSW-NB15 两个数据集，前者基于 KDD CUP99 并克服了以上缺点，是 KDD CUP99 的修订版本，它们的类型相同，且采取相同的处理方法[34]；后者相较于 NSL-KDD 和 KDD CUP99 数据集，更适用于入侵检测系统的研究。

从纽布伦威斯克大学官网下载的 NSL-KDD 数据集包含 KDDTrain+、KDDTest+ 和 KDDTest-21 这 3 个文件，其中 KDDTest-21 不包含难度等级为 21 的测试集。这 3 个文件共包含 160367 条记录，每条记录包含 43 列，1~41 列是数据的特征，记录的标签类型显示在第 42 列，最后一列代表这条记录的判断难易程度。其中，"protocol_type" "service" 和 "flag" 这 3 类特征是符号特征，在数据处理时需要进行数值转换。NSL-KDD 数据集包含 39 种攻击类型，标签列划分为五大类，一种是正常（Normal）类，另外 4 种攻击类型分别是：拒绝服务（Denial of Service，DoS）、端口监视或扫描（Probe）、远程用户攻击（R2L）、提权攻击（U2R）[35]。4 种攻击在训练集及测试集中所包含的具体攻击方法见表 16-4。KDDTrain+中占比最大的是 Normal 类，高达 53.46%；KDDTest+中占比最大的也是 Normal 类，占比 43.07%；KDDTest-21 中占比最大的是 DoS 类，占比 36.64%。

表 16-4 具体攻击方法

异常类型	训练集中包含的攻击方法	测试集中新增的攻击方法
DoS	Back，land，Neptune，Pod，Smurf，Teardrop	Apache2，Mailbomb，Processtable，Udpstorm
Probe	Ipsweep，Nmap，Satan，Portsweep	Mscan，Sai6nt
R2L	Ftp_write，Guess_passwd，Imap，Multihop，Phf，Spy，Warezclient，Warezmaster	Named，Sendmail，Xlock，Snmpguess，Sqlattack，Xsnoop，Snmpgetattak
U2R	Buffer_overflow，Rootkitloadmodule，Perl	Xterm，Ps，Worm，Httptunnel

4. 数据集预处理

（1）符号特征的向量化

首先将包括协议类型"protocol_type"、目标主机网络服务类型"service"和连接状态标志特征"flag"在内的 2、3、4 列符号特征，经过 One-Hot 编码方式向量化为单位向量。"protocol_type"特征的 3 个属性值分别被向量化为 TCP$\{1,0,0\}$、UDP$\{0,1,0\}$、ICMP$\{0,0,1\}$。"service"特征的 70 个属性值被向量化为 70 维的二进制向量。"flag"特征的 11 个属性值被向量化为 11 维的二进制向量，经过向量化操作后 NSL-KDD 数据集特征由原来的 41 维扩展为 3（第 2 列）+70（第 3 列）+11（第 4 列）+38（剩余 38 列数值型特征）=122 维特征。同样地，为便于将数据集导入 ELM 机器学习算法进行分类，将 40 种标签划分为 Normal、DoS、Probe、U2R、R2L 五大类。

（2）数字特征的归一化

在 NSL-KDD 数据集中有 41 个特征且取值范围相差较大，个别取值大于 10^6，这使得 ELM 性能受到较大影响，同时使得数值较小的特征易被忽略。因此，为了利于数值计算，同时也为了避免在训练过程中数值偏大的特征占过大比重，需要对特征数据进行归一化操作。归一化将原始数据映射至标准属性范围内，故可将数据变换到[0,1]内，min-max 归一化如式（16-22）所示。

$$x^* = \frac{x_i - x_{\min}}{x_{\max} - x_{\min}} \tag{16-22}$$

其中，x_i 表示将要归一化的数值；$x_{\min}$ 代表某一维特征的最小值，$x_{\max}$ 代表某一维特征的最大值，x^* 是归一化操作后的数值。本书用随机选取 NSL-KDD 数据集 KDDTrain+中的 14000 条用于网络训练，再随机从 KDDTrain+中选取不同的 14000 条数据用于测试。训练集和测试数据集统一进行上述数据预处理后，形成 14000×127 维和 140000×127 维的数据。

与 NSL-KDD 数据集类似，首先将 UNSW-NB15 的符号特性进行向量化，然后对其进行归一化操作。其中，标签处理有两种形式：二分类和十分类操作。采用二分类操作时，训练集和测试集的维度分别为 82322×44 和 175341×44；采用十分类操作时，训练集和测试集的维度分别为 82332×52 和 175341×52。

5. 实验结果与分析

（1）MK-ELM 实验

NSL-KDD 数据集用于实验的第一阶段，从 KDDTrain+中随机选择 14000 条不同的训练数据进行网络训练，再从 KDDTest+中随机选择 14000 条不同数据进行测试。训练集和测试集统一经过上述数据预处理操作后，均转换为 14000×127 维度。图 16-6（a）显示了 MK-ELM 算法的五分类混淆矩阵，实验表明，该模型的准确率为 98.3%，从该混淆矩阵中可得到很多其他指标，见表 16-5。图 16-6（b）描绘了 5 种类别的 ROC 曲线，除 U2R 外，其他 4 个类别的真阳性率超过 90%，假阳性率低于 5%，这是由于 U2R 入侵类型的数量很少导致误报。与 Thomas 等[35]的研究成果相比，U2R 的真阳性率显著提高，并且从图 16-6（a）所示的混淆矩阵得出的检测率为 50%，见表 16-6。

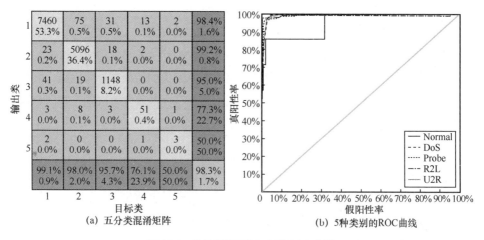

（a）五分类混淆矩阵　　（b）5种类别的ROC曲线

图 16-6　分类混淆矩阵和分类 ROC 曲线

表 16-5　DoS 混淆矩阵

对比项	Positive（真实值）	Negative（真实值）
Positive（预测值）	（TP）5096	（FP）43
Negative（预测值）	（FN）102	（TN）8759

（2）不同方案之间的对比实验

SVM 算法的参数设置如下，典型的核函数有多项式核函数 $K(\boldsymbol{x}, \boldsymbol{x}_i) = (\boldsymbol{x} \cdot \boldsymbol{x}_i + 1)^d$

和高斯核函数 $K(\boldsymbol{x}, \boldsymbol{x}_i) = \exp(-\| \boldsymbol{x} - \boldsymbol{x}_i \|^2 / \delta^2)$，参数 d 是多项式核函数的幂次，δ^2 是高斯核函数的带宽。实验中的 SVM 核函数选用高斯核函数，惩罚系数 C 和核参 δ^2 均在 $[2^{-24}, 2^{-9}, 2^{-8}, \cdots, 2^{25}]$ 内选定是最恰当的，共有 50×50=2500 组 (C, δ^2)，本书选用 $C = 2^{-17}$、$\delta^2 = 2^{-16}$，在实验中使用 LIBSVM-3 实现 SVM 算法。对于基本的 ELM，用 Sigmoid 激活函数设置隐藏神经元，令隐藏神经元的数量为 400，由于 ELM 算法的参数值采用随机分配的方式，因此输出不是固定的。对于 MK-ELM 算法，本书选用的核函数是 0.3RBF Kernel+0.7Multiquadric Kernel，其中，RBF 核参为 100，多元二次核的核参为 75。最后，针对采用高斯核函数的 SVM、ELM 和 MK-ELM 算法，将每个数据集进行了 50 次实验，并记录了其平均测试准确性。表 16-7 显示了当训练数据集和测试数据集均为 14000 时，3 种算法执行 50 次的平均检测率。结果表明，高斯核函数的 SVM 算法的检测率与 ELM 算法相当，MK-ELM 算法的检测率最高，比其他两种算法高约 2%。对比文献[36]，在相同实验条件下，分别选择 1000、2000、4000、8000、14000 个数据进行实验，3 种算法的准确率见表 16-8，MK-ELM 的检测准确率高于 SVM 和 ELM。

表 16-6　五分类混淆矩阵的结果

入侵类型	TPR	FPR	FNR
DoS	98.04%	0.49%	1.96%
Probe	95.67%	0.47%	4.33%
R2L	76.12%	0.11%	23.88%
U2R	50.00%	0	50.00%

表 16-7　3 种算法的平均检测率

检测类型	SVM	ELM	MK-ELM
Normal	97.73%	97.92%	99.12%
DoS	96.24%	97.15%	98.03%
Probe	93.75%	94.54%	95.74%
R2L	55.26%	65.03%	76.15%
U2R	30.73%	23.02%	50.00%

设计实验计算 3 种算法的平均消耗时间，算法的消耗时间包括训练和测试所花费的总时间。选取 5000 条、10000 条、15000 条、20000 条和 25000 条数据进行实

验。从图 16-7 可以看出，ELM 在消耗时间方面优于支持向量机。此外， MK-ELM 算法在速度和精度上都优于支持向量机，这说明在对多种类数据流量进行入侵检测分类时，MK-ELM 算法比支持向量机具有更好的可扩展性。

表 16-8　不同数据量 3 种算法的准确率

训练/测试	SVM	ELM	MK-ELM
1000/1000	97.58%	96.83%	97.85%
2000/2000	98.31%	97.07%	98.88%
4000/4000	98.69%	97.00%	98.92%
8000/8000	98.02%	96.79%	98.79%
14000/14000	97.02%	96.43%	98.34%

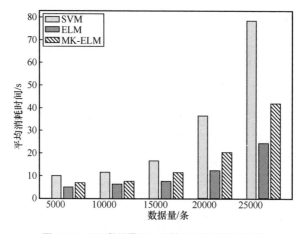

图 16-7　不同数据量下 3 种算法的平均消耗时间

在实验的第二阶段，使用 UNSW-NB 15 数据集评估所提出方法的性能，该数据集的统计分布见表 16-9。从预处理后的训练数据集和测试集中随机抽取不同的 14000 条数据，将各种攻击看作一个单一的攻击类，对二分类模型进行评估，并与采用高斯核函数的 SVM 和基本 ELM 进行比较。使用 UNSW-NB15 数据集的 3 种算法的二分类混淆矩阵分别见表 16-10 至表 16-12。此外，3 种算法的评价指标见表 16-13，可知 SVM 和 ELM 的精度相近，而 MK-ELM 算法的精度最高，与使用 NSL-KDD 数据集相比，它们的精度有所下降。

表 16-9　UNSW-NB15 训练集、测试集及占比

所有类型	训练集	占比	测试集	占比
Normal	65000	37.07%	37000	44.94%
Attack	110341	63.93%	45332	55.06%
Total	175341	100.00%	82332	100.00%

表 16-10　SVM 的二分类混淆矩阵

对比项	Positive（真实值）	Negative（真实值）
Positive（预测值）	（TP）7959	（FP）105
Negative（预测值）	（FN）1547	（TN）4389

表 16-11　ELM 的二分类混淆矩阵

对比项	Positive（真实值）	Negative（真实值）
Positive（预测值）	（TP）7899	（FP）17
Negative（预测值）	（FN）1522	（TN）4407

表 16-12　MK-ELM 的二分类混淆矩阵

对比项	Positive（真实值）	Negative（真实值）
Positive（预测值）	（TP）8437	（FP）108
Negative（预测值）	（FN）998	（TN）4457

表 16-13　使用 UNSW-NB15 评估 3 种算法的评价指标对比

评价指标	SVM	ELM	MK-ELM
AC	88.20%	87.90%	92.10%
TPR	83.73%	83.84%	89.42%
FPR	2.34%	3.76%	2.37%
FNR	16.27%	16.16%	10.58%

将 UNSW-NB15 数据集的标签矢量化为 10 个类别，对预处理后的训练集和测试集随机抽取 10000 条、15000 条、20000 条和 25000 条数据进行实验，3 种算法的准确率如图 16-8 所示。

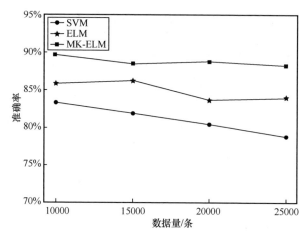

图 16-8　不同数据量 3 种算法的准确率

16.5　小结

本章首先提出了一种基于 MK-ELM 的 WSN 入侵检测算法，然后基于该算法模型构建了分层的 WSN 入侵检测系统，该系统根据无线传感器网络设备特点划分为 3 层，使用 NSL-KDD 和 UNSW-NB15 数据集对提出的基于 MK-ELM 的 WSN 入侵检测算法进行测试，使用多个性能评价指标进行评估；并与采用高斯核函数的 SVM 和 ELM 算法从检测率、误报率和漏报率以及算法消耗时间方面进行对比，实验结果表明提出的入侵检测算法在无线传感器网络安全问题中具有显著的优势和广阔的应用前景。

参考文献

[1]　刘军, 王凤豪. 海洋互联网概述[J]. 电信科学, 2018, 34 (6): 9-14.

[2]　姜胜明. 海洋互联网的战略战术与挑战[J]. 电信科学, 2018, 34(6): 2-8.

[3]　姚翔, 田振萍, 王冰, 等. 基于层次模型分析我国海洋信息安全问题及建议[J]. 生态环境与保护, 2018, 1(4): 39-41.

[4]　董瑞, 庞静茹, 陈思. 信息安全对于我国海洋信息化的作用和影响[J]. 海洋信息,

2015(3): 1-5.

[5] ABDUVALIYEV A, PATHAN A S K, ZHOU J Y, et al. On the vital areas of intrusion detection systems in wireless sensor networks[J]. IEEE Communications Surveys & Tutorials, 2013, 15(3): 1223-1237.

[6] CHEN R C, HSIEH C F, HUANG Y F. A new method for intrusion detection on hierarchical wireless sensor networks[C]//Proceedings of the 3rd International Conference on Ubiquitous Information Management and Communication. New York: ACM Press, 2009: 238-245.

[7] 王天生, 胡筱娥. 无线传感器网络安全的关键技术[J]. 中国管理信息化, 2018, 21(11): 114-115.

[8] 聂丽. 无线传感器网络能量均衡的分簇路由算法研究[D]. 武汉: 中南民族大学, 2008.

[9] DUHAN S, KHANDNOR P. Intrusion detection system in wireless sensor networks: a comprehensive review[C]//Proceedings of 2016 International Conference on Electrical, Electronics, and Optimization Techniques (ICEEOT). Piscataway: IEEE Press, 2016: 2707-2713.

[10] PANDEY S K, KUMAR P, SINGH J P, et al. Intrusion detection system using anomaly technique in wireless sensor network[C]//Proceedings of 2016 International Conference on Computing, Communication and Automation (ICCCA). Piscataway: IEEE Press, 2016: 611-615.

[11] HUANG G B, ZHU Q Y, SIEW C K. Extreme learning machine: a new learning scheme of feedforward neural networks[C]//Proceedings of 2004 IEEE International Joint Conference on Neural Networks. Piscataway: IEEE Press, 2004: 985-990.

[12] HUANG G B, WANG D H, LAN Y. Extreme learning machines: a survey[J]. International Journal of Machine Learning and Cybernetics, 2011, 2(2): 107-122.

[13] CHI C, TAY W P, HUANG G B. Extreme learning machines for intrusion detection[C]//Proceedings of 2012 International Joint Conference on Neural Networks (IJCNN). Piscataway: IEEE Press, 2012: 1-8.

[14] HUANG G, HUANG G B, SONG S, et al. Trends in extreme learning machines: a review[J]. Neural Networks, 2015, 61: 32-48.

[15] CHEN J C, ZENG Y J, LI Y, et al. Unsupervised feature selection based extreme learning machine for clustering[J]. Neurocomputing, 2020, 386: 198-207.

[16] HUANG G B, DING X J, ZHOU H M. Optimization method based extreme learning machine for classification[J]. Neurocomputing, 2010, 74(1-3): 155-163.

[17] HUANG G B, ZHOU H M, DING X J, et al. Extreme learning machine for regression and multiclass classification[J]. IEEE Transactions on Systems, Man, and Cybernetics, Part B (Cybernetics), 2012, 42(2): 513-529.

[18] CAO L L, HUANG W B, SUN F C. Optimization-based extreme learning machine with mul-

ti-kernel learning approach for classification[C]//Proceedings of 2014 22nd International Conference on Pattern Recognition. Piscataway: IEEE Press, 2014: 3564-3569.

[19] GIROLAMI M. Mercer kernel-based clustering in feature space[J]. IEEE Transactions on Neural Networks, 2002, 13(3): 780-784.

[20] GÖNEN M, ALPAYDIN E. Multiple kernel learning algorithms[J]. Journal of Machine Learning Research, 2011, 12: 2211-2268.

[21] DING S F, ZHANG Y N, XU X Z, et al. A novel extreme learning machine based on hybrid kernel function[J]. Journal of Computers, 2013, 8(8).

[22] HSU C W, LIN C J. A comparison of methods for multiclass support vector machines[J]. IEEE Transactions on Neural Networks, 2002, 13(2): 415-425.

[23] 王恒友. 非正定核特征空间构造基本方法的研究[D]. 北京: 华北电力大学(北京), 2009.

[24] MOSER B. On representing and generating kernels by fuzzy equivalence relations[J]. Journal of Machine Learning Research, 2006, 7: 2603-2620.

[25] 张志华. 无线传感器网络入侵检测关键技术研究[D]. 北京: 北京邮电大学, 2018.

[26] 黄思慧. 基于ELM的无线传感器网络入侵检测算法研究[D]. 长春: 吉林大学, 2018.

[27] KOREN I, KOHAVI Z. Sequential fault diagnosis in combinational networks[J]. IEEE Transactions on Computers, 1977, 26(4): 334-342.

[28] TJHAI G C, PAPADAKI M, FURNELL S M, et al. The problem of false alarms: evaluation with snort and DARPA 1999 dataset[C]//Proceedings of 2008 International Conference on Trust, Privacy and Security in Digital Business. Heidelberg: Springer, 2008: 139-150.

[29] MOUSTAFA N, SLAY J. The evaluation of network anomaly detection systems: statistical analysis of the UNSW-NB15 data set and the comparison with the KDD99 data set[J]. Information Security Journal: A Global Perspective, 2016, 25(1/2/3): 18-31.

[30] ZHANG Y, CHEN X, JIN L, et al. Network intrusion detection: based on deep hierarchical network and original flow data[J]. IEEE Access, 2019(7): 37004-37016.

[31] SONG J, TAKAKURA H, OKABE Y, et al. Statistical analysis of honeypot data and building of Kyoto 2006+ dataset for NIDS evaluation[C]//Proceedings of the 1st Workshop on Building Analysis Datasets & Gathering Experience Returns for Security. New York: ACM Press, 2011: 29-36.

[32] ALMOMANI I, AL-KASASBEH B, AL-AKHRAS M, et al, WSN-DS: a dataset for intrusion detection systems in wireless sensor networks[J]. Journal of Sensors, 2016: 1-16.

[33] TAVALLAEE M, BAGHERI E, LU W, et al. A detailed analysis of the KDD CUP 99 data set[C]//Proceedings of 2009 IEEE Symposium on Computational Intelligence for Security and Defense Applications. Piscataway: IEEE Press, 2009: 1-6.

[34] REVATHI S, MALATHI A. A detailed analysis on NSL-KDD dataset using various machine learning techniques for intrusion detection[J]. International Journal of Engineering Research & Technology (IJERT), 2013, 2: 1848-1853.

[35] THOMAS R, PAVITHRAN D. A survey of intrusion detection models based on NSL-KDD data set[J]. 2018 Fifth HCT Information Technology Trends (ITT), 2018: 286-291.

[36] CHI C, TAY W P, HUANG G B. Extreme learning machines for intrusion detection[C]//Proceedings of 2012 International Joint Conference on Neural Networks (IJCNN). Piscataway: IEEE Press, 2012: 1-8.

第 17 章

基于海洋互联网的数据传输网络体系架构

相比于陆地通信网络，海洋数据传输网络具有以下明显特征：网络边界和路径以及通信资源的高度动态性和不确定性、通信介质的异构性和性能的非对称性、海洋通信网络资源构成的复杂性和局限性以及海洋空间网络用户构成的流动性、低密度性和高复杂性等。这些特征使现有数据传输网络的基础网络体系无法直接应用到海洋数据传输网络中，从而影响了相关协议和算法的研发。本章针对上述特点，初步探讨海洋数据传输网络体系，并归纳其面临的主要挑战。

17.1 引言

目前在海洋环境中常用的数据传输手段是卫星传输，但其内在的缺点会影响它的普及率[1-3]。例如，其性价比较低，无法支持水下通信；GEO 卫星的传播时延长，需要特制的收/发终端和传输协议；LEO 和 MEO 卫星绕地球高速运转，增加了实现高质量通信组网的难度。另一个被广泛使用的海洋通信系统是海事无线电，受带宽限制，它主要用于语音通信，无法支持高速数据传输[4-5]。现代移动通信技术也被少量应用到港区和航道来提供互联网服务[6]，但相对于海洋，其覆盖范围仍然太小，也无法大规模部署在海域。目前海上应急通信、应急救援或常规数据传输都需要鲁棒性强、性价比高和泛在的海洋数据传输服务。目前还没有一种通信网络系统能单独构建一个性价比高、覆盖广和使用方便的海洋数据传输系统，海洋数据高效传输仍然是亟待解决的重要课题。

海洋涵盖空天、海岸、水面和水下的广阔空间，统称为海洋空间，特殊的地理和气候条件导致在海洋空间中建立和维护网络设施变得非常困难和昂贵。虽然目前海洋空间中已经部署了多种通信网络系统，但是它们的归属不同、管理部门和运作单位众多、部署形式多样以及通信制式和标准不统一。目前缺乏有效的方法和规范统筹使用，因此它们之间无法有效方便地协作和互联互通。海洋的特殊环境及海洋数据传输技术的现状决定了要改变上述局面是一项艰难的任务，而且水下通信的瓶颈在短时间内很难获得突破，导致大面积水下高速组网仍需依赖水面及以上的通信系统。为了系统性地解决海洋数据传输的相关问题，提高宝贵的海洋通信资源的利用率，需要统筹协调海洋空间中各种通信网络系统，构建空天地海一体化、应急与常规系统相互支撑的共同体，以此构建稳定和高效的海洋数据传输系统[3]。这种由多个系统有机组成、功能更完备、协作互助的复合通信网络系统通常被称为网络体系[7]。目前国内外对海洋数据传输网络体系的研究非常少。

17.2　海洋数据传输网络的概况和体系架构

在讨论体系架构之前，先简要描述一下海洋数据传输网络的业务特征、网络结构和网络特点。

17.2.1　业务特征

随着涉海活动逐渐增加和业务多样化，数据业务逐步代替传统语音业务，对通信网络的性能和可靠性提出更高的要求。另外，海洋数据分布稀疏、多源异构，数据具有高维度、时空性、敏感性和多模态等特征，这导致数据信息交互独立、共享度低。近年新型海洋应用（如 E-navigation[8]）的出现，以及对未来应用（如无人船舶[9]、绿色航运等）的研发，都对海洋通信业务提出了更高的要求，以支持相关新型应用数据的有效传输，如及时、可靠、安全和大量的数据高速传输以支持船岸一体化信息集成与融合，提升航保服务的性能，节约航行能耗，减少航运排放以及提高高密度无人船舶航行的安全性和稳定性等。

17.2.2　网络结构

海洋数据传输网络由覆盖天、空、地、海的综合性通信网络节点组成，是关键的海洋信息化基础设施[10]。海洋数据传输网络体系结构共分成四大部分[11]，即岸基、水面、空中和水下。当前正在运营的岸基和空中通信网络主要包括海事无线电、卫星和局部部署的移动通信系统。有线海底观测网是目前相对成熟的水下通信系统，例如美国的 MARS[12]和我国在南海、东海和黄海部署的观测网络[10]。除此之外，也有一些基于 LEO 和 MEO 卫星的庞大星座项目计划，例如 Space 公司的 StarLink 项目计划采用 12000 颗 LEO 卫星提供宽带服务[13]；中国航天科技集团有限公司的"鸿雁"星座计划用 300 余颗 LEO 小卫星构建通信网络，首星已在 2018 年年底成功发射[14]。人们也在探讨其他通信网络技术，如高空通信平台和无线自组网。高空通信平台能提供大范围、高速率且相对廉价的通信服务，主要问题是如何将它们长期部署在特定空域以提供不间断的通信服务[15]。无线自组网不依赖于特定通信网络设施，有很强的自组织和自愈能力[16-20]，能适应动态不稳定的海洋网络环境，如船舶自组网和网状网络[16-19]，以及由飞行器构成的航空无线自组网[20]等。但是，这种网络容量和通信质量均不稳定，动态网络拓扑使网络连通性得不到保障，无法提供不间断的网络服务[21]。水下通信网络环境更加复杂多变，因为适合水下通信的主要介质是声波，其传播速度和通信速率都非常低，通信质量不稳定[22-27]。

17.2.3　网络特点

陆基数据传输网络系统主要基于固定的光纤骨干网络，无线主要用在"最后一千米"的接入部分。而海洋数据传输网络是跨时空甚至跨介质（如声电融合传输）的动态异构复杂系统，且以无线为主，如图 1-1 所示[3,11,28]。这导致海洋数据传输网络在拓扑动态性、系统异构性和不稳定性以及通信资源构成的复杂性等方面都比其他网络更加突出。这些特点对数据传输的性能影响非常大，导致现行数据传输网络体系无法适用于海洋空间，这是因为前者基于相对稳定和单一的通信网络资源、拓扑结构和系统构成。它们之间主要不同之处具体表现在以下 4 个方面。

1. 网络边界和路径以及通信资源的高度动态性和不确定性

海洋数据传输网络的路径可能一端在水下，另一端在陆上。在卫星被摧毁或者费用太高时[29]，该网络路径可能不使用卫星，而是使用水声自组网、船舶自组网、航空自组网或岸基网络等。在这些网络中，除岸基网络外，其余都会由于节点的移动性而实时动态变化，极不稳定，甚至会引起网络边界和网络形态频繁变化。例如，岸基网络与船舶自组网之间的边界以及不同自组网之间的边界会随着节点（如船舶）移动而变化。同样，节点移动会使常规型无线自组网转变成机会性网络，反之亦然。这些变化会导致网络路径的经常性中断。但目前还没有网络体系考虑过如此动态变化的网络系统，没有相关体系能适用于这种复杂情形。

2. 通信介质的异构性和性能的非对称性

当数据传输跨越水下和水面并延伸至陆地上时，水下主要的通信介质为声波，其信号传播速度和通信速率与水面及陆上所使用的电磁波相差甚远。电磁波以光速传播，通信速率能达到 Gbit/s 级别；而声波在海水中的传播速度只有 1.5km/s，最大通信速率在 kbit/s 级别。当前的网络体系没有完全考虑这些非对称性，只把这些非对称性问题交给网络之间的转换节点。这种做法只适用于具有固定边界的网络，不适用于具有动态边界的异构网络。另外，网络之间的转换节点主要解决传输速率的非对称性问题及协议的异构性问题，没有考虑信号传播速度的巨大差异性，这是因为传统网络都是基于电磁波的。这种巨大差异对传输层端到端传输协议的性能造成很大影响，特别是 TCP[25]，因为它的性能取决于端到端往返时延。目前针对无线网络改进的 TCP 主要解决了它对无线网络中拥塞状况误判的问题[30]，并没有考虑传播速度的非对称性及高时延，所以无法适用于海洋传输网络。

3. 海洋通信网络资源构成的复杂性和局限性

除卫星外，能用于构建岸基网络的通信技术主要包括移动通信系统（如 3G、4G）和无线城域网（如 WiMAX）等。它们能提供高性价比的通信网络服务，但其覆盖范围相对于海域就显得太渺小。海事无线电虽能长距离传输，但速率低，主要适用于语音传输。各种类型的无线自组网能在一定程度上弥补其他网络的缺陷[29]，如向海洋中延伸扩大岸基网络的覆盖范围和提高其覆盖效率，但其本身的性能和稳定性无法保障。把各种海洋通信网络资源尽量有机地融合是非常必要的，但这种融合网络是目前网络体系无法支持的，主要是因为该体系是为转发型网络（Forwarding Network）而设计的，即网络节点只转发路过它的数据包，不进行长期存储。在海洋通信网络中，当转发型网络缺失或无法提供全覆盖时，只能寄希望于机会性网络进行补充甚至代替。机会性网络需要存储–携带–转发数据包甚至消息。目前这种机会性网络转发只能在现有体系的应用层上实现[31]，无法与网络层的转发机制进行有机融合和联合优化，以提高数据传输的效率。

4. 海洋空间网络用户构成的流动性、低密度性和高复杂性

由于海洋空间的开放性，其网络用户（如海员、邮轮乘客、渔民等）往往来自不同的国家和地区，临时性地聚集在某一国内或国际海域，并随船舶集体性移动。而大部分海洋区域是无人居住的区域，用户密度比陆地上低得多。在海洋中，除动态的网络边界外，许多网络基站是安装在船舶上的，并随船舶移动，这使船上用户能通过网络基站接入其他网络。目前没有相应的移动支持方法能适用于上述场景，这是因为现行的网络体系形成于 20 世纪 70 年代，当时还没有移动性支持的概念，所以体系中缺乏相关设计。另外，目前采用的移动性支持主要涉及网络"最后一千米"的接入部分，对于固定的骨干网络是透明的，但整个海洋通信网络是动态变化的[32-35]。而且，船舶的移动性往往使得采用不同频段、通信制式和容量设备的用户临时性聚集在同一海域,目前没有相关的体系能支持它们之间的直接互联互通。

17.2.4　基于海洋互联网的体系架构

第 15 章讨论了海洋互联网,其核心思想是综合利用海洋空间中一切可以利用的通信网络资源进行动态实时组网，使海洋通信系统不依赖任何一种特定的网络资源，并根据需要实时调整组网策略，最大限度地满足服务质量和性价比等方面的要求[3,11,36]。基于海洋互联网的海洋数据传输网络体系构想如图 17-1 所示，它在现有计算机网络体系架构的基础上，通过融入尽最大努力实时组网概念来实现一体化融合的海洋数据传输系统。该结构主要包括 3 个部分：通信网络资源管理、可用资源探测与融合以及网络体系管理。第 1 部分主要涉及海洋通信网络资源的表征、归类、认证、授权和发布等；第 2 部分主要涉及海洋通信网络资源的探测和使用、实时动态组网、端到端数据传输及用户移动性管理等；第 3 部分主要涉及通信界面、节点协作激励机制、优先级支持与安全策略实施和用户认证等方面。

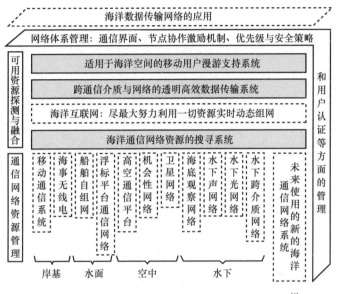

图 17-1　基于海洋互联网的海洋数据传输网络体系构想[1]

17.3　体系结构面临的主要挑战

海洋空间通信网络所面临特殊的环境导致了海洋数据传输网络拓扑的动态变化性和通信资源构成的复杂性、系统异构性以及不确定性。这些特点对构建鲁棒、高效、稳定的海洋数据传输网络体系提出了巨大的挑战，主要体现在以下几个方面。

17.3.1　海洋数据传输网络体系的自适应性

海洋空间通信网络环境的特点要求传输网络体系能够尽量利用一切可使用的通

信网络资源进行实时动态组网,以最大限度地实现可靠高效传输。但是这些资源分布不均匀,其可用性无法得到保障。而且它们的异构性高,网络边界不够清晰稳定,通信性能差异大,标准制式和性价比也不同,无法直接互联互通。目前比较成熟的网络体系是 ISO 七层参照模型和 TCP/IP 五层实用模型,它们都是基于固定的对等层之间的数据传输结构,针对具有确定边界网络而设计的体系。所以,它们可以在不同网络的交界处设立转换节点以解决网络之间的异构性和网络容量、传播特性等方面的不对称性等问题,实现互联互通。但是,在海洋空间中无法确定这类转换节点的位置,因此它们不适用于海洋空间网络。在这种情况下,当一个移动节点 A 遇到异构节点 B 时,即使 B 能为 A 提供与外界通信的最后机会,A 也无法充分利用 B 的资源。这就要求海洋数据传输网络体系能快速地适应上述特点和环境变化,消除非对称性和异构性所带来的通信障碍,尽最大努力协作组网,最大化海洋通信网络的互联互通性。

17.3.2　海洋通信网络资源的快速探测和智能组网

海洋通信网络资源泛指海洋空间中具有通信和组网功能的节点及其服务能力,海洋空间通信网络是缺乏协调中心、时空跨度大的分布式网络。一个节点能拥有的通信网络资源数量取决于其周围节点的分布密度和相关能力,以及该节点本身的探测能力。发现邻居节点的速度和力度是这种能力的主要体现,方法大致可分为主动探测和被动探测两种。主动探测指节点通过广播探测消息,收到该信息的节点进行应答[37]。在被动探测中[38],节点仅侦听周围的发送活动,并根据侦听到的结果认知邻居节点。主动探测效率高,但消耗更多能量,也会对其他通信造成干扰。被动探测没有上述问题,但当一个节点需要邻居节点协助组网时,这种方式可能无法及时满足要求。主动探测的能力主要取决于节点的最大发射功率,被动探测的能力主要取决于节点的接收灵敏度。发射功率越强,探测能力就越大,但造成的干扰也会更大;同样,能探测的频谱越宽,探测能力就越强,但探测时间也会更长。如何在大搜索域中快速发现最多邻居节点、减少对其他通信的干扰、满足海洋空间动态组网要求需要做进一步研究。

在广阔海洋空间中,通信节点具有多样性(如不同的通信介质、制式和能力)、分布性和可用性不确定等特点。另外，节点的移动性会导致邻居关系快速变化，影响网络的连通性，尤其是在节点分布稀疏的情况下。所以，需要及时快速地探测才能有效地支持尽最大努力的实时动态组网。与此同时，节点还要掌握被探测节点的通达能力，并量化表征其状态和预测其未来可能的变化。针对传统无线网络，特别是无线自组网，已经有许多类似的研究成果[39]。但是这些无线网络中节点的复杂性、异构性、能力的非对称性和动态性以及分布空间的尺度及维度都无法与海洋空间网络相比，导致这些成果无法直接应用到该网络中。这些特点使海洋空间网络在选择中继节点时，需要考虑更多、更复杂的因素，在构建网络路径时，尽量采用非对称性和差异性小的链路，以最大化数据传输的性价比和可靠性。

17.3.3　海洋数据透明传输和优先级支持

数据透明传输是指在应用层将数据从源节点传输给目的节点的过程中，相关操作独立于下层的通信与网络系统。例如，在 TCP 中，只有源节点和目的节点参与相关操作，中间节点不参与。在这种情况下，海洋数据传输网络体系的开放性和兼容性使得我们可在不改变应用的前提下，不断地将新发展的通信网络技术融入海洋数据传输体系，以不断提高数据传输的性价比、可靠性和稳定性。TCP 原先是为有线网络设计的，并将拥塞控制功能放在传输层，只有源节点和目的节点参与其中，以简化中间节点的复杂度。但传输层无法及时准确地掌握网络层的拥塞情况，只能通过数据接收的成功情况推测网络的拥塞状况。这种做法在无线网络中造成很多拥塞误判，因为，多跳无线网络的很多非拥塞因素也会导致数据丢失[40]。目前部分针对无线网络修改的 TCP[30]，除了针对地球静止轨道卫星，其无线网络的规模都比较小，节点类型单一，无法与海洋空间中的无线网络相比。对于地球静止轨道卫星，地面站与卫星之间没有其他节点，情况简单；而在海洋空间通信网络中，节点构成复杂。

海洋数据传输网络体系不仅融合了海洋空间中的各种通信网络资源，同时也支持海洋中的各种应用和用户。有限的通信网络资源不可避免地导致资源使用的竞争，需要优先级机制来支持不同级别的应用和用户。例如，与应急救援相关的数据需优先传输，指挥者比一般用户优先接入网络等。陆基网络的优先级机制主要基于接入控制和安装在网络层或数据链路层的调度算法，一般需要对资源实现统一分配，每个中间节点需要安装相应的调度功能[41]。这在固定结构的有线网络中比较容易实现，而海洋空间通信网络的空间跨度大、异构复杂、网络边界不清晰和网络连通性不稳定，很难对这些分布的资源实现统一管理。

17.3.4　海洋空间移动用户的漫游支持

漫游支持指移动通信用户在不需要更改其联系信息（如手机号码）的情况下，可以自由漫游而不失去连通性，这种特性是目前移动通信系统的独特优势。海洋空间通信网络的用户大多数是移动用户，如渔民、海员和游客等。但是，目前陆基移动通信网络支持用户漫游的方法不适用于海洋环境，主要原因是两者网络结构的差异。陆基移动通信网络的无线部分主要是接入网，如将用户手机连接到基站的部分（如 4G、Wi-Fi），用户漫游时会不断地切换连接其手机的基站，这些基站通过有线连接到固定的骨干网。虽然用户是移动的，但基站是固定的，确定用户所连接的基站后就能与该用户进行通信。手机号码与用户注册地的网络相关联，当用户离开其注册地到访其他区域时，到访地会给漫游用户的手机分配一个与到访地关联的临时号码，并把这个号码告知其注册地。其他用户的手机可通过其原来的号码先访问其注册地，得知其当前的临时号码后再连接到该用户手机。整个过程对用户是透明的[42]。

在海洋空间通信网络中,海洋移动用户往往通过安装在船舶上的基站连接卫星、岸基网络或另一个船舶基站。当连接到地球静止轨道卫星时，由于卫星覆盖范围大，船舶的移动不会影响通信，在这种情况下，可以采用陆基漫游支持方法来维护海洋移动用户的连通性；但是在后两种情况下，其他用户的设备首先要设法连接到移动的船舶基站，才能连接到海洋移动用户。当该船舶基站与岸基网络基站直接相连时，这个基站是确定的，该问题可采用类似于陆基漫游支持方法加以解决。当目的船舶基站经过一个或多个其他船舶基站与岸基基站相连时，中间基站的移动性会使移动性支持问题变得更加复杂，陆基漫游支持方法不再适用于该场景。另外，陆基漫游支持方法也具有可靠的网络连通性，即网络中任意两个节点都能及时可靠地传输数据；而在海洋空间通信网络中，当卫星无法使用时，网络连通性就无法得到保障。

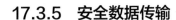

17.3.5　安全数据传输

海洋通信网络环境主要由海岸线、水面、天空和水下等部分组成，用户群体主要由高机动性用户构成，且往往来自不同国家或地区，并可能运行着特定应用，如海上应急救援通信、海上运输数据传输等。这与陆地网络环境和陆地用户构成显著不同，导致海洋网络数据传输安全面临的挑战比陆地网络更多。大多数陆地网络安全系统依赖于加解密方案和稳定的中央系统，如认证服务器和公钥设施（Public Key Infrastructure，PKI）等，这些系统要求较高的网络容量和可靠网络连接的支持。高动态网络拓扑、不可靠网络连接和低通信容量是海洋通信网络的主要特点，它主要由各种基于岸基和水面的无线网络、覆盖范围广和可靠但昂贵的卫星网络以及低速海事无线电系统组成，无法提供像陆地网络那样高速可靠的网络连接以支持网络安全方案的实现。尤其当网络的一部分是水声网络时，其网络安全将面临更多的挑战[9]。海面网络节点稀疏且移动，在有些情况下需要节点的协作组网才可能完成数据传输，如何在缺乏可靠数据传输保障的情况下确认参与协作节点的安全性，尤其是当节点来自不同国家和地区时，亟待研究。

17.4　小结

本文简要讨论了高效海洋数据传输面临的主要问题，阐述了海洋空间通信网络与陆地通信网络的主要区别，在此基础上指出了研究适用于海洋通信环境的新型网络体系的必要性，并提出了一个基于海洋互联网的数据传输网络体系构想，以及需要进一步研究的相关问题。由此可见，相关问题的研究还处在初始阶段，其中，通信网络的体系架构既是根本也是统领通信系统研发的核心部分，需要做深入研究。

参考文献

[1]　CHINI P, GIAMBENE G, KOTA S. A survey on mobile satellite systems[J]. International Journal of Satellite Communications and Networking, 2010, 28(1): 29-57.

[2] VENKATESAN R, MUTHIAH A, KRISHNAMOORTHY R, et al. Satellite communication systems for ocean observational platforms: societal importance and challenges[J]. Journal of Ocean Technology, 2013, 8(3): 47-73.

[3] 姜胜明. 海洋互联网的战略战术与挑战[J]. 电信科学, 2018, 34(6): 2-8.

[4] JIANG S M. Fostering marine Internet with advanced maritime radio system using spectrums of cellular networks[C]//Proceedings of 2016 IEEE International Conference on Communication Systems. Piscataway: IEEE Press, 2016: 1-6.

[5] 夏明华, 朱又敏, 陈二虎, 等. 海洋通信的发展现状与时代挑战[J]. 中国科学: 信息科学, 2017, 47(6): 677-695.

[6] HUAWEI TECHNOLOGIES CO, LTD. Huawei eWBB LTE solution[Z]. 2013.

[7] 姜胜明. 海洋互联网与海洋网络信息体系（报告）[R]. 2019.

[8] 云泽雨. E-航海下的海上安全通信保障研究[J]. 数字通信世界, 2018(3): 3-5.

[9] 高宗江, 张英俊, 孙培廷, 等. 无人驾驶船舶研究综述[J]. 大连海事大学学报, 2017, 43(2): 1-7.

[10] 王积鹏, 戴磊, 肖琳, 等. 海洋信息网络建设思考[C]//2019 年全国公共安全通信学术研讨会论文集. 北京: 电子工业出版社, 2019: 2-16.

[11] JIANG S M. Marine Internet for internetworking in oceans: a tutorial[J]. Future Internet, 2019, 11(7): 146.

[12] Monterey bay aquarium research institute, monterey accelerated research system (mars) cabled observatory[EB]. 2019.

[13] BOYLE A. FCC OKs SpaceX's plan for 7500 satellites in very low earth orbit (and its rivals plans)[EB]. 2018.

[14] 韩沁珂. 中国低轨卫星通信系统首星上天，要让全球永不失联[EB]. 2018.

[15] TOZER T C, GRACE D. High-altitude platforms for wireless communications[J]. Electronics & Communication Engineering Journal, 2001, 13(3): 127-137.

[16] LAARHUIS J H. MaritimeManet: mobile ad-hoc networking at sea[C]//Proceedings of 2010 International WaterSide Security Conference. Piscataway: IEEE Press, 2010: 1-6.

[17] PATHMASUNTHARAM J S, KONG P Y, ZHOU M T, et al. TRITON: high speed maritime mesh networks[C]//Proceedings of 2008 IEEE 19th International Symposium on Personal, Indoor and Mobile Radio Communications. Piscataway: IEEE Press, 2008: 1-5.

[18] KIM Y, KIM J, WANG Y P, et al. Application scenarios of nautical ad-hoc network for maritime communications[J]. Oceans 2009, 2009: 1-4.

[19] LAMBRINOS L, DJOUVAS C. Creating a maritime wireless mesh infrastructure for real-time applications[C]//Proceedings of 2011 IEEE GLOBECOM Workshops. Piscataway: IEEE Press, 2011: 529-532.

[20] KARRAS K, KYRITSIS T, AMIRFEIZ M, et al. Aeronautical mobile ad hoc net-

works[C]//Proceedings of 2008 14th European Wireless Conference. Piscataway: IEEE Press, 2008: 1-6.

[21] JIANG S M. A possible development of marine Internet: a large scale cooperative heterogeneous wireless network[C]//Proceedings of International Conference on Internet of Things, Smart Spaces, and Next Generation Networks and Systems. Heidelberg: Springer, 2015: 481-495.

[22] KONG J J, CUI J H, WU D P, et al. Building underwater ad-hoc networks and sensor networks for large scale real-time aquatic applications[C]//Proceedings of MILCOM 2005 - 2005 IEEE Military Communications Conference. Piscataway: IEEE Press, 2005: 1535-1541.

[23] BASAGNI S, CONTI M, GIORDANO S, et al, Advances in underwater acoustic networking, in mobile ad hoc networking: cutting edge directions, second edition[M]. New York: John Wiley & Sons, Inc, 2013.

[24] SOZER E M, STOJANOVIC M, PROAKIS J G. Underwater acoustic networks[J]. IEEE Journal of Oceanic Engineering, 2000, 25(1): 72-83.

[25] CHITRE M, FREITAG L, SOZER E, et al, Architecture for underwater networks[C]//Proceedings of IEEE OCEANS. Piscataway: IEEE Press, 2006.

[26] DIVYA G, PRAKASH V. Underwater acoustic networks[J]. International Journal of Scientific and Engineering Research, 2011, 2(6).

[27] JIANG S M. Overview of underwater acoustic communication[M]//Wireless networking principles: from terrestrial to underwater acoustic. Singapore: Springer Singapore, 2018: 233-244.

[28] JIANG S M. Networking in oceans[J]. ACM Computing Surveys, 2022, 54(1): 1-33.

[29] YAU K L A, SYED A R, HASHIM W, et al. Maritime networking: bringing Internet to the sea[J]. IEEE Access, 2019(7): 48236-48255.

[30] LEUNG K C, LI V O K. Transmission control protocol (TCP) in wireless networks: issues, approaches, and challenges[J]. IEEE Communications Surveys & Tutorials, 2006, 8(4): 64-79.

[31] LINDGREN A, DORIA A, DAVIES E, et al. Probabilistic routing protocol for intermittently connected networks: IRTF RFC 6693[S]. 2012.

[32] 姜胜明, 戴璐. 一种海洋互联网用户移动性管理系统及其实现方法: CN109195152A[P]. 2019.

[33] 姜胜明. 海洋互联网的现状及挑战[Z]. 2013.

[34] JIANG S M. On the marine Internet and its potential applications for underwater inter-networking[C]//Proceedings of the 8th ACM International Conference on Underwater Networks and Systems. New York: ACM Press, 2013: 1-2.

[35] 海洋互联网专题[J]. 电信科学, 2018(6): 2-36.

[36] 姜胜明, 单翔. 海洋互联网的应用前景[J]. 电信科学, 2019, 35(3): 62-68.

[37] 刘桢. 无线 ad hoc 网络邻居发现方法研究[D]. 苏州: 苏州大学, 2012.

[38] 李艳芳. 无线机会网络中邻居节点的被动式探测[D]. 广州: 华南理工大学, 2015.

[39] HUANG Y C, BHATTI S, SØRENSEN S-A. Adaptive neighbor detection for mobile ad hoc networks[R]. 2007.

[40] CAI Y G, JIANG S M, GUAN Q S, et al. Decoupling congestion control from TCP (Semi-TCP) for multi-hop wireless networks[J]. EURASIP Journal on Wireless Communications and Networking, 2013.

[41] JIANG S M. Future wireless and optical networks: networking modes and cross-layer design[M]. Heidelberg: Springer, 2012.

[42] 金海旻, 许胤龙, 王石. 无线网络中高效的匿名漫游安全协议[J]. 电子与信息学报, 2010, 32(8): 1961-1967.

附 录

本书各章作者名单

章	章标题	作者
第 1 章	海洋通信网络概述	姜胜明
第 2 章	海洋通信信道	王晓炜
第 3 章	海事地面无线数字通信技术综述	陈亮
第 4 章	VDES 关键技术研究	林彬、胡旭
第 5 章	蜂窝网通信在海洋中的应用	徐浍砅
第 6 章	海上水面通信组网技术	杨华
第 7 章	海洋无线传感器网络的拓扑控制与路由协议	吴华锋、张倩楠
第 8 章	海洋无线传感器网络的定位技术	吴华锋、梅骁峻
第 9 章	海洋卫星通信技术	王晓炜
第 10 章	海洋空中通信网络技术	徐浍砅
第 11 章	水下通信网络技术现状	刘锋
第 12 章	高速海洋通信链路技术研究	杨华
第 13 章	智能海洋通信技术	李从改、刘锋
第 14 章	边缘计算在海洋中的应用	徐艳丽
第 15 章	海洋互联网概述	姜胜明
第 16 章	海洋互联网安全	韩德志、张文杰
第 17 章	基于海洋互联网的数据传输网络体系架构	姜胜明